[美]麦琪·瑞安·桑德福德 著

拉托 绘

李琳 译

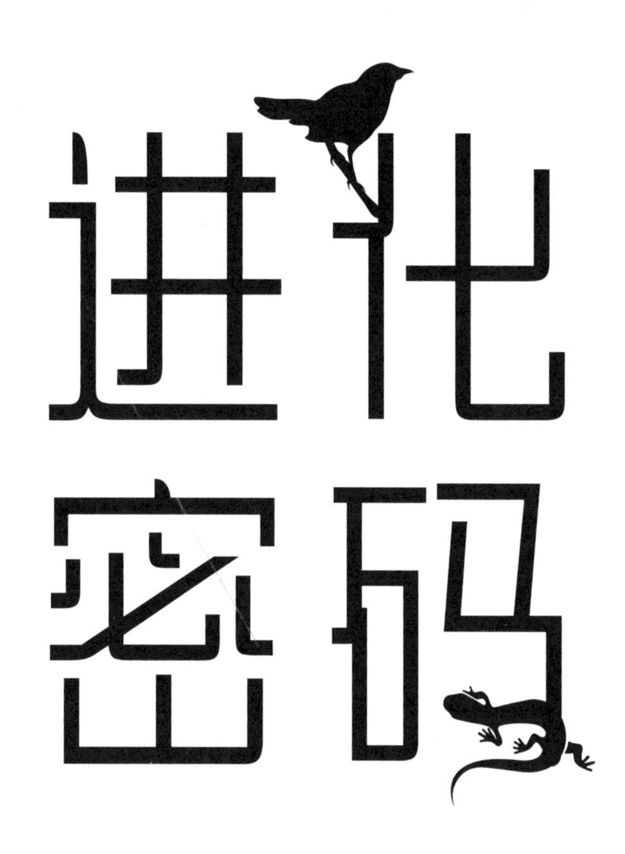

Evolution Through Biology's Most Baffling Beasts

CONSIDER THE PLATYPUS

北京时代华文书局

图书在版编目（CIP）数据

进化密码 / (美) 麦琪 · 瑞安 · 桑德福德著 ; 李琳译 . -- 北京 : 北京时代华文书局 , 2023.8
书名原文 : CONSIDER THE PLATYPUS
ISBN 978-7-5699-4992-6

Ⅰ . ①进… Ⅱ . ①麦… ②李… Ⅲ . ①生物－进化－普及读物 Ⅳ . ① Q11-49

中国国家版本馆 CIP 数据核字 (2023) 第 134531 号

北京市版权局著作权合同登记号 图字：01-2019-6364

Jinhua Mima

出 版 人：陈 涛
策划编辑：周 磊
责任编辑：张正萌
责任校对：陈冬梅
装帧设计：程 慧 迟 稳
责任印制：訾 敬

出版发行：北京时代华文书局 http://www.bjsdsj.com.cn
北京市东城区安定门外大街 138 号皇城国际大厦 A 座 8 层
邮编：100011 电话：010-64263661 64261528
印 刷：天津图文方嘉印刷有限公司
开 本：787 mm × 1092 mm 1/16 成品尺寸：185 mm × 260 mm
印 张：16.5 字 数：326 千字
版 次：2024 年 1 月第 1 版 印 次：2024 年 1 月第 1 次印刷
定 价：98.00 元

前 言

当你热衷于与公众交流科学时，你会向任何愿意倾听的人谈论你的工作，并听取任何愿意与你交谈的人的见解。你开始注意到人们对某些话题的反应模式。事实证明，“进化”就是一个能让人们产生反应的词，它包含的内容很广，从“适者生存”这样可以检索的术语，到“人是猴子的叔叔”这样的玩笑话，再到神学争论。

“进化”是生物学上一个举足轻重的话题，其数据点的数量和地球上活细胞的数量一样庞大。只有真正专攻这一学科的生物学家才愿意讨论这一话题，因为它涉及很多核心概念。例如，进化生物学家乔纳森·B. 洛索斯（Jonathan B.Losos）在他的著作《不可思议的生命》中写了一段逸事，他描述了自己在飞机上的一段谈话：当时他正要进行沙漠鼠毛色进化的实地考察，还特地为此设计了一种围栏技巧。他邻座的一位先生问到他的工作时，他便欢快地描述起了自己的实验。洛索斯邻座的那位先生在一个农场长大，所以他对动物如何繁殖很是熟悉，毕竟饲养牲畜就是为了繁殖。但是当洛索斯提起达尔文时，谈话的气氛一下子冷了下来。当两位先生讨论老鼠、配种、毛色以及围栏这类话题时，他们是有共同语言的，但是一旦话题从动物畜牧业变成了“进化”这个有着太多含义的词时，共同语言就消失了。

有时候让一个概念不那么沉重的最好方式就是以讲故事的形式叙述，例如通过可爱而充满警示意味的“小红帽”的故事告诫人们“同陌生人讲话时不要放松警惕”。这本书的主角是动物，或者更确切地说，主角是动物的整个家族、世系以及它们在地质时代留下的蛛丝马迹。

在为这本书的故事选角时，我尽量做到公平，尽可能涵盖一些位于动物王国“遥远角落”的动物，包括受人喜爱和“人人喊打”的动物，以及人们鲜有耳闻的动物。不管是很少被研究的动物，还是经过大量研究、在教科书上是“常客”的热门动物，都会出现在这本书中。

我问进化生物学家他们最喜欢哪种动物；我深耕书田，找出代表性强的动物；我站在前人的肩膀上，观察他们发现了什么、遗漏了什么，然后去科技网站看有没有最新的研究进展，以及引文的数量。我曾经一度研究了 140 种动物，后来又苦心孤诣地将数量缩减到现在你所看到的规模。

我希望这些动物能阐明一些浩瀚的、深刻的、举足轻重的进化故事。别的不说，起

圣克鲁斯河岸边的小猎犬号，1839年。作者是康拉德 · 马滕斯（Conrad Martens），一位景观艺术家，他和查尔斯 · 达尔文一起乘坐英国皇家军舰小猎犬号进行了第二次环球航行，这次航行对未来有着深远的影响

码那些我与之交谈的专家会感到高兴，因为是我而非他们在进行这项工作。那又怎样，我很高兴能出力！尽管这个项目有时让我觉得自己像“小红帽”一样，一步一步地冒险走进黑暗的森林。森林中岔路繁多，我的篮子还太小，装不下我要的所有东西。但为了遇见那些在枝丫上、溪流中、泥土里繁衍生息的动物，冒险也是值得的。

目　录

你眼中的动物是什么？　1

达尔文，达尔文，达尔文！　2

生命之树河　5

第一部分　入门

鸭嘴兽	10
北极熊	18
蓝鲸	24
特立尼达孔雀鱼	32
马赛长颈鹿	36
马	42
桦尺蠖	46
水蚤和线虫	52
赤拟谷盗	54
大王具足虫	58
人类	60
尼安德特人	66

宽吻海豚 74

海牛 78

美洲乌鸦 80

美洲野牛 84

奶牛 86

尼夫斯鞭尾蜥蜴 90

麝雉 96

非洲疟蚊 100

家犬 104

猫 114

第二部分　神秘之歌

果蝇 126

大西洋喷口盲虾 134

大堡礁海绵 136

栉水母 142

南美肺鱼 146

非洲腔棘鱼 150

蓑鲉 152

非洲爪蟾 154

珍珠鸟 158

灰色短尾负鼠 162

九带犰狳 166

霍夫曼两趾树懒 167

家鼠 172

倭黑猩猩 176

第三部分　无可救药的怪物

原鸡（亦称家鸡） 182

恒河鳄 186

仓鸮 190

隆头蛛 192

指猴 198

北岛褐几维鸟 202

加拉帕戈斯象龟 206

小型棕蝙蝠 212

第四部分　永生的奥秘

蝾螈 220

裸鼹鼠 224

蜜蜂 228

非洲象 232

猛犸象 233

熊虫 236

加州双斑蛸 244

后记 253

特别鸣谢 254

你眼中的动物是什么？

这本书的内容是关于动物的，案例来自动物，也源于动物的需求。我是动物，你也不例外。

如果被称为动物令你不适，那么记住这一点：这只是一个词而已，是一类动物创造出来称呼其他动物的词，只是那时我们还未曾意识到“人类本身也是动物”。在本书中，我使用的是当今科学界通行的对动物的定义——一种有机体（生物）：

- 多细胞；
- 以有机物为食；
- 能够对刺激迅速做出反应；
- 能够繁殖。

简而言之，动物不是植物、真菌、病毒、细菌或其他单细胞生物，而是有生命的一种有机体。如果你发现你最喜爱的动物未在本书出现，并且为此感到失望，那么告诉你，我也是（在我看来，没怎么介绍鸟类简直是“大逆不道”）。

不过，总的来说，本书选择的极富特色的动物恰恰是动物进化研究的缩影。

进化研究的科学命名？

“进化研究”没有一个标准命名。“进化生物学”是最常见的叫法，不过其研究者可能是古生物学家、生态学家、动物学家、分类学家、生理学家、行为神经学家、胚胎学家、肿瘤学家以及现代遗传学家，甚至可能是那些每个季节在自家院子里数狗或乌鸦身上的虱子的门外汉。

正如进化的过程一样，理解进化的过程同样混乱。开始时如云里雾里，然后会在对一颗接着一颗牙齿化石的研究中踽踽独行，一次次解剖，一个个未知的 DNA，一个个复杂的基因组，直到形成固定的模式。

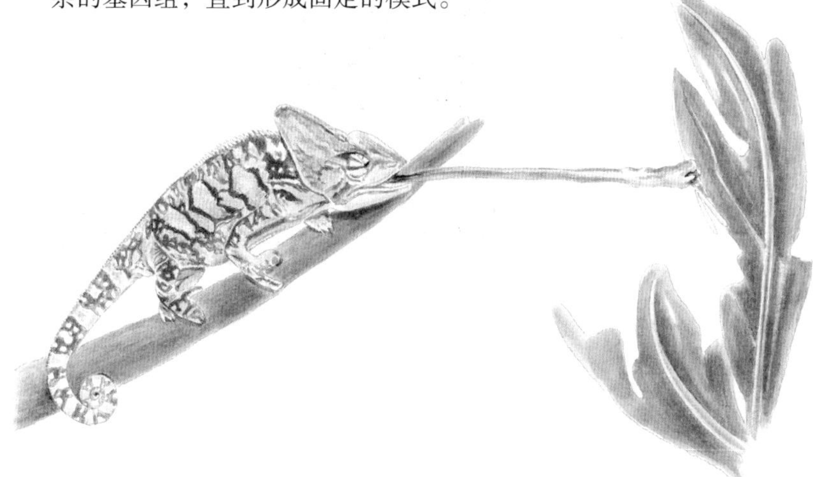

达尔文，达尔文，达尔文！

这本书将不厌其烦地提到达尔文，他是提出“进化论”的功臣，他并非一枝独秀，却无疑是“第一个吃螃蟹”的人。我们理解“进化”当然不能只听他一家之言，但必须以他的理论作为基础。他的存在可以视作进化生物学的一个案例研究，正如这本书中的每种动物都是案例研究一样。

无论是生前还是死后相当长一段时期，达尔文都是“进化研究”的关键人物，但他并非生来就是一位令人敬畏的天才。

如果你感兴趣的话，我们来讲一讲他的故事。他最初接触“进化”是在16岁。那时，年轻的达尔文刚从他繁重的医学学徒工作中解脱出来，进入爱丁堡大学，师从动物标本学教师、“自由奴隶”约翰·埃德蒙斯通（John Edmonstone）。

22岁时，达尔文在英国皇家军舰小猎犬号上接受了一份微薄的薪水，成为一名驻船博物学家，他在为期两年的航程中考察了南美洲海岸线。他的选择使他富有的医生父亲大失所望。达尔文返回伦敦时，已经离

孩童时期的达尔文与妹妹，他手捧盆栽，憨态可掬

年轻时的达尔文，留着滑稽的发型

家四年，看遍了大千世界，观察到的多种多样的生物使他受益终身，也正是这段旅程播下了达尔文“进化论”的精神种子。

达尔文离开小猎犬号20年后，才终于鼓起勇气将其理论构想公之于众。如果不是阿尔弗雷德·拉塞尔·华莱士（Alfred Russel Wallace）这位年轻的博物学家兼达尔文的崇拜者给他写了一系列介绍自己的新理论的信件，他可能永远不会这样做。就这样，在科学激情和友好竞争的推动下，这两位博物学家携手合作并尽快发表了这一理论。所以说，尽管“进化论”是达尔文的理论，但华莱士是该理论的重要贡献者，同时他也是达尔文的挚友。

达尔文理论为现代进化科学的研究

“达尔文理论”的理论

“理论”这个词是一个不得不提的术语。在日常的闲谈中，理论只是理论，就算你绞尽脑汁去想，也没法将其实体化。但是当学者们使用“理论”这个词时，意思就截然不同了。

在这种情况下，理论是一种思想流派、一个思想框架，一种当你将其应用于一个学科，学科里其他研究者会从中获益的组织观点的方法。从技术上讲，重力是一种理论。人类为什么没有飞向外太空？重力理论给了它一个最合理的解释。

理论并不是停滞不前的，事实上，不断发展才是理论提出的根本目的。如果艾萨克·牛顿（Isaac Newton）没有先提出物理学的种种理论，就没有阿尔伯特·爱因斯坦（Albert Einstein）对他的“纠正”，而爱因斯坦可能根本不会成为一位物理学家。理论的“牵引力”是通过长时间的众人认可来获得的。所以，归根结底，这只是一个语义问题。

奠定了基础，使其在此基础上不断发展。即使在当今遗传学和基因组学领域信息量不断增加的背景下，这一理论仍占有一席之地。事实上，对“基因”这一遗传性的关键机制的研究对达尔文来说实在是难以捉摸，几乎令其精神崩溃。

除了达尔文，这本书不会出现太多其他科学家的名字，因为我不希望你们顾此失彼；也不会出现太多的日期或术语，虽然术语在科学领域司空见惯，但它却是把“双刃剑”：如果你懂术语，那你就自动“入行”了，不懂的话，这本书可能就令你望而生畏了。

可敬的猩猩，这是有关达尔文的一张人物漫画，于1871年，也就是达尔文的《物种起源》论文首次发表两周年时，刊登在一本讽刺杂志上

生命之树河

“家谱”这一概念总会带给我们某种亲切感，同时它也是一个有用的工具，有了它，人们可以穿越时光，找到自己的祖先。将这一工具进一步应用于“把地球上所有生物联系起来”是一次飞跃，甚至早在达尔文之前，自然科学家就有这样的设想了，但这种方式为众人所知还得归功于达尔文。32年来，在将一闪即逝的灵感变成理论的探索中，达尔文一次次地在一本毫不起眼的私密笔记中勾勒着“生命之树”，他简单地把它标为“B”。

笔记中某一棵树（见第7页插图）已经成为某种标志，有时候也被誉为“达尔文的灵感瞬间”。它揭示了：生物有共同的祖先，在一代代进化中形成各种生物（A在一个分支上，B、C、D在另一个分支上）。这棵树的海报可能被贴在实验室或教室的墙上，这棵树的图案甚至可能是真正的进化论拥护者身上的文身。

这是“达尔文之树”一个较为简化而完整的版本，也是第一个版本，达尔文对这个版本不怎么满意（插图中可以看到达尔文潦草的字迹“我想”，证明这只是个人猜测，可见即使是在私人笔记中，达尔文也在竭力避免“妄自尊大”）。用“树”来表达是不尽如人意的，对入门者来说，树本身也是“活的生命体”，这种呈现方式就像是用一个词来定义自身。于是在笔记的另一页，达尔文考虑用另一种方式来表达并记录了自己的思考：

生命之树或许应该被称为“生命的珊瑚树”或者“枯枝的根部”，在这种表现形式下，生命演进的过程完全无法得到细节性的呈现。

但后来他决定：

不要使它过于复杂，不能与持续进行的“细菌”的演进相矛盾。[这里的“细菌”（Germs）实际上是指基因，“基因”这个术语也是达尔文追寻一生的词。]

在达尔文之前和之后都有博物学家试图重构“生命之树”。直到2016年科学杂志《自然》的一篇文章发表了一项大规模跨机构合作的研究成果，才使这棵“树”能够自我螺旋式地生长，以容纳其自身衍生的所有信息。自那以后的两年间，基因组学的爆炸式发展与生命网络的构想，一同印证了几千年或更长时间没有共同祖先的物种可能存在某种联系这一猜想。考虑到本书的目的，我们来看看将生命比作“河流”是否更为贴切。

河流同树木一样，也会有分支，但河流的流向仅仅取决于地理环境和物理定律（如重力、摩擦和运动）。它既没有预先确定的形状，也没有驱动“生命”的内在力量。它奔流入海，因岩石、山丘、河谷以及天气而改变着流向。

随着时空推移，一些河流干涸，变成水汽后重新进入水循环（就像动物死后，会变成有机分子返回土壤和大气一样），另一些河流可能会分流、缩短或延长。河流也有体积，是三维的，而不是由点连接的直线。我们在这里谈论“一种动物”时，通常不是谈论所有动物共同的祖先，我们甚至也不是谈论两种动物以及它们的血缘关系，这点要和谈论人类家谱时的思路区分开。我们讨论的是，随着时间推移，一个动物种群的繁衍、数量变化、分支、相遇、壮大和衰亡。它们死后会变成化石，留下这个种群演进的蛛丝马迹。

通过这种方式，庞杂的信息得以容纳在这个充满活力的基因库中。我们从基因组研究中获得的（或者说即将获得的）信息对脆弱的“树木”枝丫来说实在是难以承受，而“河流”可以加宽加深，它的容纳力总是能带给我们惊喜。

更深入地想，河流源头是生命发源的地方。地下水和土壤中的水必须到地面上，大气中的水蒸气必须变成雨水降落在河床上，然后获得动力并向前奔流时，它们才被称为河流。想象一下，有机分子首次聚集在一起时，也是在获得前进的动力之后，才能获得生命。只要在前进，我们就将其称作生命。

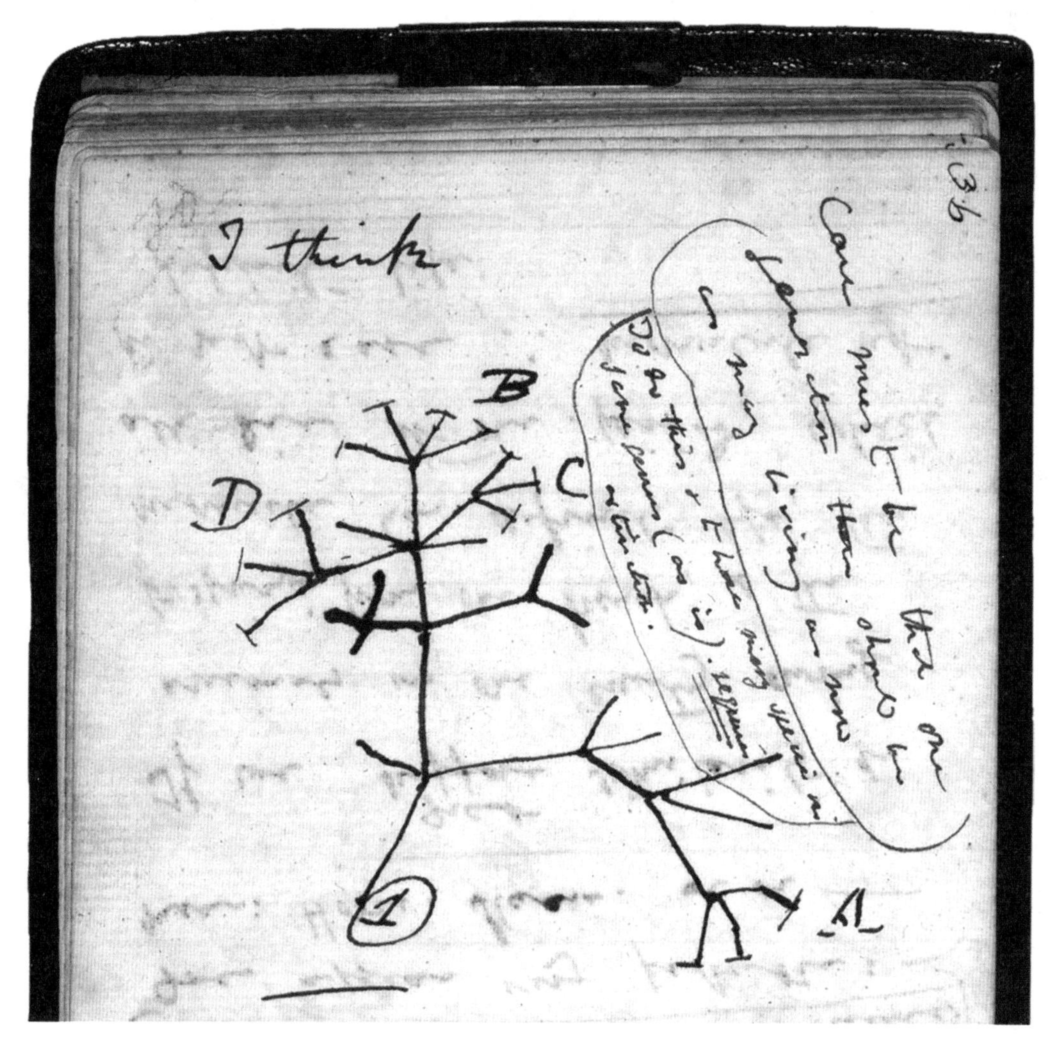

达尔文最著名的“生命之树”，这只是他日记中数十个“树表”中的一个

第一部分
入　门

有了“23 and Me”（一家基因检测公司）和 Ancestry.com（世界上最大的族谱网站）以后，孩子们只能通过观察来获知“事物过去是怎样的？”“事物从哪里来？”这一类信息的时代已经一去不复返了。

在进化论成为理论之前，动物们只管顺其自然地生活，它们的屁股后面跟着一堆科学家观察它们的生活习性并做出假设。“观察”就是达尔文用来构建其理论的方法，他随后在一本出版物中发表了他的理论，完整的标题是：“论‘依据自然选择’，即‘在生存斗争中保存优势种族’的物种起源”。在本部分中，我们将在进化生物学的背景下理解这些术语：

■ 物种。

■ 自然选择。

■ 在生存斗争中保存优势种族（我们称之为“适者生存”）。

本书中，我们将以动物为例讲解这些术语，并将达尔文的理论与新兴起的遗传学相结合。

鸭嘴兽

（*Ornithorhynchus anatinus*）

“天选”的动物

鸭嘴兽一直被认为是动物界的“怪胎”，这使它成为我们进入“进化”这个奇幻世界的完美“首发站”。

体形
长度大约
38 厘米

与人类的基因重合率

69%～
82%

人类和鸭嘴兽在基因上远比你想象的接近，但绝对到不了可以彼此进行器官移植的地步。

现代哺乳动物出现后，鸭嘴兽逐渐变成“异类”，它们属于“单孔目”，这条“河流”分支上没有什么其他动物，和鸭嘴兽最接近的就是阿滕伯勒长喙针鼹鼠（以受人爱戴的博物学家、主持人命名）。有趣的是，在门外汉的眼中，鸭嘴兽和针鼹的祖先没什么不同。将它们称作“活化石”显然不太恰当。描述那些被时间遗忘的动物的最合适的话可能是“如果它没坏，就不要修理它”，鸭嘴兽在澳大利亚孤独地生活了数千万年，却只有双足和牙齿发生了细微的变化。史前鸭嘴兽包括三种大型食肉鸭嘴兽，这使鸭嘴兽家族看起来不那么傻乎乎的，反而具有了杀伤力，但也只是有那么一点点杀伤力。

多元化

很多只鸭嘴兽应该用什么量词？有人说是一串（无聊），有人说是一片，但最官方的说法还是一群。你很快就会知道为什么，这里潜在蕴含着“多元化”的思维方式，近来研究“进化”总是渗透着这种多元思维。一个动物身上会发生多种故事，一个故事的主角也绝不会仅是一种动物。

鸭嘴兽在“生命长河”的位置

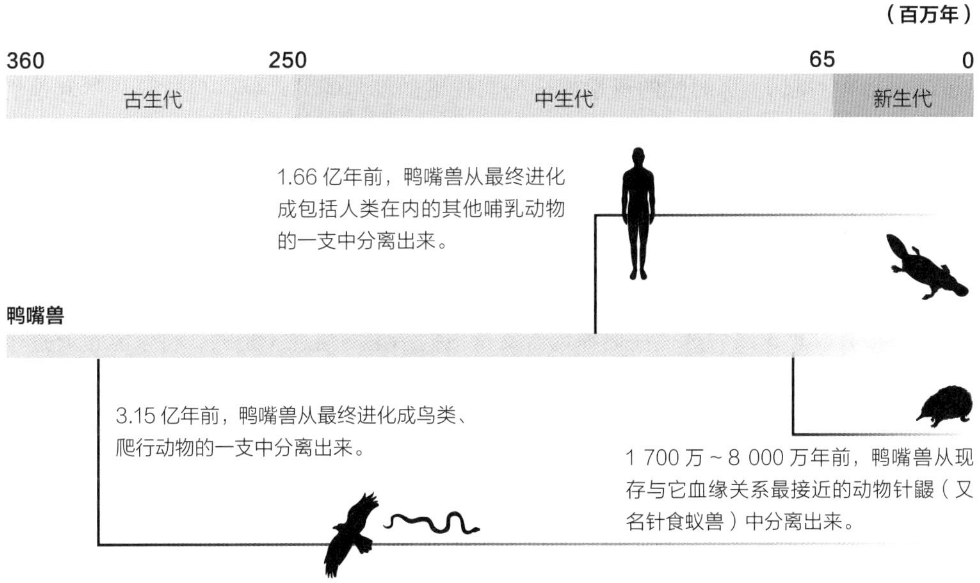

（百万年）

360　250　65　0

古生代　中生代　新生代

1.66 亿年前，鸭嘴兽从最终进化成包括人类在内的其他哺乳动物的一支中分离出来。

鸭嘴兽

3.15 亿年前，鸭嘴兽从最终进化成鸟类、爬行动物的一支中分离出来。

1 700 万 ~ 8 000 万年前，鸭嘴兽从现存与它血缘关系最接近的动物针鼹（又名针食蚁兽）中分离出来。

达尔文眼中的鸭嘴兽

四年环球航行即将结束时，小猎犬号停泊在澳大利亚，那时的查尔斯·达尔文对鸭嘴兽有过“惊鸿一瞥”。他在日记中写道：

黄昏时分，我在池塘旁边散步。在这个干涸的国家，池塘的地位相当于河流，我有幸见到了几只鸭嘴兽，它们时而潜入水中，时而浮出水面换气，不过很少将身体露出水面，所以它们常常被误认作水老鼠。布朗先生还射杀了一只鸭嘴兽。

接下来的几年中，达尔文常常在笔记和书信中表达他的疑惑：“鸭嘴兽实在太怪异、太令人费解了，仅是鸭嘴兽就能让我‘奇怪’的进化理论站不住脚。”

他还想知道：鸭嘴兽什么时候能“步入正轨”呢？如果人们认为动物是上帝凭空创造的，这些疑虑是永远不会彻底消失的。

鸭嘴兽的进化秘密

毛发

那是在18世纪90年代末的欧洲，没有什么真正的科学家，自然界的研究者们对鸭嘴兽也知之甚少。他们得到第一块鸭嘴兽的皮毛时，第一反应是怀疑这是个骗局（那个时候，“人造外星动物”很流行，比如臭名昭著的“斐济美人鱼”，就是将半只死猴子和鱼尾巴拼接在一起）。那时候的科学界认为有皮毛的都是哺乳动物，但这只显然和他们以前见过的不一样，接下来的200年间，他们致力于将鸭嘴兽归类。研究者们仅能研究稀有的鸭嘴兽标本，彼此争论不休，但结果经常是越争论，他们就越坚信自己原来的归类是正确的，从而忽视了眼前的真凭实据。

不同的研究小组对鸭嘴兽的理解大相径庭，因为他们都掌握了一些“独家信息”。他们内心早有设想，然后选择性地筛选着支持他们结论的信息（是的，科学家也有这个毛病，这不是什么好习惯）。直到2008年，一个来自亚洲、欧洲以及澳大利亚、新西兰和美国的遗传学家团队聚集在一起，对鸭嘴兽的基因组进行了测序。样本叫“格伦尼”，它是一只雌性鸭嘴兽，以发现它的地区——澳大利亚的新南威尔士州格伦罗克命名。但你可以把它看作是鸭嘴兽中的约翰·格伦（美国首位环绕地球进行太空飞行的宇航员），因为它将“单孔目”动物的科学研究带向了未来，并几乎进入科幻领域。令人困惑的是，它的 DNA 模式与另一个“属”的模式恰好匹配。它浓密而油亮光滑的皮毛确实属于哺乳动物，尤其令人联想到水獭和海狸的皮毛。

嘴巴

1799 年，一位名叫乔治·肖的博物学家记载了这个“怪胎”，并最终将其命名为“鸭嘴兽”（英文名“Platypus anatinus”是希腊语“平足”和拉丁语“鸭状”的合成词）。

鸭嘴兽没有牙齿，这点误导了大批的早期博物学家，他们猜想鸭嘴兽的嘴巴类似于鸟喙。但是在 20 世纪和 21 世纪，研究鸭嘴兽化石记录的古生物学家发现鸭嘴兽的祖先是有牙齿的。2013 年，一位美国古生物学家发现了一只长度超过 1 米的古代鸭嘴单孔目动物，它长有臼齿，很可能以青蛙、鸟类、海龟等较大的猎物为食。这位古生物学家第一个断言，在进化过程中，这些“原始鸭嘴兽”小型化了，食物也更小了，锯状的“喙”以及强壮的舌头足够它们食用小型猎物，牙齿也就慢慢退化了。

但发现远不止于此，2008 年，一个遗传学家团队发现格伦尼的“喙”采用了一种精密的“雷达系统”（比喻说法）——类似触摸接收器和电子接收器的组合，使它能够像某种鲨鱼一样捕捉猎物运动的微弱的电信号。实际上，一般鱼类才有“第六感”（电信号探测系统），但是鸭嘴兽的遗传图谱中显示它同样拥有这一特质。

眼睛

追溯到 1779 年，肖早就认可了澳大利亚殖民者给鸭嘴兽起的绰号“水鼹鼠”，因为它那双圆润的小眼睛和那些“地下花园的破坏者”鼹鼠的一样，仅是个摆设。

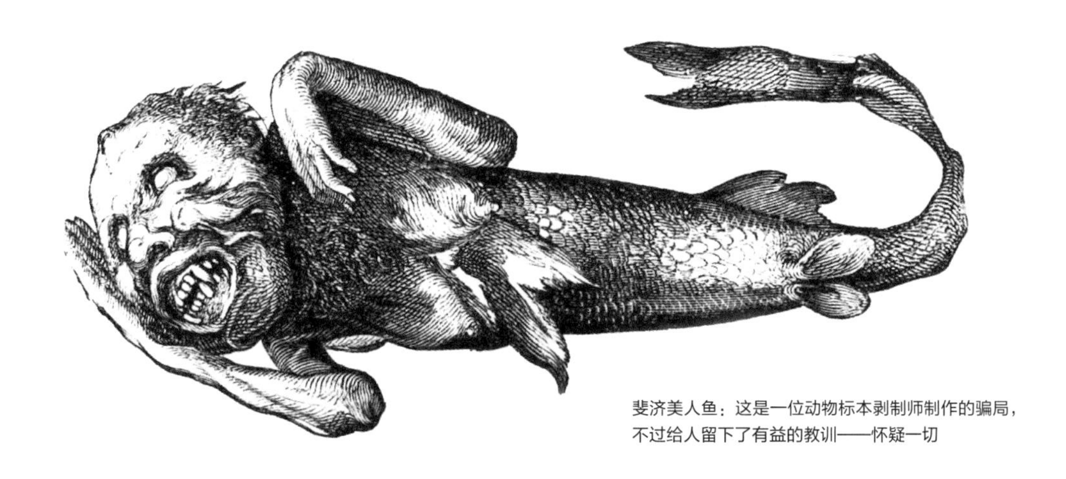

斐济美人鱼：这是一位动物标本剥制师制作的骗局，不过给人留下了有益的教训——怀疑一切

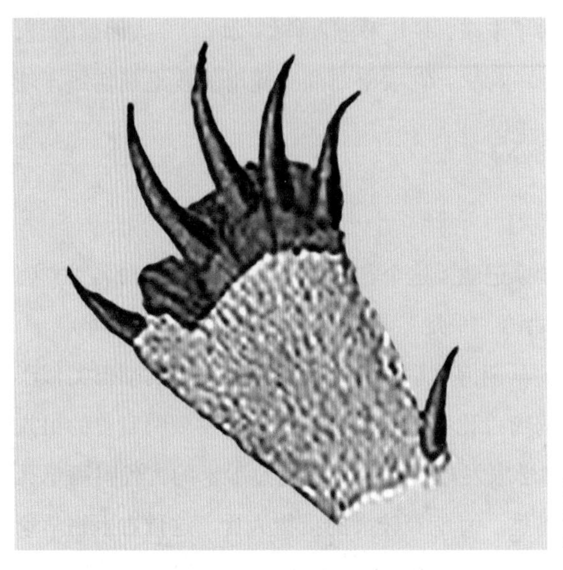

图为雄性鸭嘴兽的毒刺。乔治·肖亲自绘制了一些备受质疑的鸭嘴兽解剖图，并于1799年发表在《博物学家杂集：自然风物彩绘图》中

但是在 2008 年，基因组研究小组的发现表明：鸭嘴兽的眼睛有视杆和视锥细胞，这是鸭嘴兽与其他哺乳动物最为相似之处；鸭嘴兽的眼睛有着“双锥体”结构，这一结构既不存在于真兽类哺乳动物（能够生育出完全发育的幼崽的哺乳动物），也不存在于有袋类动物（将新生幼崽放在身体上的“袋子”里一段时间，如袋鼠和负鼠）。同时，它们的眼球被一种软骨组织包围，这种特征更多存在于鸟类、爬行动物、两栖动物、鲨鱼、鳐鱼和恐怖电影中的怪物身上。

足部

鸭嘴兽与鼹鼠的相似之处除了眼睛，还有多爪的足部，它们和鼹鼠一样用爪子挖掘和构造复杂的洞穴。

尽管 2008 年的基因组研究小组尚不能准确定位鸭嘴兽“足部”的 DNA 片段，但他们可以“标记”鸭嘴兽毒液的基因位置，这种毒液由雄性鸭嘴兽后腿上的刺释放。鸭嘴兽基因组里存在着类似爬行动物毒液的遗传信息，其中的一些遗传信息在哺乳动物身上也被发现了，却不能使哺乳动物产生毒液。一个可能的解释是：大多数现存动物（鸟类、爬行类、哺乳类、鱼类）的史前祖先身上都有毒液，只是大多数哺乳类和鸟类在进化过程中失去了这一特征。

然而，哺乳动物中也有一些是有毒液的，有一种名叫“沟齿鼩”的形似鼹鼠的生物就是有毒的。也许是巧合？是巧合，不过这种巧合不值得大惊小怪。

卵

很多人觉得“卵”是细枝末节的问题，不值一提。不过你要是回答过“先有鸡还是先有蛋”的问题，你就知道问题一旦牵扯上“蛋（卵）”会变得多么让人心烦了。

在 18 世纪的澳大利亚，欧洲殖民者热衷于打猎，并对动物的分类争论不休。当地一个土著部落的首领告诉欧洲人，当地人都知道鸭嘴兽是卵生的。鸭嘴兽的蛋大小和颜色与鸡蛋差不多，雌性鸭嘴兽在芦苇丛中的巢里一次生下两个蛋并花费大量的时间孵蛋。顺便说一下，这种动物早已有了“马兰贡”这个名字。欧洲人注意到了这些奇闻逸事，但他们觉得还有待考证。

当时的研究者们基本上认可了鸭嘴兽是哺乳动物，但与此同时，在欧洲，年轻的法国博物学家艾蒂安·若夫华·圣伊莱尔（Étienne Geoffroy Saint-Hilaire）却坚定不移地认为他们是错的。后来，他有机会研究一个保存在酒精中的鸭嘴兽标本，标本有着完好无损的内脏，他注意到了其中泄殖腔的存在——通常鸟类、爬行类才有这一构造，这是排泄物和卵的出口，不同于哺乳动物的阴道、尿道、肛门三个孔道彼此独立。圣伊莱尔在一篇文章中坚持认为，他的同人早晚会找到鸭嘴兽的蛋，他将这种分类称作“单孔目”（通过一个孔道排泄和生殖）。（圣伊莱尔在文章中引用了那位土著首领的话，同时向读者保证，虽然他在“鸭嘴兽下不下蛋”的问题上唯一的盟友的文化程度不高，但这位首领聪明而有见地，“既不缺乏智慧也不缺乏道德”。）1844 年，圣伊莱尔去世了，但他始终相信人们会发现鸭嘴兽是卵生的。

西方科学家们花了 40 年来解决这个问题，澳大利亚的一位野生动物学家给剑桥大学发了一封很著名的电报：“鸭嘴兽是单孔目动物、卵生动物、不完全卵裂。”（老派生物学家为避免语言隔阂，常常使用拉丁语交流，这使得他们的表达方式很特别。）这句话的意思是：单孔目动物下的蛋类似爬行动物的蛋。

什么是哺乳动物?

分类学认为，哺乳动物必须具有以下特征：

- 脊椎动物（有脊椎，而不是仅有外骨骼）。
- 有体毛。
- 哺乳幼崽。

鸭嘴兽的发现拓宽了这一定义。

2008 年，鸭嘴兽基因组进一步显示了鸭嘴兽的蛋与其他许多动物的蛋有共通之处：

- 与爬行动物的一样，蛋壳的质地像皮革。
- 与袋鼠等有袋哺乳动物一样，鸭嘴兽以半胎状态出生（从蛋中孵化），在哺乳期持续生长。
- 鸭嘴兽的基因特征类似鸟类、两栖类、鱼类这些卵生动物。
- 鸭嘴兽的几种基因“编码”仅仅在鱼类和鸟类这些卵生动物中找得到。

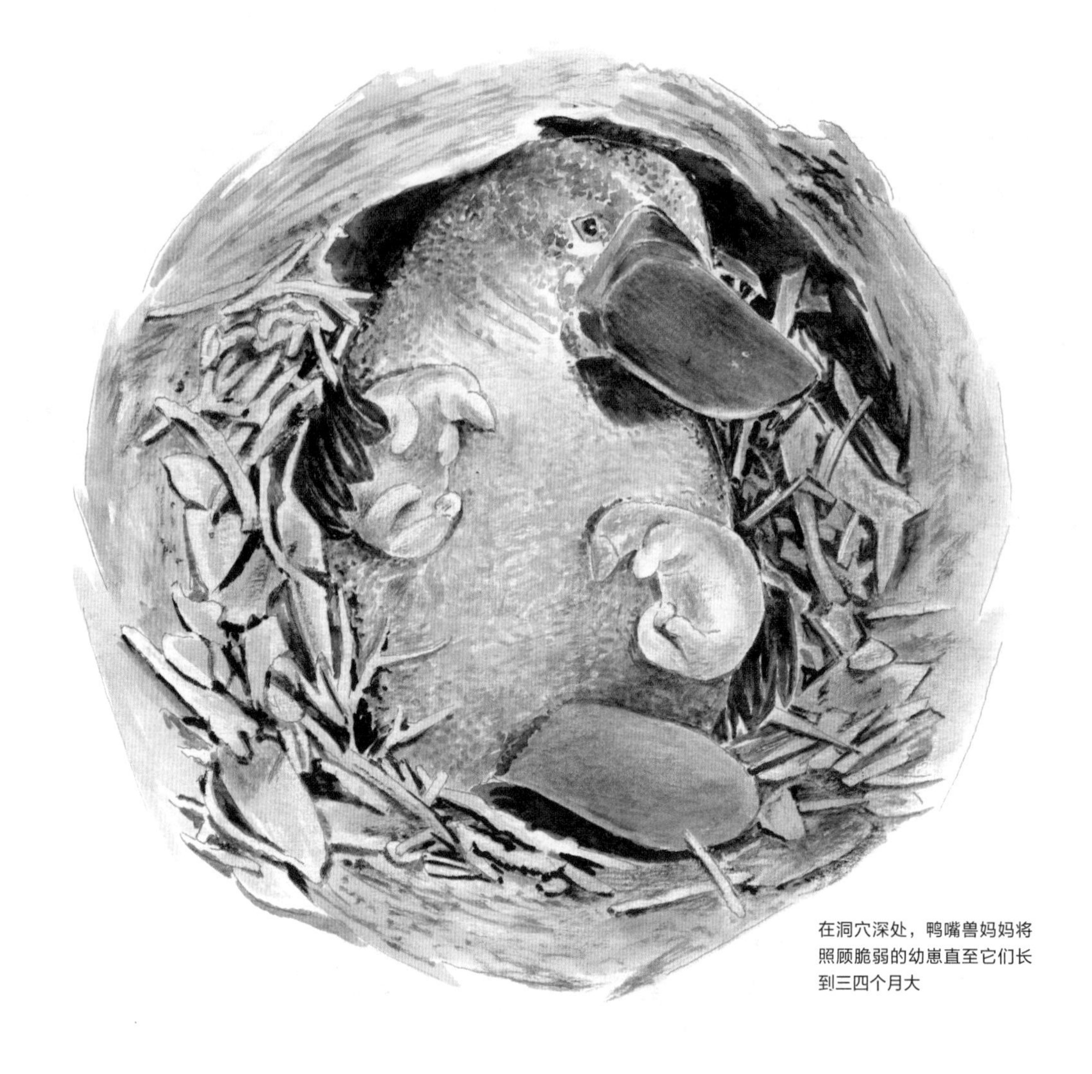

在洞穴深处，鸭嘴兽妈妈将照顾脆弱的幼崽直至它们长到三四个月大

乳房（无乳头）

早期的欧洲博物学家很早就将哺乳动物定义为：用乳腺分泌的乳汁哺育幼崽的动物。但是直到 19 世纪 20 年代，他们都没有发现鸭嘴兽的蛋或是乳头，他们怀疑他们的分类可能不是那么科学（科学界最可怕的梦魇）。圣伊莱尔的观点可能最接近真相，他坚持认为人们早晚会找到鸭嘴兽的蛋，却永远找不到鸭嘴兽的乳头。

1824 年，一位年轻的德国解剖学家发现了一只正在哺乳期的鸭嘴兽，证实了圣伊莱尔在某种程度上是对的，鸭嘴兽没有乳头，它的乳汁是从乳腺区中渗出的。鸭嘴兽产下幼崽后，乳腺区出现，幼崽断奶后，乳腺区消失。这是欧洲科学家首次观察到乳腺区，乳腺区迄今只在鸭嘴兽以及澳大利亚的另一单孔目动物针鼹身上观察到过。乳腺区的功能是产奶，所以说鸭嘴兽的出现扩大了科学界对“哺乳动物”的定义。

2008 年的研究结果显示，尽管鸭嘴兽是卵生的，但它们的基因组中携带“乳汁蛋白”的标记，也就是说鸭嘴兽分泌乳汁，这对 18 世纪和 19 世纪的博物学家们来说是有力的遗传学证据。回顾动物进化的时间线，这可以表明鸭嘴兽以及它们的近亲从“毛茸茸”的哺乳动物家族中独立出来和“产奶”现象的出现是同时期进行的。自此，“产奶”成为哺乳动物进化中的一个首要特征。

不过，对基因组了解得越多，我们就越发现鸭嘴兽并不算是“怪胎”，鸭嘴兽格伦尼的“怪异之处”都只是表面现象。

鸭嘴兽告诉我们：

不要被事物的表象迷惑。像“哺乳类”“爬行类”“鸟类”这样的分类不是一成不变的。

本节术语： 哺乳动物

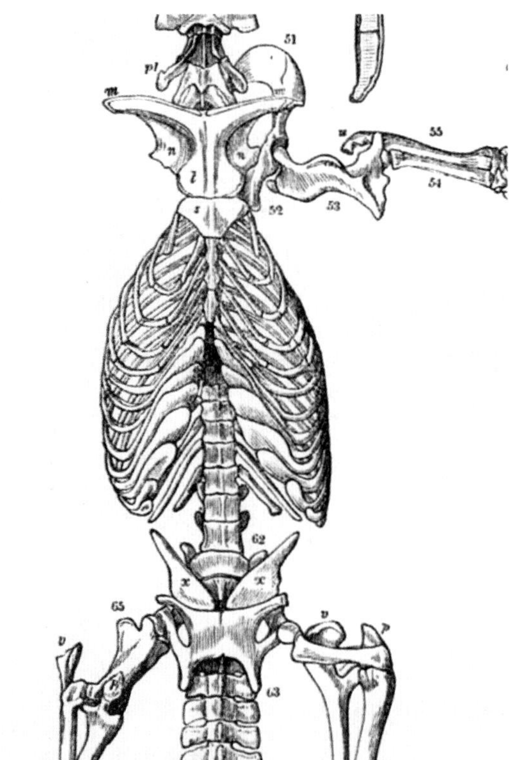

鸭嘴兽骨架，作者理查德·欧文，进化生物学的中心人物。欧文的成就包括但不限于：

· 创造了“恐龙”和“原生动物”两个术语；

· 设立了自然历史博物馆；

· 尖锐地批评了达尔文的某些主张。

欧文所做的努力在一定程度上成就了达尔文，他提出的许多问题仍是现代遗传学的研究课题

北极熊

(*Ursus maritimus*)

“地毯式”研究北极熊

北极熊白色的皮毛使得它们在熊类中独树一帜。是这样吗？或者说，北极熊的独特之处在于适应了正在消失的栖息地的环境，北极熊属于能够引起人们关注气候变化的典型动物。现在，随着基因研究的最新进展以及对北极熊的了解不断加深，人们逐渐意识到，对任何“词”（不管是“物种”还是“北极熊”）都不要想当然，要时刻保持怀疑态度。

多年来，科学界一直认为北极熊出现在距今 13 万 ~ 60 万年前，因为人类迄今发现的最古老的北极熊化石出现在距今 11.5 万年前，所以它们的出现时间一定更早。

在 2010 年，科学界研究了一枚距今 15 万年的化石，遗传分析以及牙齿研究表明：该动物的血统部分来自棕熊，部分来自北极熊，这一发现震惊了学界。

基于他们已知的信息，发现这一动物的熊类研究者认为，这种古老的杂交物种实际上是棕熊的后代。这枚化石应该是过渡时期的化石，也正是北极熊出现的决定性时刻的“时间胶囊”。他们发布了一则新闻，标题为：“北极熊出现在距今 15 万年前”。

真相如何？

2012 年，另一项研究提取了另一只古熊标本牙齿上的某一段 DNA，并发现了杂交现象，这使北极熊出现的时间变成距今 60 万年左右。于是有了另一个针锋相对的标题：“北极熊的出现时间比预想的早 45 万年”。

孰对孰错？

与此同时，早先那条新闻依旧能在互联网上找得到，直到现在也没有被纠正或者更新。截至本书出版，这些结论就是最接近真相的了。

关于北极熊出现时间的研究还存在许多疑问、空白、措辞暧昧之处。一方面，“棕色的熊”并不代表就一定是遗传意义上的“棕熊”。棕熊（brown bear）是现代灰熊（grizzly bear）的别称，因为它们的皮毛呈灰褐色，像是灰发的老人，所以探险家刘易斯和克拉克给它们起名“灰熊”。他们定下这个名字之前，曾经在笔记中有过“白熊”“金熊”“棕熊”这些说法，但后来他们将熊皮拿给当地的一位猎人，猎人告诉他们，这些都是同一种熊，只是一年的不同时期它们的毛色会变。但事情可能不只是颜色变化这么简单。

体形
雄性高 201 厘米，
雌性高 134 厘米

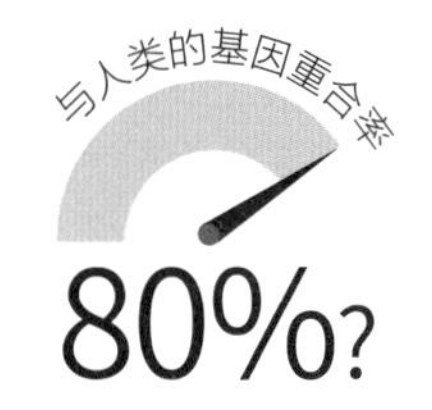

人类与北极熊的基因重合率尚未计算出来，这里的估值是人类和犬类的重合率，犬类是北极熊的近亲。

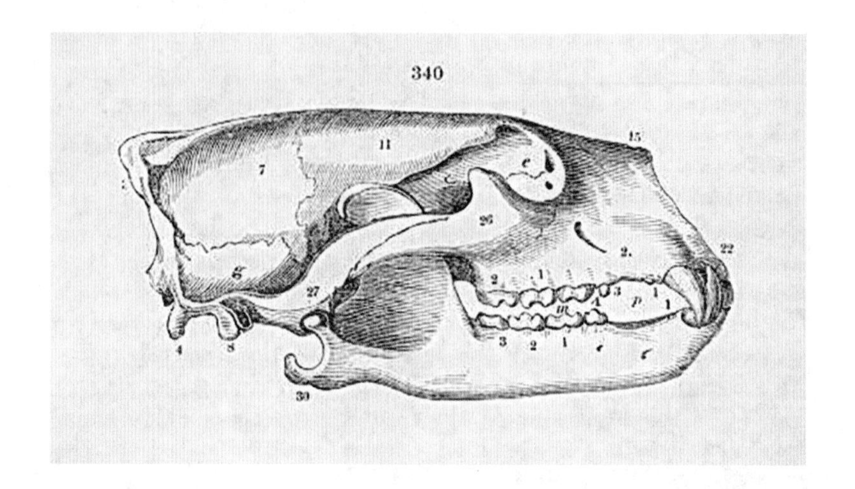

棕熊的钝头骨，可与第22页北极熊的长头骨进行比较。摘自1866年理查德·欧文的《脊椎动物解剖学》

“物种”：术语背后的故事

在生物科学史上，“物种”这一术语的定义一直在变化。这个词语来自古老的拉丁文，意思是“一种特殊的分类、种类或类型”或是“意见、观点”。18世纪博物学家、医生卡尔·林奈（Carl Linnaeus）在18世纪中期将这一术语应用于动植物。那个时候早期生物学正处于奠基期，林奈忙于用拉丁文给生物命名。他主张建立通用的科学术语体系，这一体系使用拉丁文理所应当，因为没有哪种语言比拉丁文更通用了。

然而，我们对动物种群关系了解得越多，就越难定义“物种”或是“种”，就像我们难以确定鸭嘴兽的“属”一样。1942年，进化生物学先驱恩斯特·迈尔（Ernst Mayr）这样定义“种”：属于同“种”的生物能够杂交并产生健康的后代。这一定义几十年来屹立不倒，直到今日仍被广泛接受。但是随着时间的推移，随着我们对动物内部和彼此间的异同了解增多，这一术语的定义就显得有些过时了。在当今的进化生物学界，“物种”这一概念是最热门的话题之一。

杂交种：A独立种+B独立种=？

“杂交种”一词和“物种”一直相伴相生，其出现可以追溯到17世纪，传统意义上，“杂交种”指两个独立“物种”的后代。“杂交种”被定义为“不育”或“不可繁殖的”（inviable）。但如果“杂交种”能繁殖，就需要引入“可繁殖杂交种”（viable hybrid）这一术语来填补空白。这再次证明了术语的变迁有时滞后于基因技术的发展。

北极熊在生命长河的位置

6 500 万年前

哺乳动物发生大分化，包括熊在内的一支将进化成食肉动物。

3 000 万年前

从猫科动物和鬣狗中分化出来的一支将进化成犬科以及海象。

2 500 万年前

熊类出现。北极熊、棕熊、黑熊自成一脉，使得亚洲黑熊从眼镜熊、懒熊中独立出来。

350 万年前

熊从最终进化成熊猫的一支中独立出来。并不是说熊猫不是熊，只是说熊比我们想象的更加多样化。这也再一次说明，人类对动物的命名能力是有限的，“熊”的定义不会一成不变。

330 万年前

北极熊、棕熊从最终进化成美洲黑熊的一支中独立出来。

100 万 ~150 万年前

北极熊和棕熊的共同祖先从其他熊类中独立出来。近年来，北极熊出现的确切时间一直是争论的焦点。

怀疑一切。棕熊是杂食性动物：树根、草、浆果、松子、啮齿动物、鱼类、昆虫都可以作为它们的“盘中餐”。它们有时也会吃一些体形较大的动物，例如麋鹿，甚至是黑熊。但棕熊不像北极熊那样是纯粹的肉食性动物。1895年的这张图引起了人们极大的兴趣。可能这只棕熊体内有北极熊的基因

北极熊的进化秘密

科学家早就知道“杂交熊”的存在，它有个了不起的名字叫“格罗拉熊”。但我们现在可以深入研究一下它的基因组，并借此机会研究棕熊、北极熊这两个不同“物种”的“基因交换”。多数人喜欢说“交配”而不是“基因交换”，但是科学家知道，“交配”只是形式上的，他们真正的乐趣在于找出“基因交换”的“终结点”以及“表达形式”。科学家将这种现象称为“基因流”（gene flow）。

头部

北极熊的头部比棕熊纤细，这一特征可能有利于北极熊在冷水中前进（类似鲸和海豚）。北极熊和棕熊的杂交种的头部介于两者之间，这提醒我们，头部形状可能是由多种基因决定的。

新陈代谢

棕熊可以适应的栖息地非常广泛（你可以称之为“通才”）。但是北极熊在进化中逐渐适应了非常特殊的生态位：以北极海豹这些高脂肪的特殊物种为食。在浮冰间游动需要储存和消耗大量脂肪，因此北极熊进化出了“代谢限制”，非常接近我们在家猫身上看到的那样——哪怕食物极度匮乏，也不以植物为食。随着北极冰层融化，北极熊游很远也只能找到极少的食物。2018 年的一项研究显示，接近一半的北极熊无法找到维持日常活动的食物。不幸的北极熊要么被迫吃腐肉，要么饿肚子。在大概 10 天的时间里，它们的体重就能下降 10%。棕熊的基因有助于它们适应不断变化的环境，像棕熊一样，北极熊可以进行暂时的冬眠保存体内脂肪，在较长的时间内不吃不喝。

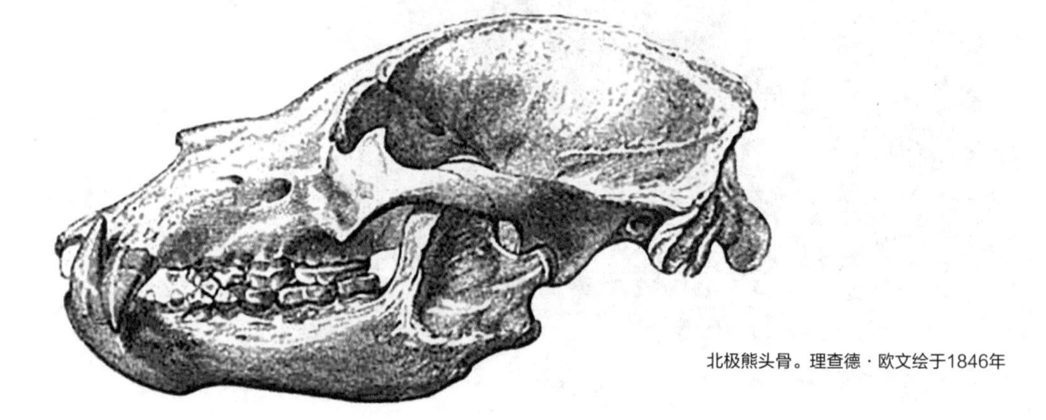

北极熊头骨。理查德·欧文绘于1846年

体形

棕熊平均比北极熊高30厘米，“格罗拉熊”的大多数特征随父系或母系一方，只有高度和身形介于两者之间。

尾巴

北极熊有看得见的尾巴，棕熊没有，它们的杂交种“格罗拉熊”也有看得见的尾巴。这仅仅取决于尾巴和皮毛的关系，因为北极熊的皮更紧实（北极熊的皮更紧实有助于保温和防水）。能够遗传给杂交后代表明北极熊有用的抗寒皮毛在基因库中占优势。

毛发

北极熊毛发的横截面是中空的，因此较轻的重量就能达到较好的防水效果。棕熊毛发的横截面是实心的或者有一些小孔。而杂交种的毛发是多孔的，是两者的结合。

足部

许多哺乳动物用脚趾（如猫和狗）或蹄（如鹿和马）行走，但熊却是用脚掌走路的。其他类似动物有：麝香食肉动物（如狼獾和臭鼬）、啮齿动物（如老鼠）、有袋动物（如负鼠和袋鼠）、小熊猫、兔子、浣熊、刺猬和灵长类动物（如猴子和人类）。北极熊脚上覆满毛发，有助于隔绝与冰面的摩擦；棕熊脚掌无毛，脚趾清晰可见；杂交后代“格罗拉熊”的脚掌部分覆盖着毛发，这又是棕熊和北极熊特点的结合。

颈部

“格罗拉熊”的颈部较长，这点更类似于北极熊，但是肩部有小“隆起”，这点更接近于棕熊。北极熊的长脖子有助于它们在水下活动，棕熊的“隆起”能够储存脂肪。

达尔文眼中的北极熊

从《物种起源》中我们可以看出达尔文对鲸的起源有着浓厚的兴趣。他认为，强大的滤食动物鲸与北极熊有一些相似之处，因为他曾经看到一头北极熊张开嘴巴四处移动，试图吞食昆虫，这是滤食动物的进食方式。

北极熊可能会在自然选择下变得更具水生生物的结构和习性，嘴会变得越来越大，最后或许会变成像鲸一样的“大嘴怪”。

不过北极熊完全没有鲸的基因。至少作为熊类，它们还算不上“离经叛道”，尽管它们大多数时间都待在水下，甚至比待在陆地的时间还长，也正是因为这一点，一些研究人员将北极熊归为海洋哺乳动物。随着北极冰层融化，它们在水下的时间会更长，也许有一天，北极熊会真的变得像鲸。

北极熊告诉我们：

不要轻信表象，不要轻信教条。物种已死，杂交种长存。

本节术语：基因流、物种、杂交

蓝鲸

（*Balaenoptera musculus*）

达尔文眼中的大难题？

“鲸”是一类奇特的物种。它们从陆地哺乳动物进化而来，后来到海洋中生活。它们中的一些成为地球上有史以来体形最大的动物（蓝鲸），这已经十分稀奇了。近期的一些研究表明鲸可能是不同物种杂交的后代，这一发现再次给达尔文的“生命之树”蒙上了阴影。鲸的出现对达尔文的“自然选择”理论来说到底是“福”是“祸”呢？

体形
长 30 米，
重 200 吨

70%？

通过与海豚以及其他动物部分基因组的比较，得出了人类与鲸、海豚、钝吻海豚（同属于鲸目动物）大致的基因重合率。与海豚相比，鲸的基因与人类的基因重合率更低，身体构造、生活习性方面的差异也更大。

鲸在生命长河的位置

6 500 万年前

从与人类以及大多数胎生哺乳动物的共同祖先中独立出来。

5 600 万年前

早期哺乳动物进化成大型陆地哺乳动物，傍水而居，指爪并不锋利。其中一些最终进化成为偶蹄动物（蹄趾为偶数），包括骆驼、长颈鹿、野牛、奶牛、鹿、驼鹿、麋鹿；另一些进化成河马以及现代鲸类。是的，你没听错，鲸从陆地哺乳动物进化而来。科学界最近提出了一个更大的集体类别——原蹄类哺乳动物（译者注：“原蹄类哺乳动物”是原始的有蹄哺乳类动物，尚未演化为偶蹄类和其他哺乳动物），两类哺乳动物结合在一起：鲸目 + 偶蹄目 = 鲸偶蹄目。这绝对是个颠覆认知的冷门知识。

5 300 万年前

现今巴基斯坦境内，曾经有一种体形与现代狼相近的长鼻哺乳动物傍水而居，并涉水捕食史前鱼类以及爬行动物。根据发现的头盖骨化石，其耳骨与头骨相连，大多数动物的耳骨位于软组织中，现代动物中情形类似的只有鲸与海豚。

4 400 万 ~4 900 万年前

一支哺乳动物谱系进化出了更适应水中生存的面部线条，像“桨”一样的足部，肌肉发达的尾巴，这些都更加有利于水中捕猎。它们鼻孔朝上甚至长在头顶，有利于长时间潜入水底，后腿逐渐退化，直到小得有些可笑。沧海桑田，曾经它们栖息的水域留下了化石甚至是完整的动物骨骼，也正因此，我们才得以一窥陆地动物回归海洋生活的变化全貌。

3 600 万年前

鲸目动物经历了一次大分化，出现了齿鲸类（odontocetes）和须鲸类（mysticetes）。

2 800 万年前

露脊鲸和北极露脊鲸从其他须鲸类中独立出来。

此外，科学家们推测，在大约 1 000 万年前的某个时候，须鲸开始分化，不同种的须鲸在长达数十万英里（1 英里 =1.609 3 千米）的海洋路径上占据了不同的生态位。现今约有 10 种须鲸被记录在案，但彼此的界定十分模糊。德国和瑞典的研究人员最近进行的一项研究发现：在漫长的进化进程中，须鲸可能进行了跨物种交配并产下了杂交种。但是这些研究受到了很多质疑：鲸在野外很难辨认，更难从中提取 DNA 样本。迄今为止大多数基因组研究都是从动物身上直接提取 DNA，但是到了鲸这里就行不通了，因为我们很难让鲸待在实验室中。如果这项研究的数据是准确的，那么也许对“大型鲸”（须鲸）来说，杂交才是普遍现象。

这点在逻辑上完全讲得通，2018 年的一项研究指出，对这些海洋动物来说，没有了地理障碍的阻隔，还有什么能阻止杂交呢？对体形庞大的鲸来说，地理界限不值一提，它们比其他任何哺乳动物的活动范围都大。2015 年，一只雌性西部灰鲸在 172 天游了 22 511 千米，打破了先前座头鲸迁移 16 400 千米距离的纪录。

值得注意的是，须鲸，也就是过去所说的“大型鲸”，在 1978 年被列为濒危动物之前几乎被捕杀殆尽。数量锐减意味着杂交的选择变少了，“不要挑肥拣瘦”已经成为一种生活方式。既然现在须鲸已经重新成为无危物种，是不是又能回归之前的杂交状态呢？当然，这是一种可能的情况。

我们收集到的基因信息越多，科学界就越认为“生命之树”实际上更像“网”状结构。（这里我们要再次使用“河”这一意象和“基因流”的概念。）就像真正的河流一样，生命的支流有时也会“调整方向”。然后呢？生命的河流会拓宽、加深，生命力会更加磅礴。

蓝鲸的进化秘密

体形

蓝鲸的拉丁文名称的后半部分令人捧腹，取自词语“肌肉”，又和家鼠（*Mus musculus*）的后半部分一样。这个笑话可能是林奈故意而为的，家鼠体格小，而蓝鲸却是已知现存最大型的动物。与目前已知最大型的恐龙相比，蓝鲸的体重要更重（长度大致相当）。

毛发 / 感官

鲸是哺乳动物，理论上来说应该有毛发，但长期的水中生活把它们变成了“秃子”。新生的鲸幼崽的鼻子上的粗大毛囊会生长出毛发。即使随着幼崽长大，毛发脱落，毛囊也不会闭合。这些毛囊非常敏锐，能够感知水流变化，就像老鼠的胡须能感知气流变化一样。

口鼻

马脸已经够长了，鲸也毫不逊色。化石显示蓝鲸的陆地先祖们的长脸能帮助它们更好地捕捉岸上和水中的猎物，就像鳄鱼一样。

现代须鲸进化出了非常独特的进食方式，它们与众不同的口鼻形状有助于我们一探它们进食方式的进化历程。它们早期的进食方式为滤食（skim-feeding），主要借助厚厚的头部以及陡峭的下巴，类似今天露脊鲸、北极露脊鲸的进食方式。后来进化成啜食

(suction feeding), 它们啜食海底淤泥而不是直接吞咽海水，然后将沙子过滤出来，留下浮游生物以及甲壳纲生物，类似今天灰鲸的进食方式。最终，蓝鲸和长须鲸进化出了彻底的筛食进食方式 (full-on filter feeding)。扁平的流线型身体、宽阔的大嘴使它们能一次性吞食重量相当于自身水中体重的食物，然后用肥硕的舌头把水推出来——你能想象得到，它们的舌头也是“世界之最”。

同时，蓝鲸的近亲座头鲸可能拥有最高科技的排水方式：不是用舌头，而是用它们巨大的、布满肌肉的喉囊完成集水和排水。即使座头鲸不是地球上最大型的动物，其喉囊也可能是地球上最大的器官了。

鲸须

鲸嘴巴内的须看起来像毛发，但实际上是由角蛋白构成的，人类的头发、指甲也是由角蛋白构成。但是鲸须钙化后的硬度足够承担筛分 4 吨磷虾的任务。

这一不同寻常的进化特征的确切起源并不确定，但是在 2018 年的一项研究中，科学家们比较了须鲸和另一种鲸的基因组并得出结论：它们从“啜食”到“筛食”的演变与从其他鲸中独立出来成为现在我们所看到的庞然大物发生在同一时期。

呼吸孔

鲸的口鼻部 (rostrum) 看起来像鼻子，但事实上并不是，因为鼻子有鼻孔。而鲸的鼻孔长在脑袋顶上头骨后部，这使得它们更加适应水中生活，即使身体在水中也能呼吸空气。

须鲸头骨，摘自博物学家亨利 · 科庭 (Henri Coupin) 的《自然生物》，1890年

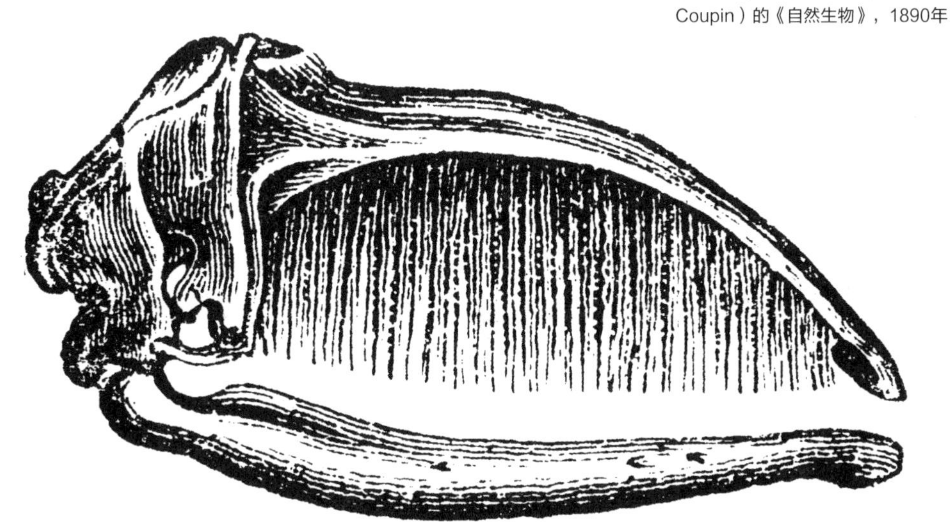

免疫功能

须鲸有着发达的免疫系统，它们几乎没有留下任何患病记录。它们杂交的生活方式也许是免疫力超强的一个原因，因为可选择的基因差异性越大，后代的适应能力越强。

低氧耐受力

鲸能够在深海遨游的一个秘密武器就是超长的闭气时间以及超强的水压耐受力。毫不意外地，它们的基因中带有对低氧环境的耐受力，同样的基因存在于裸滨鼠以及其他一些在地下生存的动物身上。这种基因可以更加强势地将氧气注入细胞中，甚至可以让动物们能够自如地控制细胞吸收储存在肺部的氧气的速率。

进化的“速度”和分子钟

通过对比研究化石和基因组变化，科学家们开创了一个新的研究领域：确定基因变化的具体时间。这有助于我们联系起两个方面：地球生命发展历程的总体相对时间线以及哪种动物比其他动物进化得更快或者更慢的认知，也就是说，在相同的时间范围，哪种动物经历了最剧烈的基因变化和物理变化。

鱼鳍

X 射线下的鲸前鳍骨骼构造和人类手掌的骨骼构造十分相似——从某种意义上来说，鲸的前鳍就是手部。陆生的原始鲸有脚趾、脚踝、膝盖等构造。后来它们渐渐以海洋为常居地，手掌就进化成了强健的、适宜水中生活的鱼鳍，手部的骨骼基本上也都退化了。但是鲸仍旧使用鱼鳍掌控方向，所以原始的构造还保留着，只是功能简化了。

尾叶

与此同时，鲸的后肢向上生长并退化。它们依靠长长的身躯和尾巴上下摆动为游泳提供动力，类似鱼类靠鱼尾左右摆动提供动力。

骨盆

鲸没有腿部，因此它们也没有真正意义上的骨盆（也就是连接上身和腿部的构造）。但是它们有“盆骨”，这是位于腰腹部的两块弧状的骨头，然而并不与整个骨架相连。

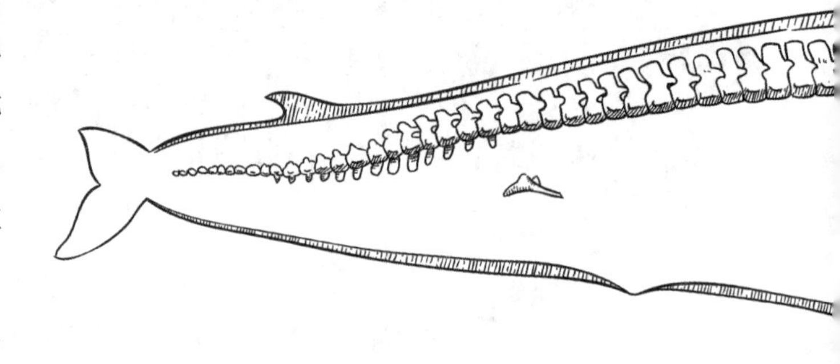

几十年来，科学家们认为鲸的盆骨仅仅是“进化残留”，但最近的研究表明它们的盆骨在某些交配行为中扮演着重要角色。

然而，鲸没有“阴茎骨”。猫、狗、啮齿类动物、大多数灵长类动物都有阴茎骨，但鲸没有，它们的近亲河马、大象以及其他的有蹄类动物也没有。如果有人提到鲸的“阴茎骨”，他们实际上指的可能是“盆骨”。说实话，它们长得很像。

胃部

鲸和海豚的胃都是多腔的，我们从化石以及基因研究中可以得知，这一特征出现于鲸同有蹄类动物分化时并得以保留。奶牛和骆驼有“反刍”现象，在进食草料后，食物会在它们的胃里循环移动从而最大限度地摄取营养，它们会“倒嚼”食物然后再次咽下。但是鲸以鱼类和甲壳类动物为食，而且它们不进行咀嚼，更不用说“反刍”了，那为什么胃也是多腔的呢？

鲸的远亲骆驼即使较长时间不进食，也能存活下来，这不仅归功于它们肥厚的驼峰，它们胃部的独特构造也有很大的功劳。骆驼一次性进食的食物和水的量比地球上大多数动物都多，甚至超过它们一次能够消化的量，所以它们会把在不同消化阶段的食物储存在不同的胃腔中，这样它们就有了很多“备用粮”，可以在食物短缺的时候吃。你可以这样想，它们的肚子就相当于我们的冰箱。

蓝鲸也会这样做。磷虾这类小虾，经常成群结队地出现，所以蓝鲸会一次性尽可能多地吞下磷虾，一天就会有 4 000 万只小磷

“趋同”进化：巧合的巧合

门外汉们常常会想当然地觉得鲸是巨“鱼”，因为鲸一生中多数时间生活在水中，它们长有鱼鳍和扇形的鱼尾。但实际上，毫不相关的动物也可能会进化出相似的外部特征，这种相似是功用性的，叫作“趋同”进化。比如说鸟儿、蝙蝠、昆虫都长有翅膀，但是它们之间并没有任何亲属关系，只是因为它们都在空中飞，所以就都有翅膀。

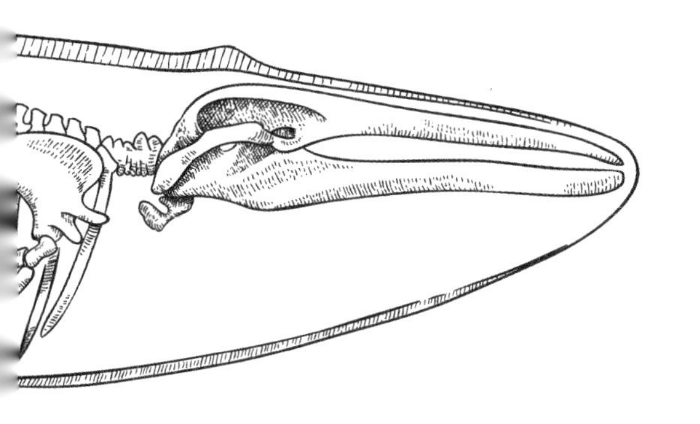

这幅经过图片处理的鲸骨架可以看作早期陆地哺乳动物的骨架

达尔文眼中的鲸

进化生物学家对水中发生的变化喜闻乐见，比如说海泥学会了光合作用，鱼类学会了在陆地上行走。鲸目动物（比如鲸和海豚）泄露了进化的秘密，它们的进化有些“蹩脚”，好不容易从水生动物进化成了陆生动物，却又重新返回大海。这对像我们这样的陆地哺乳动物来说，实在是难以想象。

1859 年，达尔文出版《物种起源》时，普通大众都认为鲸是鱼类。科学家们对此有一定的了解，但是普通大众又不是捕鲸人，不会想到解剖鲸，看看其内部构造。达尔文有关“熊张着嘴巴游泳”的描述非但无益于证明自己的结论，反而适得其反，报纸也因此极度丑化达尔文，导致达尔文在后来的《物种起源》版本中删去了这一参考形象，现在我们知道达尔文关于北极熊的描述是正确的。实际上，鲸与有蹄类食草动物有共同的祖先听起来反而更像是天方夜谭。

快进到 2018 年，对鲸杂交的研究如火如荼。就像达尔文时代一样，鲸杂交引爆了话题，网络上充斥着诸如“有关鲸的一项最新研究表明达尔文的观点可能不是那么正确”和“为什么说达尔文错了”这类的标题。是的，达尔文的理论中，“自然选择”是生物进化的重要动力，但是他没有说过这是唯一的动力。达尔文从不自满于已经取得的成就。一个不那么吸引人但相对客观的标题应该是：“受限于技术，达尔文尚未发现的进化秘密”。

比较解剖学

“眼见为实”的基因组对比使理解生物进化的“游戏”大变样。但即使是诸如将动物身体的类似部位放在一起比较的这类老派的比较解剖学也能得出一些令人瞠目结舌的有用发现。

注：类似的身体部位和基因不同于同源的身体部位和基因。

虾“有条不紊”地穿过蓝鲸的消化道。鲸保留了祖先的多腔的胃，似乎进化总依照这么一个规则：有用的部位不会消失。

然而，有几项研究表明，鲸与它们食草的近亲“分道扬镳”时，也失去了一个特殊的新陈代谢基因，这一基因能够促使胰腺产生一种特殊的酶，有助于分解难缠的植物组织以及潜在毒素，许多反刍动物包括奶牛、骆驼，甚至某些猴子、蝙蝠、麝雉身上都存在这一基因。但是这一基因对鲸目动物来说并没有什么用，消失也是理所当然的。

同一时期，鲸的基因组似乎还发生了其他变化，在它们从大多数陆地生物中独立出来时，与脂肪存储以及能量生产有关的基因序列似乎得到了进化。

鲸脂

鲸脂是一种特殊的绝缘脂肪层，见于鲸、海豹、海狮等海洋哺乳动物。

鲸油是从鲸脂中提取出来的，其在 19 世纪 20 年代是一种珍贵的燃料。获取鲸油是那时“捕鲸业”兴起的重要诱因，这一产业直到 1978 年依旧猖獗，捕鲸人几乎将世界上绝大多数大型鲸类捕杀殆尽，其中包括体形较大的须鲸以及抹香鲸。

恶劣的生存环境却让鲸更加强大。在即将被捕杀殆尽之时，为了种族的延续，鲸也有自己的应对之策。听起来很像“自然选择”，新物种产生于旧物种中。

蓝鲸告诉我们：

又一杂交生物？可能“杂交”比我们想象的重要。还有，鲸曾经生活在陆地上，这实在是难以置信。

本节术语： 比较解剖学、趋同进化、进化速度、分子钟

“利维坦”之谜

数千年来，关于鲸的解剖学知识的唯一来源就是捕鲸人，他们有的是美洲西北部的玛卡部落居民，有的是亚洲、欧洲中世纪的水手。捕鲸人详细记录了鲸的活动情况，他们每次宰杀鲸都要在海边或是甲板上进行解剖，就这样，鲸解剖学的知识逐渐积累起来。作家赫尔曼·梅尔维尔（Herman Melville）在 1851 年发表了他的小说《白鲸》，这部小说取材于他在一艘捕鲸船上的真实经历。尽管这是一部小说，但其中有一章名为“鲸类学”——鲸的科学。

捕鲸，摘自《宇宙造影》，1574年

特立尼达孔雀鱼

（*Poecilia reticulata*）

老师的宠物

既然我们已经研究过了物种的起源，现在我们来看看达尔文的“自然选择”到底是什么意思。“孔雀鱼”是鱼类的一种，它们有着彩虹一般绚烂绮丽的颜色，非常适合作为观赏鱼。它们的繁殖能力强、生产周期短，仅三周就能完成繁殖。然而，在科学界，最出名的还数特立尼达孔雀鱼，它们曾经是进化生物学史上一项开天辟地的研究的主角。

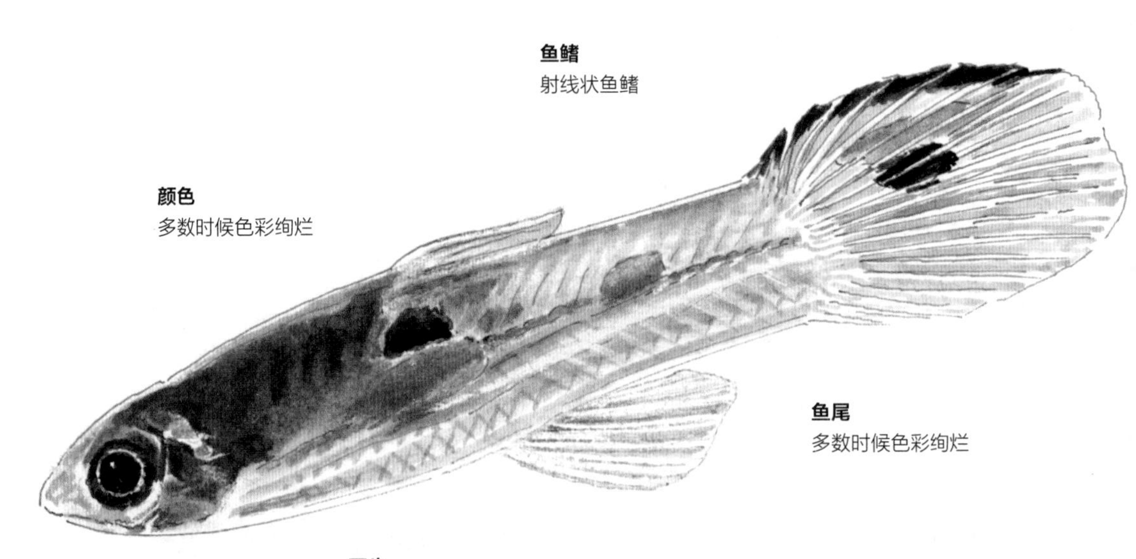

体形
雄性长 1.5~3.5 厘米，
雌性长 3~6 厘米

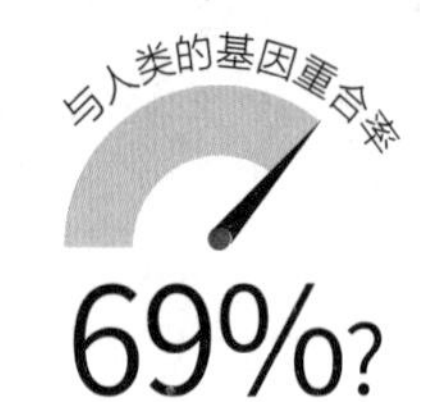

人类与特立尼达孔雀鱼的基因重合率尚未计算出来，但是在生命的长河分离了几千年之后，人类和蓑鲉依旧共享大量的遗传信息，人类与孔雀鱼的基因重合率应该也是类似的。

孔雀鱼在生命长河的位置

孔雀鱼的进化速度很快，属于真骨鱼的一种，真骨鱼是数量最为庞大、新近出现的一种鱼类，同时也是鱼类甚至是脊椎动物中种类最为繁多的物种，在脊椎动物中，鱼类包含的种类比爬行类、两栖类和哺乳类加起来都要多。真骨鱼包括扁平海鱼（如比目鱼）、猎用鱼（如马林鱼、神仙鱼、鲇鱼），甚至鮟鱇鱼，它们有可怕的大嘴和充当诱饵的“小灯笼”。

2 500 万年前，孔雀鱼从其他真骨鱼中分化出来。19 世纪中期，西方科学家在加勒比海首次发现孔雀鱼，同时期，达尔文正在小猎犬号上航行。

孔雀鱼的进化秘密

颜色

1975 年，一位名为约翰·恩德勒（John Endler）的美国研究者在特立尼达进行实地考察，他注意到即使是同一种孔雀鱼，如果生长在不同的溪流中，鳞片颜色也会截然不同。有些溪流中的雄鱼颜色明丽，有橘色和蓝色的斑点，尾大而艳丽。而同一种鱼生长在其他溪流中，可能颜色单调，呈灰棕色，仅有小块色斑，背鳍和尾鳍也要小得多。即使是同一条河流孕育出的孔雀鱼颜色也会有亮有暗，这取决于它们生活在哪段溪流中。恩德勒想，这实在太奇怪了。

恩德勒已经研究了很长时间的生物进化，所以他知道颜色与求偶密切相关：一般来说，雄性通过向雌性展示身体的一部分来吸引它们，颜色越绚烂，就越有利于求偶和繁殖。但是通常来说，在这种情况下，雄性色彩应该更艳丽，或者“展示的部分”更大，比如孔雀，或者长有巨大鹿角的爱尔兰麋鹿（即巨鹿，现已灭绝）。奇怪的是，雄性孔雀鱼有的颜色艳丽，有的反而不那么艳丽。

通常某一物种的颜色不那么艳丽，更倾向于与周围的环境融合，是为了躲避天敌。“伪装色”与周围环境越相似，越容易生存和繁殖。如果基于这种需求，应该是所有的同一物种最终都进化成了环境色。

显然，孔雀鱼的颜色要么平庸，要么绚丽，却没有绝对地走向任何一方。

恩德勒在几个月的时间里，详细地绘制了溪流、池塘位置的地图，拍摄并记录了孔雀

不同之处

遗传学是对基因（亦称 DNA 片段或 DNA/RNA 碱基对的分组）的研究。

全基因组学研究一个生物体的全部基因集合（亦称全部 DNA，或者更确切地说是所有 DNA 的模板）。

早在能够将全部基因组排序之前，科学界就已经开始研究基因了。也就是说，在我们真正理解 DNA 是什么之前，科学家就已经创造了"基因"这一术语。基因是一个涵盖面很广的概念，承载着个体从父亲、母亲那里继承的全部遗传信息，或者说"决定个体棕色瞳孔或者卷舌等特征"。到了 20 世纪 40 年代，我们知道了基因存在于染色体上（动物精子或卵子内的杆状或环线状结构），在我们弄清楚这到底是什么之前，染色体仅仅是遗传机制的存在场所。后来我们知道，染色体由 DNA 和 RNA 构成。DNA 储存遗传信息，RNA 促进信息传递。

现在我们知道遗传主要依靠 DNA 和 RNA，抛弃基因这个术语，以一种全新的眼光看待的话，似乎 DNA 更说得通。但是我们依旧保留着基因这一术语，并用来描述和理解基因片段，这确实起到了不小的作用。RNA 片段明显与产生"有形的"物质（如蛋白质）或是一种叫作"编码"基因的酶密切相关。没有明显"功能"的 DNA 片段被称为"非编码"或是"垃圾"DNA。请注意我们的术语，我们对"功能""编码""有形的"的定义。

鱼的大小和颜色，从而得出了一个基本的结论：孔雀鱼颜色比较单调的溪流中通常也生长着其他鱼类，这些鱼类捕食孔雀鱼；那些孔雀鱼颜色较为绚丽的溪流中则缺少孔雀鱼的天敌。只有生活在后代不会面临着被天敌吃掉的危险的区域，雌鱼才倾向于同色彩艳丽的雄鱼交配。可见，同时面临着两种选择压力，孔雀鱼有着双管齐下的解决方案。但故事并没有这样结束。

一直协助恩德勒进行该项研究的一位同事，后来有机会将实地考察变成了实验室研究。长话短说：他在实验室中安置了一个巨大的水箱，用以养殖孔雀鱼。孔雀鱼的生命周期很短，这一点极大地方便了研究，正因为在实验室进行研究，所以他可以人为控制除"天敌"以外的其他生存变量，然后观察实验结果。他想看看实地考察的结果是否会在实验中再现。实验成功了，繁殖了几代后，正如在野外那样，孔雀鱼的颜色出现了分化。这说明孔雀鱼的进化是实时控制的。

正如格雷戈尔·孟德尔（Gregor Mendel）的豌豆实验，这些研究者表示进化实验像其他任何实验一样经得起检验（如果你问农民或者宠物饲养员，他们会告诉你，这样说来他们每天都在进行进化实验）。但在这之前，很多“硬科学”研究者认为进化生物学像人类学和社会学一样是“软科学”，它们都是基于观察而非大量可核实的数据得出结论。“孔雀鱼实验”催化了进化生物学春天的到来，研究者们很快就进行了细菌、老鼠、变色龙、蓑鲉、青蛙等动物的进化实验。一项有关“E 大肠杆菌”的长期研究开始于 1988 年，直到今天还未结束。这项研究追踪了 6.8 万代细菌的变化，相当于人类进化的 100 万年。

实验使进化生物学最终成了“硬科学”，成了能够被证明的领域。遗传学告诉我们发生了什么样的进化，却很少告诉我们进化是如何发生的。现在，通过实验和基因组研究，生物进化的面纱正在逐渐被揭开。尽管这一过程一定要比特立尼达孔雀鱼实验复杂得多。

孔雀鱼告诉我们：

进化不仅仅可以观察到，也可以在实验室里得到证明和检验。

本节术语：性选择、捕食者选择、遗传学、基因组

达尔文眼中的孔雀鱼

或许你听说过达尔文和雀鸟的故事。通过观察加拉帕戈斯群岛上的一群雀鸟，他注意到有的雀鸟的食性取决于它们喙的形状。那些拥有大而弯曲的鸟喙的雀鸟咬合力更大，能够以较大的坚果为食；而拥有小而尖的鸟喙的雀鸟以小型昆虫为食。可以说：“没有金刚钻，不揽瓷器活。”

正如故事所讲的，这一发现是达尔文的灵感瞬间，正是达尔文“自然选择”理论的基础。正如“捕食者选择”和“性选择”，科学家们自此将“雀鸟鸟喙”作为小生境选择、小生境适应或适应性辐射等现象的教科书式示例。

如果条件允许的话，达尔文一定非常乐意将雀鸟带回家，在一个可以人工控制的环境中喂养它们，加速它们的生命循环，观察它们一代代的身体变化，看看它们的喙是否会随着生态位不同而变化，是否会随之保留并遗传下来。

单纯对达尔文的“雀鸟假设”嚼冷饭是毫无建树的。罗斯玛丽·格兰特（Rosemary Grant）和彼得·格兰特（Peter Grant）夫妇在加拉帕戈斯群岛住了将近 30 年，不辞劳苦地记录了雀鸟的食性以及鸟喙的测量数据。他们不懈努力，终于用确切的数据证实了“雀鸟假设”。也正是基于“雀鸟假设”，达尔文才得以提出“自然选择”这一彻底改变了世人对地球上生命的认知的理论。

马赛长颈鹿

（*Giraffa camelopardalis tippelskirchi*）

体形

成年雄性长颈鹿
高 14.9 ~16 米

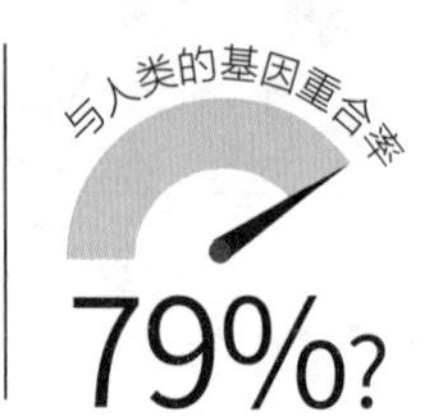

在人类与长颈鹿的基因组对比之前，我们无从得知彼此的基因重合率。这里的估值来自人类与奶牛的基因重合率，仅供参考。

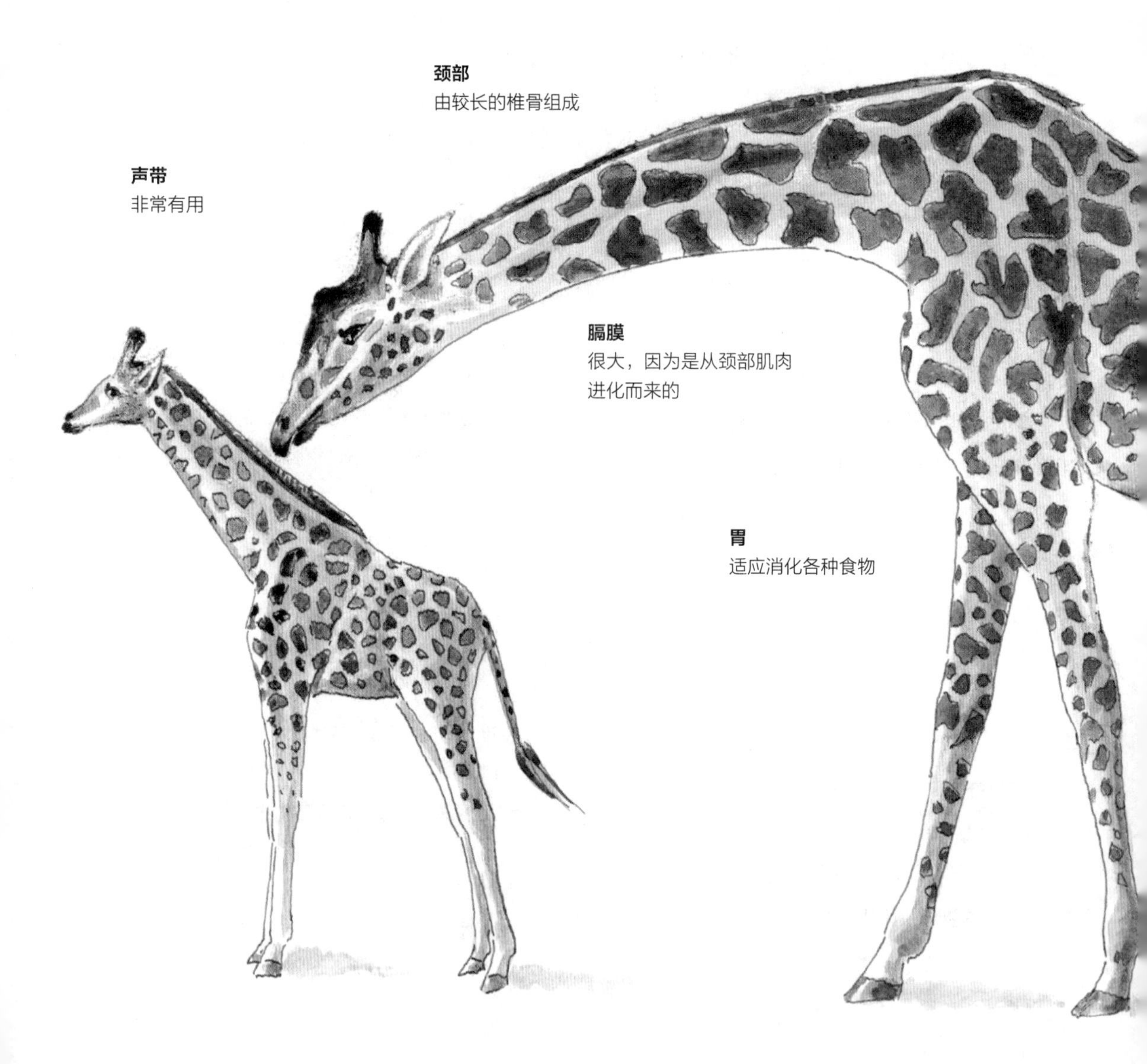

不只脖子与众不同

长颈鹿的长颈如此“耀眼”，多年来一直是人们研究的对象。东非马赛部落世代相传的“长颈鹿观察志”的诞生时间比欧洲学者将它们作为科学理论研究的理想对象的时间要早几个世纪。但是最终只有基因组研究才能告诉我们长颈鹿的脖子为什么这么长。

长颈鹿在生命长河的位置

撒哈拉以南和非洲南部生活着四种长颈鹿。现今它们生活在不同的地理区域，大概 200 万年没有发生杂交现象了。

6 500 万年前

新生代

2 000 万 ~2 500 万年前，霍加狓（或长颈鹿）从鹿、羚羊、驼鹿等有蹄类动物中分化出来。

马赛长颈鹿

2 760 万年前，原始霍加狓（或长颈鹿）从牛系中独立出来。牛系包括奶牛、野牛、公牛和水牛。

1 150 万年前，长颈鹿从它们的近亲霍加狓中分离出来。

长颈鹿的进化秘密

斑纹

几百年来，科学家们认为生活在非洲大陆上的长颈鹿都是同一物种。确实，它们生活在不同的地理单元，彼此隔绝，在外观上存在一定的差异，但长颈鹿就是长颈鹿，它们都是同一物种，或者说这四类长颈鹿都是同一物种。2016 年，一个研究小组研究了非洲各地不同种群中的 190 只长颈鹿的 DNA，一位研究人员说："它们彼此的基因差异类似于北极熊和棕熊的基因差异。"（这一评价可能远不止听起来这么简单。）

原来我们笼统地将它们称为长颈鹿，现在我们称它们为南方长颈鹿、马赛长颈鹿、网纹长颈鹿和北方长颈鹿——这是四个独立的长颈鹿物种，它们有共同的祖先。

从鸭嘴兽身上我们懂得了动物的研究进度取决于我们能最大限度地对其进行何种程度的观察：远观只能看到外在特征，当我们能够捉住并饲养它们时就可以细细研究其内在结构了。长颈鹿的分类和命名主要依据它们的颜色。现在有 9~11 个长颈鹿亚种，它们的区别都与其表面上的斑纹形状有关。

但是在基因组理论大行其道的今天，规则再次发生了改变。随着鉴定工具升级，我们可以对物种进行更加精确细致的分类。在染色体序列被进一步了解的年代，差异不再浮于表象，我们能判定四种长颈鹿属于不同的种类而非属于不同的长颈鹿亚种，并且不惧质疑和争论。它们至少 200 万年没有出现杂交现象了，它们能够杂交产生后代，只是没有这么做。

颈部

你要是想制作一个长颈的模型，可能会添加更多的骨头：颈椎骨越多，脖子就越长，对吗？但长颈鹿不是这样的。人类的脖子由七块颈椎骨构成，长颈鹿的也是七块。事实上，除了树懒和海牛，所有哺乳动物的脖子都只有七块颈椎骨。只是在长颈鹿这里，颈椎骨被大大地拉长了。

想知道它们是如何进化成今天这个样子的，你不妨去看看原始霍加狓和原始长颈鹿的颈椎骨化石。2014 年，一位来自纽约的解剖学家和他的同事仔细研究了 71 只长颈鹿的第二、三块椎骨，并与 11 种原始长颈鹿的化石做了对比，其中一些化石样本大约来自 1 600 万年前。他们发现：即使是早期的长颈鹿的椎骨也拥有较大的长宽比，就像是我们将它们归类为"长颈鹿"的时候就早已经知道了这一点。看来，"长颈"对长颈鹿有着不同寻常的意义。

那么问题在于，既然长颈鹿早就有"长颈"，长颈鹿最初是如何进化出"长颈"的？它们的祖先是如何获得这一不同寻常的基因的？

下一个问题必然是："长颈"对原始长颈鹿有什么好处？答案显而易见：当食物短缺的时候，高个子的动物可以够到更多的树叶。

但是事实上，当树叶稀缺时，今天的长颈鹿们都会选择另寻食物，比如矮树丛，这时它们的长脖子甚至会给它们带来困扰。所以长脖子一定不只是为了"够得到高处的树叶"。

近来出现了一个新理论：或许"长颈"与吸引配偶以及守卫领地有关，这一特征的出现是"性选择"而非"小生境选择"的结果。确实，长颈鹿不同于"达尔文雀"，并没有出现脖子较短的和中等的长颈鹿以不同种树叶为食的现象。

所以不像雀鸟的喙那样进化以适应不同的食性，长颈鹿的"长颈"的进化是为了得到优先交配繁殖的机会。"长颈"可能更加类似麋鹿硕大的鹿角、孔雀花哨的尾羽。的确，今天的雄性长颈鹿常常会以它们的"长颈"作为攻击武器，以争夺配偶，就像雄鹿用鹿角战斗一样，它们也会用"长颈"猛抽竞争者。"颈战"需要长颈鹿的脖子不仅要够长，更要足够强壮——这与颈椎骨的增长密切相关。长颈鹿们发现，一个更长、更强、更硬的脖子需要强有力的颈椎骨支撑。对比天鹅颈，它们的脖子由 25 根椎骨构成，更灵活却也更脆弱。有些"颈"是战斗的武器，有些不是。

骨骼

长颈鹿的身体其他部位的骨骼也很奇特：比如大腿骨，要是和其他动物一个样的话想想就很傻气。长颈鹿的颈韧带（用来支撑成年动物的头部）更大、更强韧，能够支撑长颈鹿的"长颈"和头部。

2016 年，美国和坦桑尼亚的研究人员对长颈鹿的基因组进行了一项大规模的比较研究。他们发现长颈鹿和霍加狓的基因组的多数差异对长颈鹿的外表没什么影响，却对它们脖子

正向选择

当一个特征随着时间的推移似乎越来越重要时，或者这一特征在一个种群中出现的频率越来越高时，就是"正向选择"。原理在于当一个特征出现频率越来越高时，说明这一特征对动物的生存和繁殖可能是有用处的。随着时间的推移，不管以何种形式，与这一特征有关或者有益于形成这一特征的"某种东西"（或者说"基因或者基因集合"）出现的频率也会越来越高。

"正向"这个术语听起来就像是这个特征实际上会让动物在某种程度上生活得更好。从生存和求偶的角度来说，确实如此。但是这个词跟生活质量可没什么关系，这个词的含义更多在于"这种特征的出现频率变高了"。它在特立尼达孔雀鱼的例子中表现得相当复杂：在没有天敌的池塘中，艳丽的鳞片是正向选择的对象，一旦天敌突然出现，艳丽的鳞片很快就不是首选对象了。在长颈鹿的例子中，情况同样很复杂，较长的颈椎骨是正向选择的对象，但是对遗传学了解得越深入，我们就越认识到这种倾向性不仅仅是由"谁在哪里进食"和"同谁交配"所驱动的。

长度的变化产生了重要影响。是不是有专门控制脖子长度的基因？答案是否定的。脖子不仅仅是脖子，它由骨头、肌肉、血管、血液、神经构成，神经将电信号传递给大脑并将信息传回脖子。长颈鹿的基因决定了它们不会像其他动物的胚胎发育得那样迟缓，它们的细胞、骨骼以及结缔组织中的肌肉比率与其他动物不同。长颈鹿新陈代谢的速度很快，也就是说长颈鹿的身体机能会不断变化，细胞核中的细胞器也会发生变化。一只长颈鹿要想生龙活虎，就得做出许多适应性的改变。

研究将这些基因命名为“MSA”，即“适应性的多种迹象”（Multiple Signs of Adaptation）。令人惊奇的是，将近一半的这种基因控制着长颈鹿发育模式的形成与分化，即各种“细胞和信息何时去向何处”这类东西。这些基因在整个脊椎动物王国都很常见，你继续读这本书就会知道我所言非虚。这些基因被各自的发现者赋予了各种各样的名字。它们的名字有的像 MSA 一样具有创造性，比如说成纤维细胞生长因子（FGF）、转录因子（E2F4，E2F5，ETS2，TGFB1）以及叶酸受体 1（FOLR1），还有刻痕（Notch）、同源异形盒（Homeobox）以及刺猬索尼克（Sonic Hedgehog），这些名字像电子游戏角色的名字一样酷。上述这些基因存在于所有长着“肢”的动物（limbed animal）身上，人类也不例外。

有了这些基因群，长颈鹿的其他身体部位得相应进化，以支持这一物种在拥有“长颈”的同时可以存活。

心脏

由于脖子太长，长颈鹿的心脏泵血功能要比其他动物强大，这样才能克服重力并维持血压稳定。它们的心脏比相同体形的其他动物心脏更大，心脏壁的肌肉非常厚，也非常强壮。

血管

长颈鹿四肢的血管壁非常厚，这样才能承担较高的流体静压力，它的静脉和动脉系统进化出独特的自我保护机制，当长颈鹿很快地低下头喝水时，这种机制能够防止血压出现灾难性的变化。

膈膜

长颈鹿拥有所有动物中最强大的膈膜。并非因为长颈鹿呼吸的空气不同，而是因为膈膜本身是由一种哺乳动物体内独特的颈部肌肉下移到胸腔内形成的。因此，脖子越大，膈膜也相应地越大。

长颈鹿告诉我们：

即使是表面特征也并不“肤浅”。看得见的特征经常牵扯出看不见的问题，也就是只有基因组研究可以解决的问题。

本节术语：正向选择

达尔文眼中的长颈鹿

达尔文认为长颈鹿“长颈”的优势在于“吃到树顶的叶子”，有趣的是，人们只牢牢记住了这一种说法。在他最具标志性的著作《物种起源》中，达尔文记述了他和他的同事华莱士以及当时的几位社会“公知”的有关长颈鹿的争论。他们讨论了长脖子可能给长颈鹿带来的诸多好处，其中也包括“颈战”。

毫无疑问，在体形增大的每一个阶段，能够得到充足的食物供应，不被同一生存空间的其他四足动物夺走食物对处在进化阶段的长颈鹿来说会有一些优势。我们不能忽视的是，脖子变长可以保护长颈鹿免遭除狮子以外各种肉食动物的猎杀，而且即使是面对狮子，它们高高的脖子（越高越好），如昌西·赖特（Chauncey Wright）所评论的那样，会有瞭望塔的功能。也是因为这一原因，如贝克先生所评论的那样，没有哪种动物比长颈鹿更难跟踪了。长颈鹿猛烈地晃动着它们长有树桩状鹿角的脑袋时，“长颈”起到的就是进攻或防守功能。保留某一种特征不是因为其能带来一种好处，往往是因为这一特征能带来诸多好处，不管好处是大还是小。

胃部

长颈鹿体内的线粒体代谢以及挥发性脂肪酸转运基因与霍加狓体内的不同，这可能与长颈鹿以树叶为食有关系。比起将树上的树叶吃个精光，长颈鹿可能会选择吃新出现的甚至可能有毒的植物。幸运的是，长颈鹿会“反刍”，它们吃下去的食物消化得很慢并且储存在不同的胃腔中，这样可以减轻因为食用新的、不熟悉的食物而中毒的风险。

声带

研究者们记录了长颈鹿曾经发出类似交流的“嗡嗡”声和“咕噜”声，但是长期以来人们认为，即使长颈鹿像马一样拥有“喉”（音匣），它们1米长的气管也太长了，使得它们难以发出除了次声波以外的任何声音，而次声波是人类听不到的。但是在2007年，澳大利亚的一位动物园管理员信誓旦旦地说，他听到动物园饲养的长颈鹿在夜深人静时发出了“嗡嗡”声。在接下来的8年间，研究人员记录了三家不同的动物园中超过930只长颈鹿的声音并进行了分析，试图证明长颈鹿的发声有一定的意图性，并试图寻找规律。后来这一推论终于得到了证明。可是长颈鹿发出这样的声音的原因人们还是无从得知。为了找到线索，研究人员决定夜间观察长颈鹿的身体动作，并与它们发出的声音进行对比。

长颈鹿的基因组与那些能够发出声音交流的动物（如座头鲸和狼）在基因上有哪些部分是重合的？与那些不是昼伏夜出却在夜间有一些特定行为的动物在基因上有哪些部分是重合的？自然界还有哪些动物发声频率是在92赫兹左右，而且恰好与一定的基因标记相联系呢？在听觉处理中，哪些基因牵涉其中呢？经过大致的研究和比对，我们发现长颈鹿体内确实有某种与听觉处理相关的基因，这种基因并不少见：其他大多数担任着捕食者角色的动物身上也有这种基因。但是长颈鹿没有FOX基因，这一基因是与“说话”有关的。所以研究者们仍然没有解开长颈鹿发出“嗡嗡”声的谜团。

研究人员通常称这种难以回答的问题为“有待深入研究的问题”。

马

(*Equus caballus*)

生来会跑

马的遗传特征和进化历史并没有为这本书添加什么新鲜东西。杂交远比我们想象的重要，特定的基因群决定了特定的、派得上用场的特征：对马来说，就是牙齿、神经、腿部这些没有退化的部位。

马在生命长河的位置

马包括所有家养马类，从瘦骨嶙峋的纯种赛马到矮壮的耕马，再到小型马，其实都是同一物种。现存的所有马都属于同一个“属”——马“属”，现在的马由 7“种”马组成，其中包括“斑马”和“驴”。

马在很久以前就进化成今天的形态了。最古老的马化石可以追溯到大约 5 500 万年前，发现于北美洲。大多数马后来迁居到了亚洲，直到后来欧洲殖民者的船只重新将它们运回了美洲。

2006 年，一项研究比较了马及其“近亲”的基因组，并有了一系列出人意料的发现：一连串重复的“垃圾”DNA 表明马现存血缘最近的“亲戚”除了犀牛和貘类外就是蝙蝠和犬类了。

欧洲最早的洞穴壁画以马为特色，从中我们可知人类与马很早就是亲密伙伴了。与人类的长期相处是后来马的基因发生变化的一个重要原因。

但是即使是现代家养马的基因组也显示出它们曾经与野马长期杂交。对动物们来说，它们似乎并不是那么在意种群的界限。

牙齿
长而强健的牙齿是马能
生存下来的原因之一
腿部
通过进化能够更好地适应
站立和奔跑的需要
蹄 = 脚趾
是的，马蹄就是一根长有
趾甲的脚趾

达尔文眼中的马

马鼻孔的扩张并非为了嗅出危险的来源，因为当马仔细嗅一个物体且并不惊慌时，它们的鼻孔并不会扩张。马的喉中有一个“阀门”，它们用鼻孔呼吸而不是用嘴巴呼吸，最终导致马的鼻孔可以张开得很大。

尽管达尔文当时并没有想到，但是他的观察结果与 21 世纪的一项研究不谋而合，这项研究证明了马有一套独特的感应系统，尤其是它们毛皮上的感应系统十分发达。数千年来，这种敏感的毛皮有助于马对抗蚊虫叮咬以及潜在的感染。

达尔文和他的亲密伙伴：托米，摄于19世纪70年代

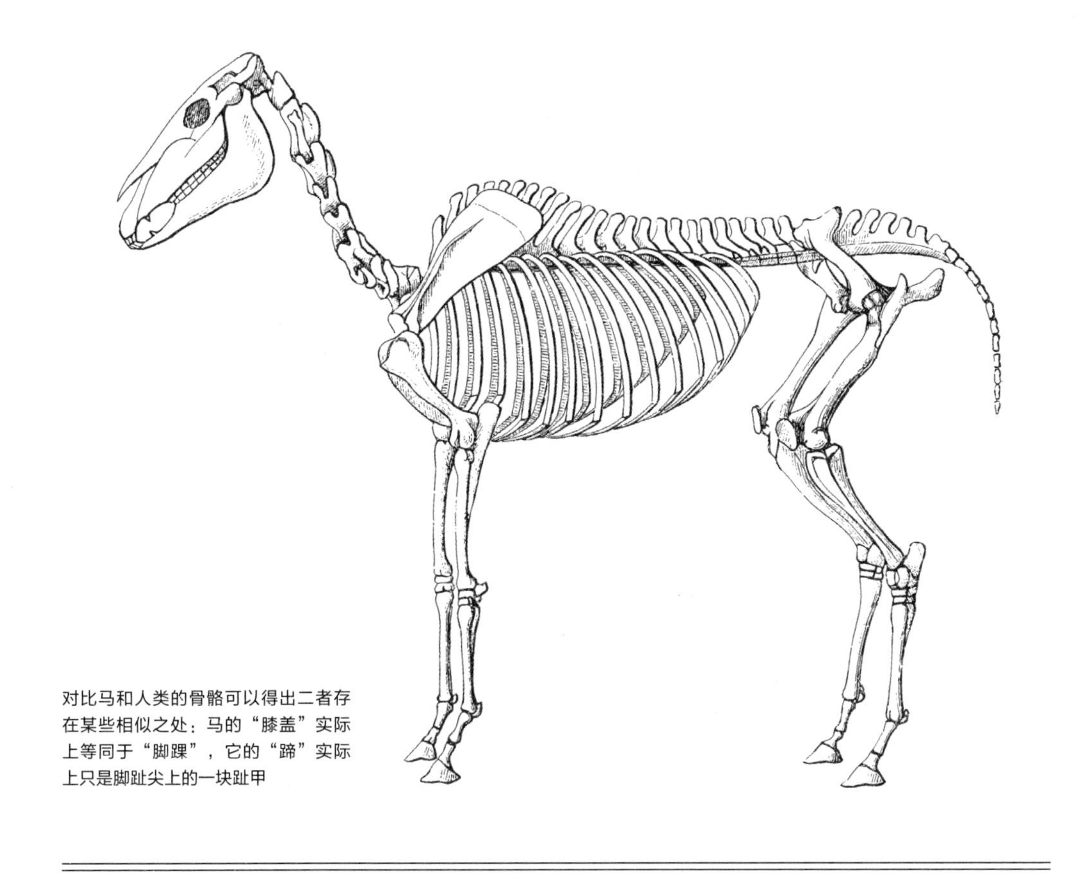

对比马和人类的骨骼可以得出二者存在某些相似之处：马的“膝盖”实际上等同于“脚踝”，它的“蹄”实际上只是脚趾尖上的一块趾甲

马的进化秘密

马蹄（等同于脚趾）

马、人类以及其他哺乳类动物的共同祖先都是“五趾”的。马蹄实际上只是一根高度发达的中趾，其上覆盖着一块巨大的趾甲。

牙齿

为了适应进食草料这一食性，马的牙齿变得既强劲又长。事实上，这种牙齿对帮助现存的几种马在两个冰川时代的气候变化中幸存下来功不可没。

马告诉我们：

有用的特征就要充分利用。

腿部

通过进化，马腿变得耐力惊人，韧带群使马在奔跑时只需要消耗最低程度的能量。韧带群也使马可以站着睡觉。在 2013 年进行的一项研究中，韩国研究者发现，马腿部结缔组织的基因编码要比其他同等体形的哺乳动物复杂。

桦尺蠖

（*Biston betularia*）

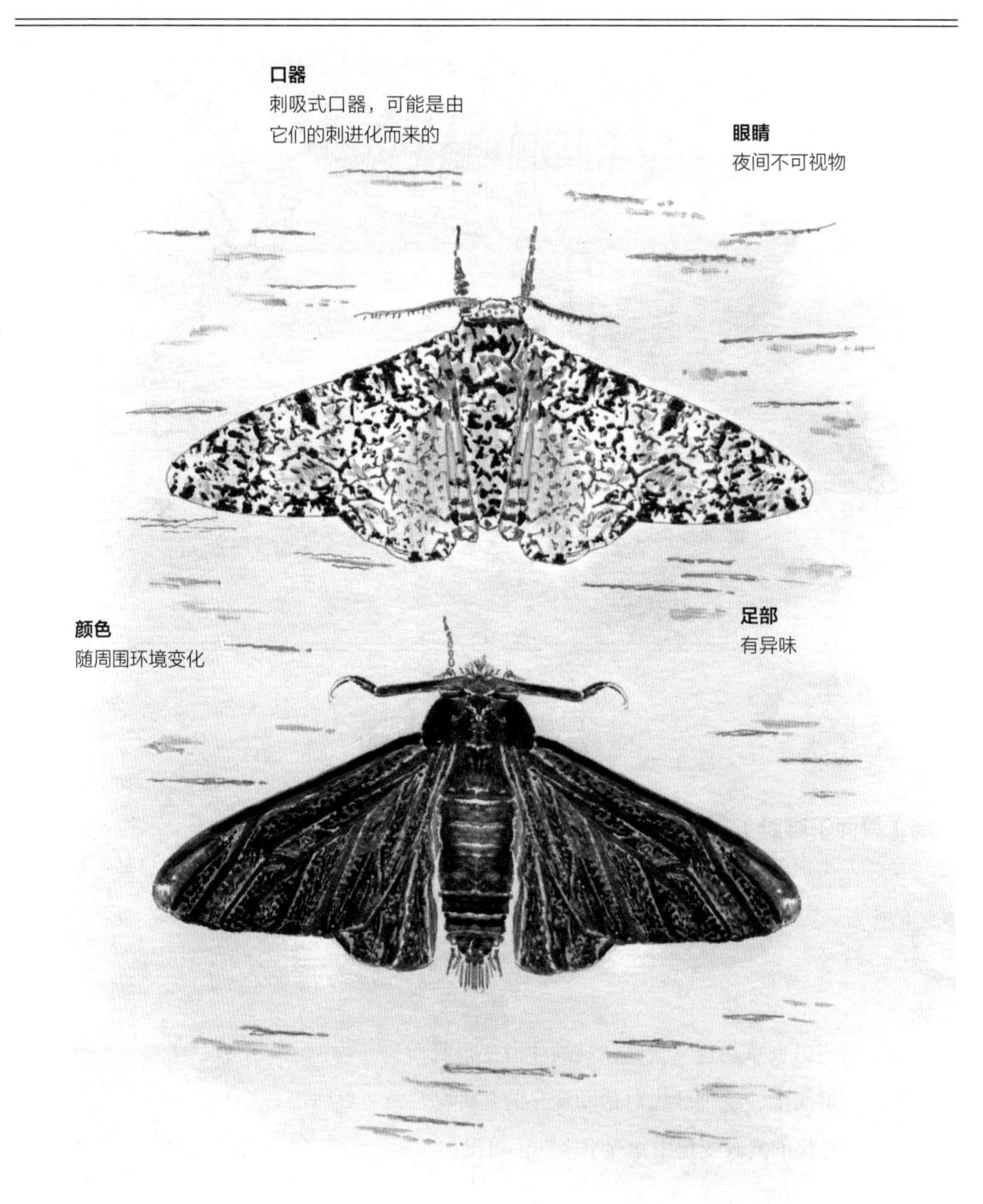

体形
展开翅膀时宽度约
53 毫米

与其他昆虫相当，但飞蛾属于较低级的生物。的确，人类和飞蛾不是一路的。

“黑色”保护色

在进化里，极少有生物是纯黑或是纯白的，但是桦尺蠖是个特例。桦尺蠖曾经是“环境选择”的经典案例。

桦尺蠖在生命长河的位置

一位生物学家曾经向我解释过什么是蝴蝶与飞蛾（鳞翅目）的“联合阵营”：所有的蝴蝶理论上都属于鳞翅目飞蛾，但是不着重提一下蝴蝶总让人觉得不完整，这一“联合阵营”总共包括 16 万种昆虫。

化石表明现在的蝴蝶曾经在北美洲至少生活了 3 400 万年。

研究者在黎巴嫩发现了一枚距今约 1.25 亿年前的毛毛虫化石，它被包裹在一颗琥珀里，有着现代昆虫仍保留着的吐丝器，这一构造是蝴蝶和飞蛾用来结茧的。

最古老的原始飞蛾化石至少可以追溯到距今约 2 亿年前，研究者通过它们翅膀上的鳞状印痕以及其他的一些关键特征进行识别。鳞翅目昆虫和石蛾有着共同的祖先，石蛾可能是除了蜻蜓之外最著名的史前昆虫了，其化石可以追溯到距今约 2.5 亿年前。

桦尺蠖的进化秘密

颜色

桦尺蠖呈白色，也有带黑色斑点的。但哪种颜色更常见呢？这个问题主要取决于环境。在本书提到的案例研究中，桦尺蠖的生存环境是英国伦敦的主城区。

桦尺蠖最典型的颜色是米灰色交杂黑色，这个颜色非常接近白桦树的树皮颜色，这种树木在英国非常常见。黑色以及炭灰色的桦尺蠖也出现过，却因为不易躲避天敌而很难生存下去。但是在下述的一段特殊时期，它们终于可以“大放光彩”。

1850 年的伦敦，工业生产大量燃烧煤炭，使伦敦城被笼罩在一层薄薄的烟雾中。桦尺蠖的栖息地也被浓烟熏黑，不论是建筑物的屋檐还是城市周围的树丛，都变成了黑色，在这种情况下，某些桦尺蠖苍白的颜色使它们极易被天敌鸟类以及蝙蝠发现。

这个时候，深色的桦尺蠖占据了主导地位。在接下来的几年间，桦尺蠖整个种群几乎都彻底变成了黑色（翅膀鳞片中的色素在先前一代是白色的，这一代通过黑色素含量增加变成了黑色）。

直到 1953 年，一位年轻的英国研究者注意到桦尺蠖有两种颜色，他决定在污染较为严重的城市和污染较轻的乡村地带分别捕捉、标记、释放、重新捕捉每一种颜色的桦尺蠖。他的实验并不十分严格，但是他正确地得出了这一结论：颜色较深的飞蛾在城市中更容易“隐身”，反之亦然。伦敦 1956 年通过了《清洁空气法案》，在接下来的 20 年时间里，这位研究者记录了这一区域的桦尺蠖的变化。从他的记录数据中可以看出，浅色的桦尺蠖又重新回归到人们的视线。

又过了半个世纪，人们才弄清楚这一变化的生物学机制。2016 年，来自利物浦的一个研究者团队试图在实验室可控的环境中再现当初的实验。他们比较了深色和浅色的桦尺蠖样本的基因组，并分离出了一小部分基因，用来灵活复制于基因组的各个位置，作为控制“其他特殊基因”的开关。

这部分 DNA 被称作“转座子”或是“跳跃基因”，它们扮演着重要角色。

这些研究者借鉴了大脑中负责决策的“大脑皮层”的意义，将控制颜色的“转座子”命名为“皮层”。

认为基因能够“做决定”是一个退步，因为很明显基因是没有知觉的，所以也不能做决定。但是“基因组保留的一些遗传信息在动物一生中的不同阶段会发生改变”是一个全新的理论。能够证明“转座子”或者说“跳跃基因”有着“灵活的工作方式”的证据在 20 世纪下半叶才开始浮出水面。

转座子：亦称可置换元素（TEs），或是跳跃基因。在基因组学领域内，转座子是一个全新的术语，尚未得到科学界的一致认可。在基因组科学研究初期，没有编码蛋白质或者氨基酸的 DNA 被称为“垃圾”基因。但在利物浦的研究团队对桦尺蠖进行研究的时候，他们发现所谓的“垃圾”基因也并非一无是处。更确切地说，这些基因有好几种功能，只是我们还不能完全识别这些功能。转座子背后的“秘密”，现在可以划归于“有待深入研究的问题”这个项目了，这一领域将在接下来的五年间进入研究者的视野，并且存在着许多新发现的可能性。

毒物控制

某些飞蛾和蝴蝶有一种特殊的本领：能够依靠对其他动物来说有毒的植物生存。大桦斑蝶（帝王蝶）以马利筋属植物为生，这使得它们尝起来味道很苦，导致潜在的天敌看到它们就觉得倒尽胃口。2015 年的一项研究表明，这种能力是协同进化的又一实例，两个物种彼此适应，影响进化进程。研究者还进一步得出结论：食草动物会与植物协同进化，并进化出某种抗毒素系统。（补充说明一下，人和昆虫不同，对人类来说，很多蔬菜是不安全的。）

同样，我们也不能忽视“总督蝶”。它们并不以马利筋属植物为食，因此吃起来味道不差，但是它们也出现了协同进化，进化得同大桦斑蝶在外观上并无二致，以利用相似的外貌躲避天敌。研究桦尺蠖的同一作者发表了一篇姊妹论文，发现“皮层”有助于爱模仿的蝴蝶们获得“保护色”。

口器

2017 年年末，一群荷兰地质学家偶然间发现了一枚距今约 2 亿年的原始飞蛾化石，并花费了大力气想取出沉积其中的古代花粉。他们轻而易举地辨认出该化石属于一个长有口器的物种，其口器类似一根长管，一端是开口的，就像一根吸管一样，用以深入地吸食花蜜。但奇怪的是，众所周知植物进化出花朵发生在 1 亿年前，比这枚化石形成的时间晚了大概 1 亿年。

口器的出现似乎是“食蜜者”和“制蜜者”协同进化的结果，但是如果“食蜜者”提前出现，事情就不是这样了。口器存在的目的就是更好地吸食花蜜，也许只是早期的植物化石记录中尚未出现有关“花朵”的记录，而不是说整个古植物学领域都需要“大洗牌”。

一种新的理论是：那时候地球正处于高温期。缺水时，拥有头部内置口器的动物可以将水收集起来。看看蚊子，在花朵出现之前它们的口器也并非用于吸食花蜜，但即便是那时，

达尔文眼中的桦尺蠖

达尔文对动、植物之间的协同进化关系很是着迷，为此他还特地写了一整本书描述兰花与它的传粉昆虫飞蛾。他尤其观察到兰花与飞蛾之间有一种和谐美好的共生关系，它们的联系如此紧密，以至于达尔文曾经看到了一株兰花，花蜜藏得很深，他便断定其周围必然有飞蛾的存在，结果果不其然。他在给一位朋友的信中写道：“我最近收到了一株兰花，大彗星风兰，蜜腺得有一英尺（约 30 厘米）长，得什么昆虫才能吸出来呀？”后来，他在自己的介绍兰花与昆虫的书中，猜测了这种兰花的食蜜者的外形特征。后来在 1903 年，达尔文去世 21 年后，研究者们发现了一种昆虫，证实的确有昆虫长有这种“疯狂长度”的口器。

协同进化

同其他类型的进化一样，协同进化也没有目的或“轨道”。蝴蝶最青睐的花朵不曾有目的性地进化成蝴蝶看得见的颜色；蝴蝶也未曾有目的性地进化出超凡的感知能力，它们看不见不可见光，也没法找到其他生物遥不可及的花中极品。有的只是动物和植物之间的稍稍配合，为彼此发生微小的改变，这样对双方的生存都有益处。就像我们将在后面的雀鸟选择红色羽毛与否的小节中看到的那样，这些缓慢的变化之间可能存在某种因果关系，但到目前为止，这些都是未解的科学谜团。

口器的功能也不仅限于“刺”或“戳”。好好思索一下原因，也许口器与帮助原始飞蛾在三叠纪前（距今2亿年前）生存下来的某种基因突变有关。

眼睛

和许多昆虫一样，飞蛾的眼睛是“复眼”，就是多个眼球晶体处于同一眼球中。但是它们各个眼球晶体的构造并不像人眼或者猫眼这种照相机式的眼睛那么复杂，因此复眼的成像清晰度不高。但是在某种程度上，它们能够在空中飞行时对周围的环境有一个更加立体的感知。

同时，复眼的构造意味着它们有其他得天独厚的优势，它们能够看见不可见光——紫外线和红外线。这与昆虫授粉有关，传粉昆虫与开花的植物协同进化，也就是说两个有机体彼此适应，并朝着彼此互益的方向进化。传粉昆虫似乎与这些植物共享着秘密信息，却对其他生物三缄其口。

不过，飞蛾的视力的确有些问题。作为夜行动物，

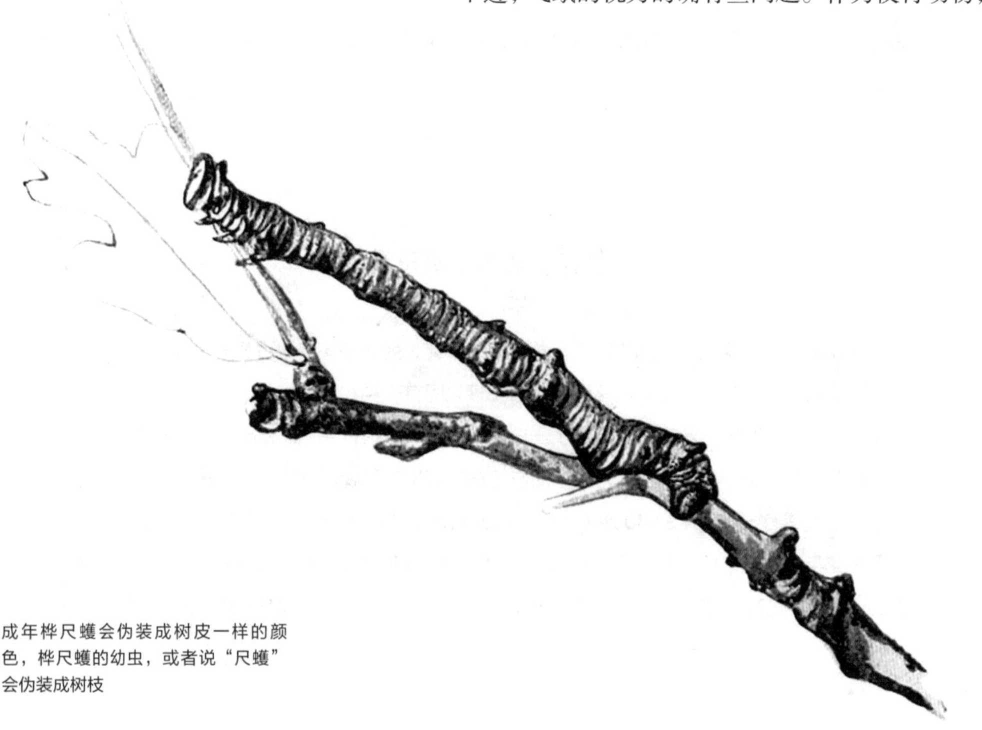

成年桦尺蠖会伪装成树皮一样的颜色，桦尺蠖的幼虫，或者说“尺蠖”会伪装成树枝

它们依靠遥远的光源定位，比如月球就是它们的定位光源。但是人造光会扰乱它们的感知，它们具有趋光性，这就是“飞蛾扑火”的原因。

化学敏感性

虽然没有鼻子和舌头，但飞蛾也同样有着超乎寻常的嗅觉和味觉。它们依靠触角感知气味，依靠足部感知味道。

这本书中的动物体内都有决定味觉和嗅觉的基因。相应的基因帮助动物们感知化学元素的存在，分析化学元素的成分，并通过味觉和嗅觉神经元向体内的中枢神经系统传递信息。

飞蛾需要借助嗅觉感知是否有天敌，以及空气中是否有阻碍飞行的微粒，所以它们的触角长在头顶上。它们降落在花朵或者树木上，这里踩踩，那里踏踏，实际上是为了觅食或者寻找安全的地方产卵，所以我们说它们靠着嗅觉生存。

呼吸

飞蛾通过“鼻孔”或者说气门呼吸，它们的气门长在臀部或是腹部。飞蛾体内有管状和袋状的两个结构彼此相连，帮助空气通过和交换，在脊椎动物中，这样的结构被称作气管。

蜕变

许多昆虫都会经历蜕变，飞蛾和蝴蝶是其中的两种典型动物。它们从卵中出生，展现为幼虫形态（毛毛虫），然后经历蛹期。在茧中，除了呼吸系统以及一部分神经系统得以保留外，它们的大部分身体构造都被打碎成“基因积木”，通过重组获得新生。一个接一个的体内系统会重新形成，首先是气管，然后继续向外生成其他的身体构造和器官。

桦尺蠖的颜色和纹理帮助它们在环境中很好地隐蔽起来，桦尺蠖的幼虫也不例外。成虫们会模仿“上了年纪”的老树树皮，幼虫们则会在形状和纹理上模仿树枝，因此幼虫的颜色可能呈绿色或棕色。

桦尺蠖告诉我们：

生物进化中出现的“变化”再一次被实时记录下来，那位英国学者的实验室研究为此提供了一种解释。达尔文认为这种“变化”最初只是巧合，后来“变化”随着时间的推移得到了强化。现在我们亲眼看到有时候“变化”会增快，这种增快可能一定程度上是由“转座子”引起的。

本节术语：跳跃基因、协同进化

水蚤和线虫

（*Daphnia pulex / Caenorhabditis elegans*）

这里我们将介绍水蚤以及一种特殊的圆虫（俗称“线虫”），也许你在高中生物课上和它们打过交道。这不是什么巧合，因为它们是“模式生物”，所以你们很早就熟悉它们。

作为模式生物，水蚤和线虫在转座子的研究中扮演着重要角色。比如，和其他的水生无脊椎动物相比，它们有一些特有的特征。相对来说，很容易判断它们的基因组中哪些蛋白质控制着哪些特征。DNA 与生物的特征并不直接相联系，科学家们最近一直尝试找出不同世代的水蚤非编码基因（“垃圾”基因）的差异。

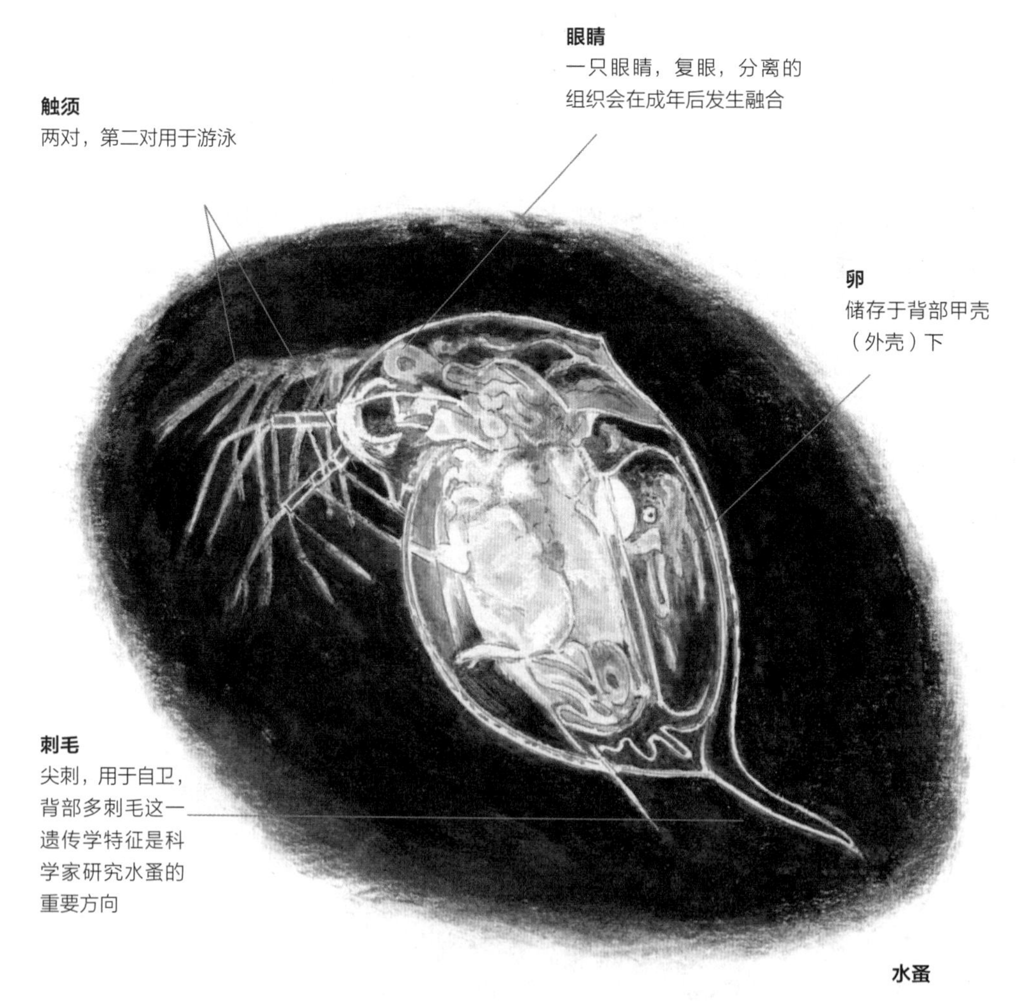

水蚤

模式生物

也被称为“样本模型”，可以是动物、植物、细菌或者任何被大量研究的生命体。通常是小型生物（适宜在实验室中养殖），繁殖快，如酵母和果蝇，如果还是透明的，那就更完美了。越容易繁殖和研究的生物，越容易成为模式生物。越有可能被稍微研究一下的生物，越有可能被更多人研究。在现有的遗传学的基础上进行研究比从头开始进行新实验要简单得多。总的来说，模式生物被研究得很透彻，不是因为这些生物更重要，而是因为模式生物有点像“传家宝”。

本节术语：模式生物

体形
水蚤长 0.2~5 毫米，
线虫长约 1 毫米

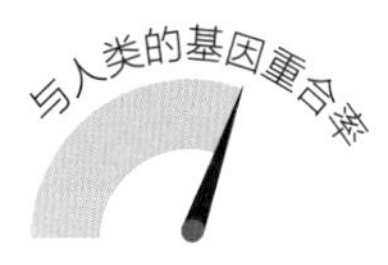

60%?

作为模式生物，这两种动物常常有某种“表达功能”，也就是辅助理解功能，可以帮助人们更好地了解其他动物，尤其是人类。对人类和线虫的基因比对尚在进行。我们来看另一方面：虽然人类的基因总数比线虫多得多，但是线虫的基因组中存在的 90% 的基因都以这样或那样的形式存在于人类身上。

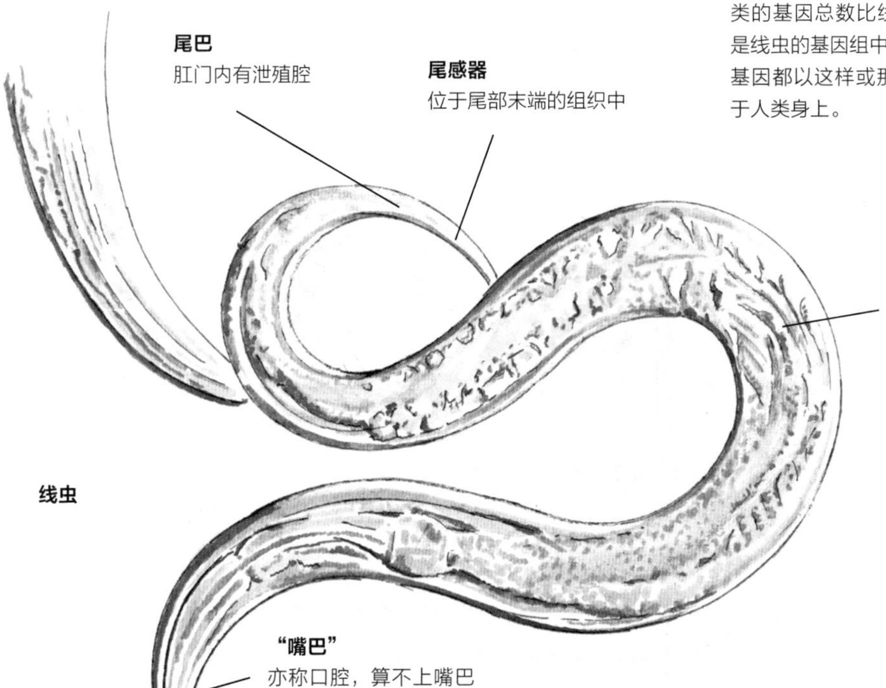

线虫

赤拟谷盗

（*Tribolium castaneum*）

是猎手也是猎物

赤拟谷盗是进化生物学中“种群选择”的典型动物，也就是说它们自身既是狩猎者也是猎物。

赤拟谷盗在生命长河的位置

原始甲虫最早出现在距今约 3 亿年前，在白垩纪 – 古近纪灭绝事件（K–Pg 大灭绝）中 70%~80% 的生物都灭绝了，甲虫却得以幸存下来。现今已知的甲虫约有 38 万种，占昆虫种类约 40%，占地球已知生物种类约 25%。这说明了两点：当只甲虫还是有好处的；某些甲虫逐渐适应了一些特殊的生存环境。

2018 年，日本的一项针对赤拟谷盗的研究发现，这一物种起源于日本、泰国以及加拿大，它们是跨国旅行的常客。

（百万年）

360	250	65	0
古生代	中生代	新生代	

大约 2 亿年前，它们从今天的瓢虫、长角甲虫中分离出来。

赤拟谷盗

大约 2.35 亿年前，“面粉甲虫”从今天的金龟子、大力士甲虫以及雄鹿甲虫中分离出来。

大约 1.23 亿年前，“面粉甲虫”家族出现了，作为最为兴旺的甲虫家族，约有 2 万个物种。它们通常被称为“暗夜甲虫”，因为它们只在夜间出没。

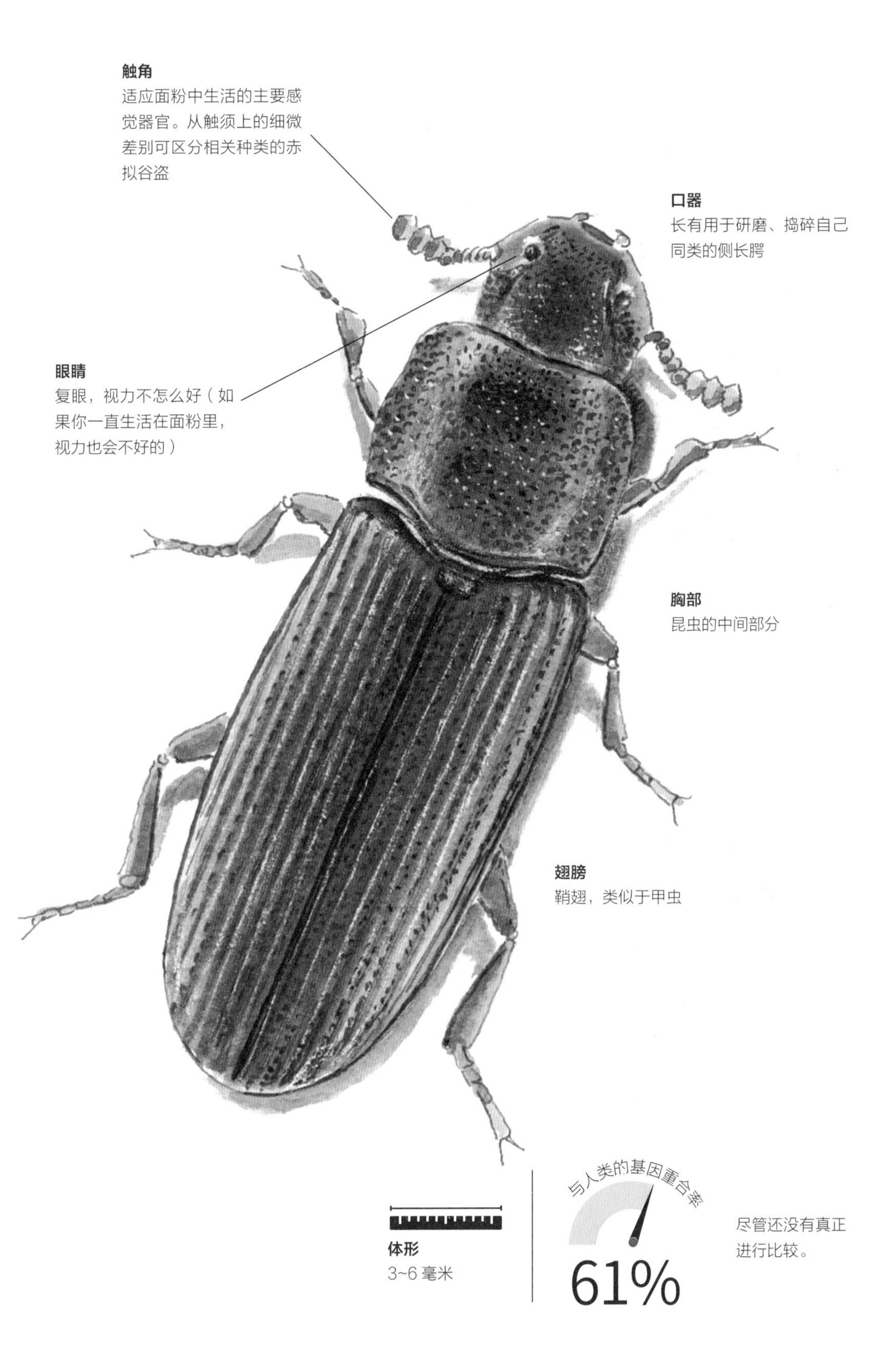
触角
适应面粉中生活的主要感觉器官。从触须上的细微差别可区分相关种类的赤拟谷盗
口器
长有用于研磨、捣碎自己同类的侧长腭
眼睛
复眼，视力不怎么好（如果你一直生活在面粉里，视力也会不好的）
胸部
昆虫的中间部分
翅膀
鞘翅，类似于甲虫
体形
3~6 毫米
与人类的基因重合率
61%
尽管还没有真正进行比较。

赤拟谷盗的进化秘密

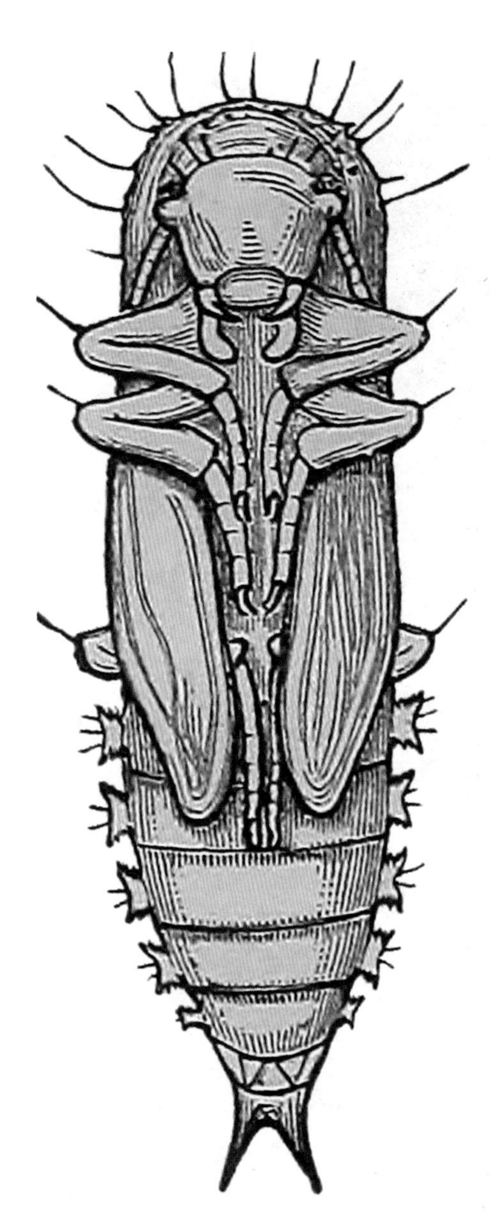

赤拟谷盗幼虫，腹部朝上示意图。摘自《纽约州立博物馆布告》，1916年

鞘翅

我们想到甲虫时，脑海中会浮现类似瓢虫或是金龟子的圆壳，但是有些甲虫的腹部更长些，头部更大些。根据早期的解剖学研究，它们可能有两层翅膀，一层较为粗糙的翅膀覆盖着另一层，起到保护作用。与“真正的虫子”（比如猎蝽、蚜虫、知了）相比，甲虫的翅膀在背部抿成一条直线，而不是交叉成 X 状。

口器

甲虫必定有两片大大的侧长腭，也就是下颌，用来研磨、捣碎食物，而不像“真正的虫子”有着长管状的口器，用来探测和吮吸。

蜕变

甲虫刚出生时是卵，然后变成幼虫，最终在变成成虫之前会结蛹。而“真正的虫子”从卵中出来就已经具备了成虫的形态，看起来就像是它们父母的微缩版，它们最终会跳过结蛹期，直接蜕皮。

习性

赤拟谷盗有一些独特的习性：它们会出现“同类相食”的现象。事实上这种现象很常见，并在进化中成为赤拟谷盗种群维持种群活力及健康的一种方式。

成年雌性或者雄性的赤拟谷盗会吃掉其他赤拟谷盗产下的卵或蛹。这种行为很常见，所以幼虫常常就是赤拟谷盗食谱的重要部分。

正如它们的名字，赤拟谷盗生活在人类研磨的面粉或是其他一些烘焙用的谷物中（这就是为什么妈妈常常跟我们讲，面粉袋子必须封好，而且不能用湿勺子盛面粉）。正如你想到的那样，只依靠面粉为食，尤其是杀过菌的漂白面粉，根本没有什么营养价值，即使是对赤拟谷盗这样简单的生物也一样。

所以还有什么其他办法能让赤拟谷盗饱餐一顿呢？生活在一袋面粉中，同类相食这种习性有好处也有坏处。一方面，这种小众的饮食习惯不怎么合理，毕竟吃自己的同类对同类来说没有什么好处；另一方面，想补充一具身体维持机能或者繁殖所需要的物质，同时减少竞争者的话，最直接的方式就是吞食同类了。

确实，赤拟谷盗在营养缺乏的环境中（例如低糖的燕麦中）十之八九会出现同类相食的现象，并且出现在相对较早的生命周期。同类相食帮助它们像生活在营养充足的环境中（例如啤酒的酵母中）的赤拟谷盗那样强壮。感染了寄生虫的甲虫也更容易出现同类相食的现象。显然，如果整个甲虫群体在“吃不吃同类”这一问题上丧失了理智，它们很可能会将整个种群吃个精光。

但最有趣的是，幼虫们有时会去寻找附近那些与自己有亲缘关系的卵（这些卵很有可能会被当成晚餐）。似乎这种同类相食的特征是选择性的：作为家人来说，吃那些与自己有血缘关系的卵是不好的，但是如果形势所迫，也并非不可接受。

同类相食之谜

赤拟谷盗在进化理论上引起了长时间的争论：许多专家认为这种“吃掉幼子”的现象是“亲属选择”（在家族中优胜劣汰）的经典例子。但是为什么会有种族进化得吃掉活生生的同类呢（也许不是生吞的）？在某些实验中，科学家能够降低彼此没什么血缘关系的种群同类相食的概率。所以，这些甲虫可能是受到了其他选择方式的影响。现代进化理论表明，它们受到多种选择方式的影响。只有时间会慢慢地讲述这个完整的故事。

赤拟谷盗告诉我们：

物种不会被一种“生物选择”左右：各种选择是相互联系的，因为一种选择无法让动物的利益最大化。一种选择模式启动之后，“正向选择”就开始了。据我们所知，“生物选择”并没有意图性或者宏伟的计划。

本节术语：种群选择

大王具足虫

（*Bathynomus giganteus*）

别紧张，大块头

对动物来说，只要能生存下来，何时会灭亡以及如何走向灭亡等问题并不重要。大王具足虫是一种体形巨大、外形颇具威慑力的食肉虫类。但实际上大王具足虫并不是虫类，而是个“怪胎”，它们的存在证明了无脊椎动物从体形到性选择等习性上都不是一成不变的。

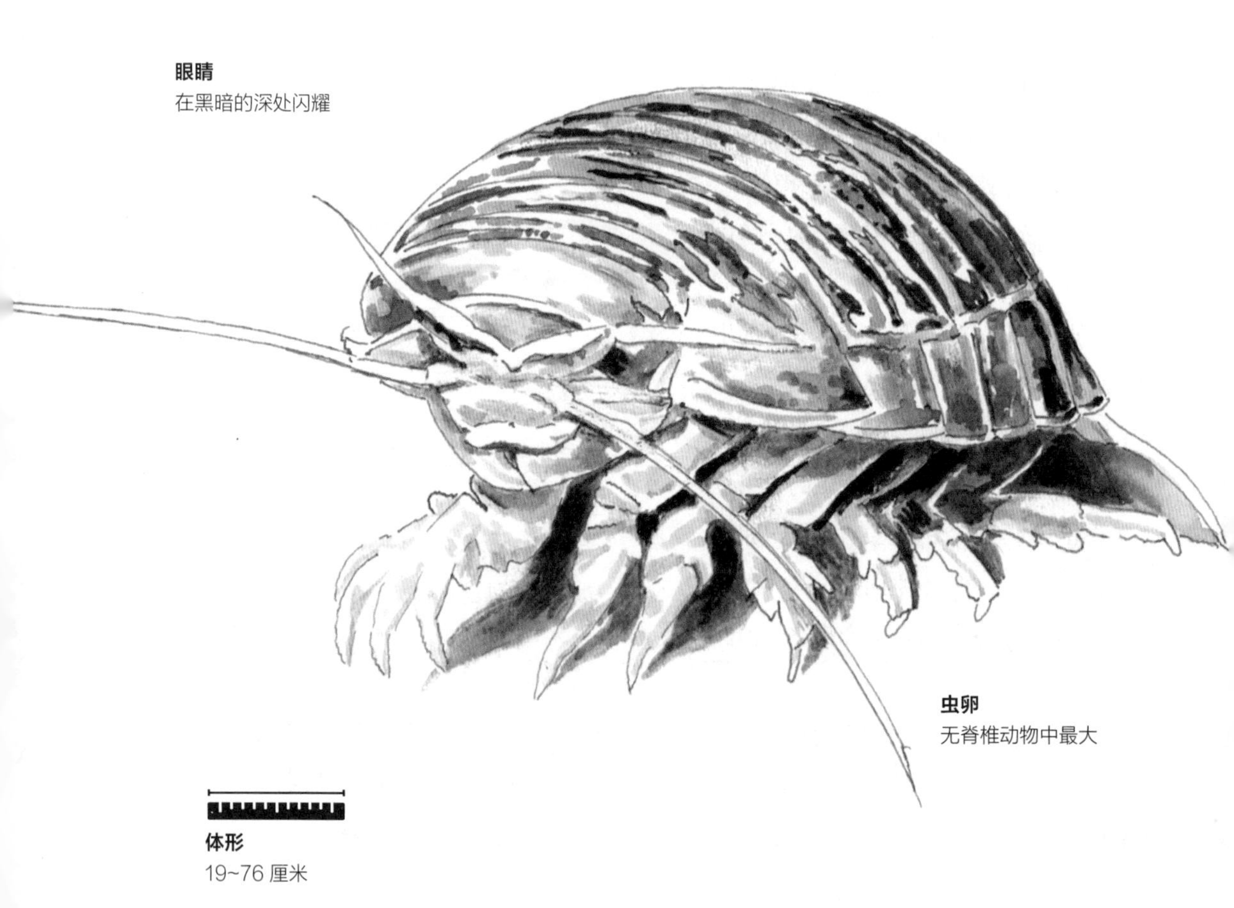

大王具足虫在生命长河的位置

大王具足虫与较小型的陆生潮虫有着密切联系，这些潮虫亦称地虱或鼠妇，虽然它们生活在陆地上，但是也属于甲壳纲。哪一种生物更特殊呢？是陆地上生活的小小甲壳类，还是深海中龙虾大小的大王具足虫呢？

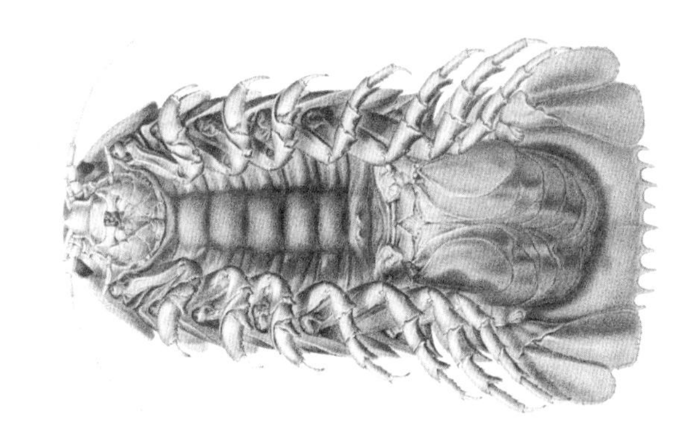

大王具足虫的进化秘密

体形

长成像大王具足虫这么个庞然大物对无脊椎动物来说并不常见，即使是螃蟹和龙虾通常也不会长这么大。但是大王具足虫的体形与它们生活在深海中有关，自然科学家将这种模式称为“深海巨大化”。同样的现象还出现在最大型的软体动物——深海巨型乌贼身上。

卵

这种等足目动物的卵是所有无脊椎动物中最大的，大约有鹌鹑蛋那么大。孵化出的幼崽看起来像小型成虫，长大后会蜕皮。

眼睛

大王具足虫的复眼由超过 4 000 个的平面小眼组成。这样的复眼并不能提高视力，只是刚好长成这样：一只眼睛“发芽”，长出了几只新的眼睛，这样不断增加。它们的眼睛后部也有一个反射层，称为“绒毡层”，它通过视网膜反射光线，增强了在夜间或在黑暗的深水下的视物能力。其他的动物，如狗和猫也有这一构造，但是人类眼睛中没有，也正是因为这一结构的缺失，在亮光闪过时，我们的瞳孔会发红。

性

大王具足虫能够有这样的体形，也许与体形是“性选择”所决定的特征有关。对雌虫来说，雄性的体形大小十分重要。

大王具足虫告诉我们：

无脊椎动物也可以体形巨大。

（*Homo sapiens*）

绝对不是猴子的后代

既然我们已经清楚了达尔文的“物种”和“自然选择”学说想告诉我们什么，现在就需要弄清楚他文中最后一部分提到的“在生命斗争中，最有竞争力的物种会被保留下来”到底意味着什么。在我看来，这仅仅代表着“成功是什么样子的”，人类一向擅长依靠自己的理解来定义事物。

2001年，人类的基因组排列顺序最先被测出。这成为其他生物的基因组测序工作随之展开的蓝本。不管怎样，在最初的时候，得有足够多的基因组被排序，然后在基因组之间进行比较，这样我们对所有物种的基因组（包括人类基因组）才能有更充分的了解。当这些工作完成时，我们才震惊地发现，人类的基因组并不像我们所想象的那么独一无二。

人类在生命长河的位置

据我们所知，大约600万年前，生物基因出现了一次很大的分化。成为如今的猩猩的那支血系从成为现代人类的一支中分离出来。（人类并非从猩猩进化而来，因为从那时起，人类在进化，猩猩也在同时进行着自己的进化之旅。）从理论上说，科学的分类表明现代人类属于“类人猿”，人类能够“称自己是猿猴”使人类不同于猿猴。

在那之前，大约1 100万年前，原始猿类、人类从猴子中分离出来。

再之前，大约1 600万年前，原始猿类、猴子从狐猴、灌丛婴猴中分离出来。

再之前，大约5 500万年前，原始猿类、猴子、狐猴从原始鼠类中分离出来。

再之前，大约6 000万年前，原始猿类、猴子、狐猴、鼠类等哺乳动物从原始食肉动物（犬类、猫、熊类）中独立出来。

再之前，5亿～8.5亿年前，原始猿类、猴子、狐猴、鼠类、食肉哺乳动物（最终进化出了“脊椎”）从无脊椎动物（最终进化出了软而黏的身体、外壳或者外骨骼）中分化出来。

再之前，大约10亿年前，原始脊椎动物和无脊椎动物从原始真菌、细菌、病毒、古细菌中分化出来。无脊椎动物和脊椎动物被合称为真核生物，其他生物为原核生物或是古细菌（21世纪初期发现的第三类生命）。

再之前，超过15亿年前，可能在某个时间某个地点，最初的生命诞生了，随之进化出了多姿多彩的生命世界。几乎可以肯定最初的生命还不是我们现在意义上的“生命”，也许仅仅是能够存活足够长时间的“东西”产下可以繁殖的后代，后代继续繁殖（或者，更简单地说，是复制）。科学界将这些未知的有机体命名为露卡【译者注：露卡（LUCA）——所有物种在分化之前最后的一个共同祖先。LUCA是The Last Universal Common Ancestor的缩写】，亦称微生物“夏娃”。

生命从哪里来？生命如何从无到有？生命开始于化学元素，与DNA的构成元素相同。毕竟，DNA也是一种分子。生命形成的条件必须是适宜的：某些化学元素（如氢和碳）必须处于适宜的环境因素下（例如温度），才能催生原始RNA分子从非生物到生物的这一变化。

有机体包括一切活的生物。例如，动物、植物、真菌、细菌、病毒以及古细菌。

2010年的一项重要实验中，研究者克雷格·文特尔（Craig Venter）试图在实验室中模拟地球早期的生态条件，并且成功地从非生命中创造了生命。考虑到我们对地球早期生命长什么样子还缺乏证据，即使是上述这些正在使用中的定义也存在着诸多争议并充斥着教导性的猜测。正如NASA（美国国家航空航天局）的工作人员玛丽·维特克（Mary Voytek）对我所说过的那样："如果说一间房子里有100个科学家，你要是问他们生命是什么，你能得到120种答案。有人会回答你，小狗是活的，石头是死的，但是中间的灰色地带实在太多了。"我们如何知道自己究竟掌握了哪些生命奥秘？"基因组"能够告诉我们不同DNA的构成是那么不同，同时又告诉我们DNA的构成有时又那么相似，这种相似性囊括着地球上的一切生命，从山林中的美洲狮到蚁狮再到蒲公英。【译者注：美洲狮（mountain lion）、蚁狮（antlion）和蒲公英（dandelion）的英文中都有"lion"，潜台词是"不论动物还是植物，体形大还是小，DNA构成都有相似之处"。】

人类究竟有什么不同？2014年美国研究人员进行了一项跨机构研究，将人类的这种基因上的特殊之处称为"人类谱系特异性"。这项研究比较了人类与其他几种类人猿的基因组，试图找出（至少在灵长类中）到底是什么使人类与自己的"表亲"（遗传学上的叫法）隔离开来。2001年，人类基因组测序完成，我们对"我们是什么"有了准确的认识。从那时起，我们已经完成了对60多个人类的基因组测序和计数的工作，其中包括一位朝鲜人、一位中国汉族人、一位尼日利亚约鲁巴人、一位欧裔美国白血病女性患者，还有几位白人男性生物学家。

人类的进化秘密

汗液

现在我想告诉大家，正是这些"粗俗"的东西构成了人类。人类皮肤中的"人类谱系特异性"特征与能量储存存在着密切的联系，且很有可能与人类的汗液之间存在着联系。（动物全身覆满了毛发，它们不会像人类这样全身出汗。）

涎腺

奇怪的是，涎腺是人类基因构成中明显比老鼠以及灵长类动物更加复杂的特征之一，这大概与人类主要摄入煮熟的食物有关。但是考虑到我们的原始人祖先，这里我非常想开个玩笑，也许原始人会和他们的“表亲”动物亲吻并交换口水。

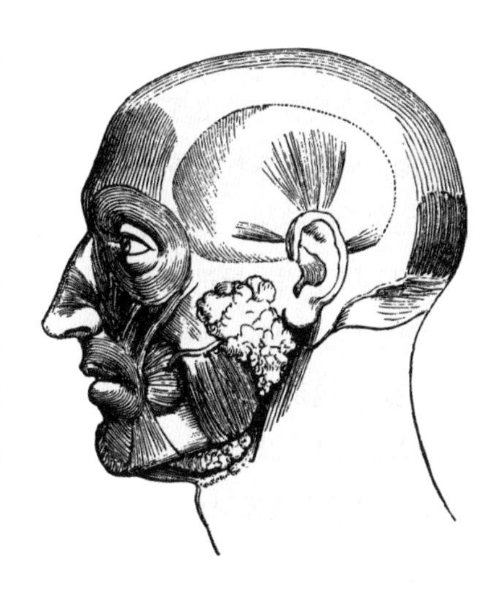

繁殖

“人类谱系特异性”还表现在人类的激素接收器会帮助卵巢判断何时是孕育婴儿的最佳时机。如果这一基因是“正向选择”的（并非绝对有利，记住这一点），可能会导致卵巢受到过度刺激，或者引起卵巢早衰，或者引起妇女过早分娩。

男性生殖器

2014 年的研究识别出的其中一项特异性基因与男性生殖器中“感觉区”发生的变化有关。或许类似“蓝鲸”那一节我们提到的阴茎骨？大多数哺乳动物都有这一结构，但是蓝鲸没有，人类也没有。所以说，这一特殊的谱系特异性变化并不是人类独有的，却能够证明人类和猿猴之间存在着差异。

群体形态

人类是唯一在数量上大大超过了生态容量限度的物种。这里没有什么深奥难懂的理论，而是仅仅从数据上得知的，当我们把各种有关的数据记录下来，就会发现，人类这一物种的存活简直是个奇迹。

脑部

人类大脑的体积与体重的比例是所有生物中最大的，其次是海豚。但是越来越多的研究表明，大脑的“相对体积”对智力高低的影响并不像“大脑连通性”所产生的影响那么显著。自从人类从老鼠中独立出来，大多数新基因不成比例地涌入了位于大脑前部的“新皮质”，这是大脑的“行政管家”，控制着大脑的高级思考，如决策、理性思维、风险评估以及社交关系。

大脑体积越大，构造越复杂，就代表着越多的基因在大脑中起作用，也就意味着基因差异性越强。老派的学者们可能会说，这实际上意味着大脑会犯更多的错误。但是看看爪蟾和禽类，更多的基因差异性不代表着大脑的决策更正确或是更错误，仅仅是提供了更多的基因选择而已。举例来说，大脑可以选择“猛犸象”的特征，也可以选择“章鱼”的特征，生物因此多姿多彩。

没有脑子，就没有问题

目前，只有人类出现了“精神分裂症”和“双相障碍”，这两种“状态”的病灶似乎都在大脑，而非由激素控制的腺体或是内脏。当然，激素变化也能导致情绪的波动。真正意义上的“大脑问题”似乎为人类独有。在2018年的一项研究中，欧洲研究者对与这些“状态”相关的基因变异进行了独立的研究。结果证明，这些“状态”主要带来的问题是更加偏向社会性的，而非物理性的。在智力活动的评估中，我们要格外当心，不要让我们对“正常”的定义给那些深受“非正常”的定义折磨的同类造成更严重的伤害。

不幸的是，物极必反：一些基因虽然有助于我们的大脑体积变得更大，可是当它们“倒戈”，被别的东西操纵的时候，也会出现相反的作用。受到诸如寨卡病毒影响的人类特异性基因，会使受感染的胎儿出生时大脑就异常小。

此外还有一个部位似乎有助于人类发育独一无二的前脑，这一部分掌控着大脑的高级功能，例如规划、决策能力以及在摄取的信息之间建立联系的能力。某种相关的特异性基因编码了大脑中的蛋白质，在好的时候，大脑运作更加高效；在不好的时候，可能会导致严重的神经紊乱和多发性硬化症。还有一个特异性基因实际上是神经元受体，当被复制太多次时，可能会导致注意力缺陷多动障碍，甚至导致妇女出现宫颈疾病。

大脑和心脏斑块

还有一种“人类特异性基因”实际上是特定的“蛋白质制造者”发生了变化，表现为从能够被完全理解的“基因”变化为研究者口中的“伪基因”。这一基因与体内的某些生物残留物质的积累和清除有关，从猿猴到人类发生的基因转变导致人类会患上心脏病、阿尔茨海默病和动脉粥样硬化，而猿猴不会患这类疾病。

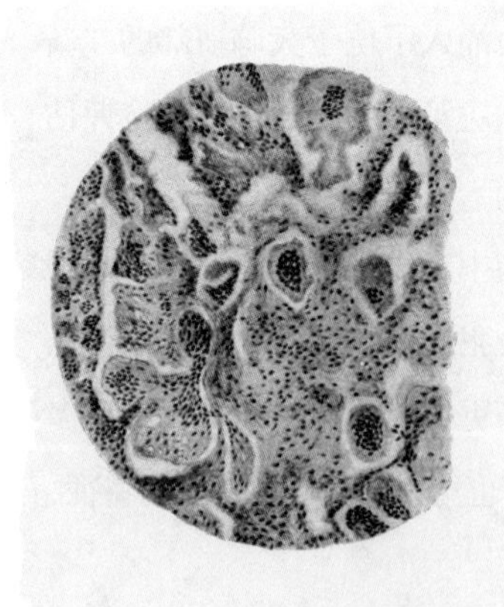

癌症：不是好兆头

健康的细胞是指活细胞。健康的细胞知道适可而止，停止增殖。

癌症实际上是细胞“忘记”停止增殖时人体呈现的紊乱状态，也可以看作是本应断开的开关卡在了接通的位置上。

许多动物都有帮助它们避免这种无限增殖持续进行的基因——肿瘤抑制基因。但是人类长久以来失去了这种肿瘤抑制基因。

医疗干预

2017年，我在参加生殖技术大会时，一位与会者提问：诸如基因疗法这类技术会不会“影响进化”？是不是我们在谈论体外受精、CRISPR/Cas9基因编辑系统，甚至是癌症的治疗时，意味着道德的滑坡？化疗除了是一种危险的非针对性的基因疗法之外，还是什么呢？

到底生物技术的应用有没有扰乱进化的步伐呢？答案是否定的，这本身也是一种进化（“进化”这个词自从提出就一直困扰着人们）。我们让大脑、细胞、DNA以及其间的一切得到了进化，并且我们不会止步于此，不管结果是好是坏，“塞翁失马，焉知非福”，有时候坏的结果也会带来收获。

达尔文眼中的人类

达尔文知道人类并不喜欢被与猿猴联系到一起。虽然他从来没有说过“人类是从猴子进化而来的”，但他知道人们会怎样理解这句话。这点使达尔文十分忧虑，所以他并没有将这种联系写入《物种起源》的第一版中。

同样，达尔文也不喜欢“适者生存”这一概念，这个概念带着价值判断的意味，因为生存和赢总是联系在一起。

遗传学时代出现的一个新定义也许更合达尔文的心意。不再是“适合”，研究者们简单地将成功定义为“坚持”。不再是适者才能生存，我们只是坚持到了最后。只要环境还允许，我们还会坚持很久，直到我们再也坚持不下去。

交流

科学家还分离出来另外一种首次在人类身上发现的基因，它在人类的语言功能上起着关键作用。通过比较有着正常的语言系统的人类与有语言障碍的人类这两者的基因组，研究者们成功分离出了这一基因。

人类告诉我们：

人类身上的基因或者特征并非全都是有利于人类生存的。没有适者生存，有的只是活下来，代代相传，生生不息。

这一基因的昵称是“FOX”，这是其化学元素的缩写。要是你感兴趣的话，搜索这一名称，在科学期刊上至少有三篇相关的科学论文。

专家们争辩说，语言功能是大脑最重要的功能。语言帮助我们在彼此之间建立联系，许多专家认为这是界定人类这一生物的重要特征。正是在社会交往中，我们才产生了仪式、记忆和语言。当然，我们制造并且使用工具，但更重要的是，我们能够在彼此之间分享工具，这样我们能够彼此帮助并且教彼此如何使用这些工具，我们能够相互学习。通常情况下，引用科幻小说中“人类”的概念能更好地做一个总结。对人类来说，语言是独一无二的。

尼安德特人

（*Homo neanderthalensis*）

实际上是人类

我们深信自己了解人类这一物种，但是人类到底是什么时候才开始被称作人类的呢？

达尔文眼中的尼安德特人

1856 年，在位于今天德国杜塞尔多夫的一处石灰岩洞穴里，一群矿工发现了一些年代久远的头盖骨碎片。起初，他们认为这些头盖骨属于某种古老的穴居熊类，不过这些头盖骨化石较熊类的更圆，较现代人类的更厚，这令他们非常不解。这片山谷被称作“尼安德山谷”或“尼安德特山谷”，这就是“尼安德特人”名字的由来。

此时，距离达尔文出版《物种起源》还有三年。他在日记中为如何向世界宣告他的理论激烈地挣扎着，因而这一原始人类的发现及其产生的深远影响极大地震撼了他。他在日记中写道：“我们必须承认存在着高级的古老生命，例如著名的尼安德特人，他们的发育程度很高并且掌握着一些生存技能。”

但是他担心原始人这一概念将会冒犯那些对“上帝创造人类”深信不疑的人。

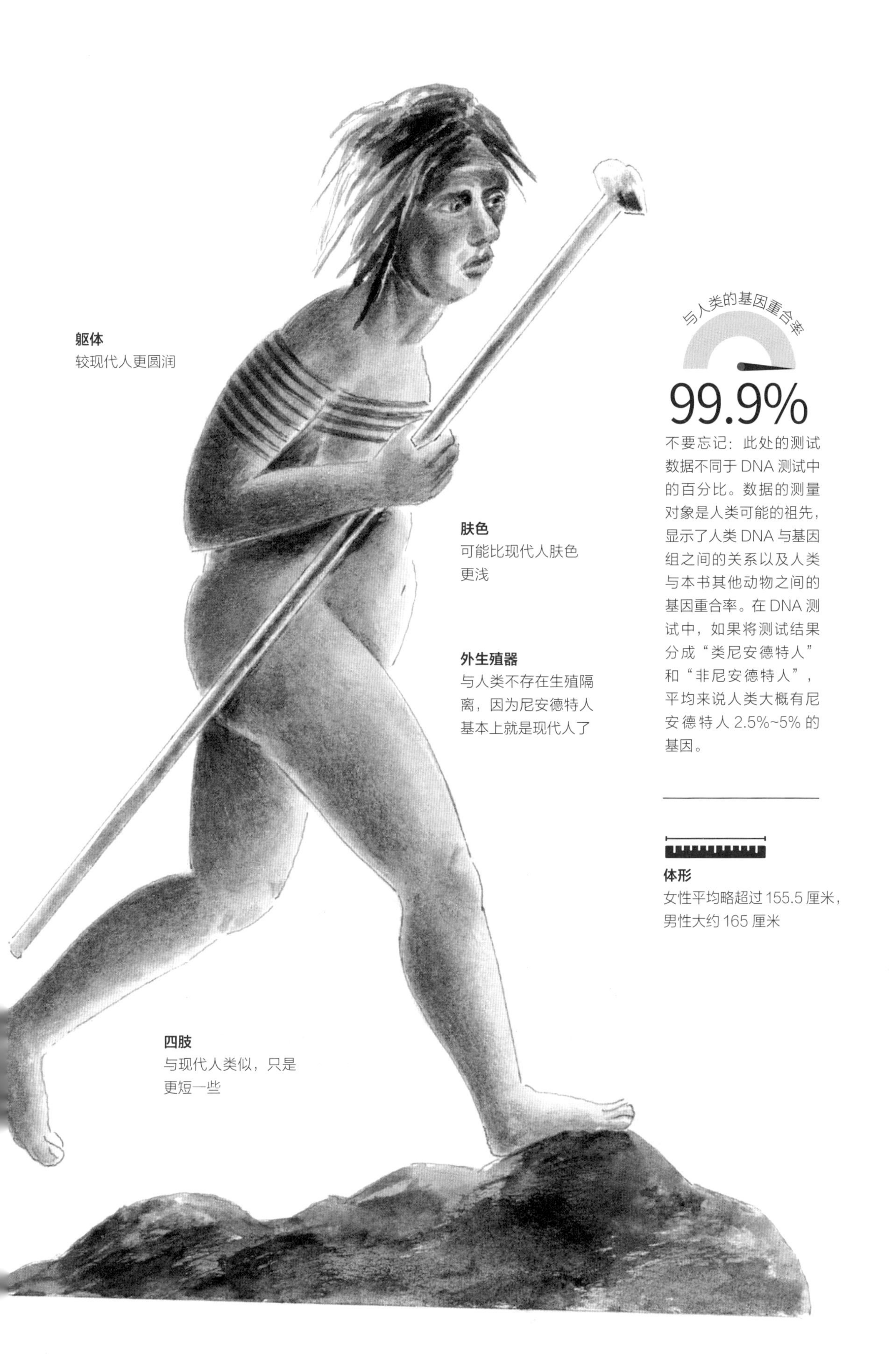
躯体
较现代人更圆润
肤色
可能比现代人肤色更浅
外生殖器
与人类不存在生殖隔离，因为尼安德特人基本上就是现代人了
四肢
与现代人类似，只是更短一些
与人类的基因重合率
99.9%
不要忘记：此处的测试数据不同于 DNA 测试中的百分比。数据的测量对象是人类可能的祖先，显示了人类 DNA 与基因组之间的关系以及人类与本书其他动物之间的基因重合率。在 DNA 测试中，如果将测试结果分成“类尼安德特人”和“非尼安德特人”，平均来说人类大概有尼安德特人 2.5%~5% 的基因。
体形
女性平均略超过 155.5 厘米，男性大约 165 厘米

尼安德特人在生命长河的位置

现代人类（智人）和尼安德特人共同的祖先生活在距今约55万年前，这是目前最合理的猜测。但是自从他们独立成为两个物种，有没有出现过杂交现象呢？

根据有关的化石记录，尼安德特人生活在距今30万～40万年前。我们认为，他们消失的时间可能恰好与智人出现在历史长河中处于同一时期。

许多年过去了，越来越多的人偶然间发现了早期人类的遗骸。正如达尔文所预料的那样，现代人急于将“我们”同“他们”划清界限。虽然科学界对物种的定义已经达成了共识，却又认为这些矮胖的、大脑门的类人动物与现代人完全是两个物种。快进到20世纪中叶，恩斯特·迈尔对“物种”的定义得到了普及，我们的这一观点依旧未受动摇：在现代人出现5万～6万年之前，尼安德特人就遍布亚欧大陆了，所以任何模糊物种的“暧昧行为”都理所当然是不存在的。

2010年，在德国莱比锡，研究者对来自500千米外尼安德山谷的尼安德特人的线粒体基质中的DNA进行了测序，有了重大发现。尼安德特人的DNA和现代人相似吗？有没有显示出杂交的证据呢？线粒体基质分析显示尼安德特人的DNA与人类并没有重合。无论用迈尔的两个标准中的哪一个来衡量，现代人都依旧是一个独立的物种。现代人可以继续相信，我们是最高级的生命。

尼安德特人头盖骨，前部视角，摘自生物学家托马斯·亨利·赫胥黎（Thomas Henry Huxley）的著作《人类在自然界中的位置》，1863年。这本书问世于达尔文以及华莱士发表“自然选择”论文的五年后，比达尔文有关人类进化的著作《人类的由来及性选择》早八年

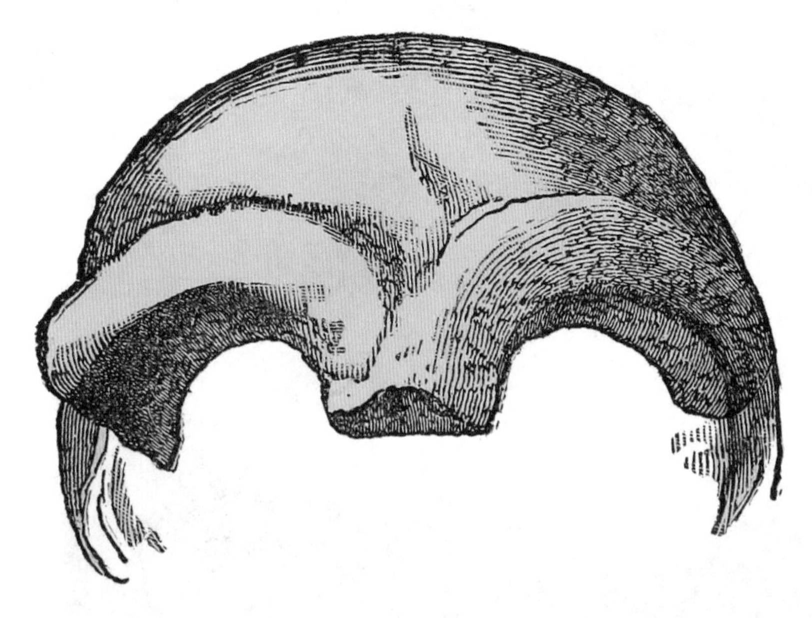

后来，在英国的托基，洞穴探险家发现了一块下颌骨，通过“碳-14年代测定法”的计算，这块化石来自4万年前。它不属于尼安德特人，这块下颌骨更像是现代人的下颌骨。这一类原始人和尼安德特人生活在同一时期。这些遗骸都发现于欧洲，但是彼此之间相隔千里。如果他们能够相遇的话，会不会出现杂交呢？为了解开这个谜团，需要我们回到DNA鉴定中。

2010年的基因组测序建立在新型技术的基础上，尽管技术不成熟却是那时最先进的，但依然不够好，不足以克服年代久远的、降解了的DNA给研究工作带来的挑战，这些遗骸数万年来和虫子的尸体以及粪便混合在一起，谁知道在这过去的成千上万年间，还有没有其他的生物残留在上边。

长话短说，在接下来的几年间，来自世界各地的几个研究者团队重新对尼安德特人的基因组进行了几次测序。他们去除了残骸上的昆虫的DNA，从更多的残骸上获取了尼安德特人的DNA并进行了研究，甚至开发了计算机模拟系统，使用所有类人动物DNA中共有的且已经被验证的模式填补了序列中的生物化学空白。

他们将自己的发现与有人类居住的六个大洲上生活的现代人的DNA进行了对比。猜猜他们发现了什么：人类确实存在杂交现象。现代人身上有许多其他的DNA，这些DNA并不是相同的，也不是共享的，但是尼安德特人的DNA确实混合在人类的DNA中。所以说这两个物种之间有过交配行为，而产生的后代是可以生育的，这一点使迈尔也不得不承认尼安德特人与现代人从理论上来说是同一个物种。

尼安德特人的进化秘密

体形

尼安德特人特有的DNA使他们普遍有着圆桶状的胸部和短得不成比例的四肢。

2型糖尿病风险

尼安德特人患糖尿病的风险可能来自基因突变。也许他们早已经调整了代谢反应，以便能够在饥荒年代存活下来，但这种代谢模式根本不符合现代的饮食习惯。

发色和肤色

根据2017年的一项研究，现在地球上生活的人类有着尼安德特人的基因，这些基因影响着肤色和发色，但其颜色从浅到深不等。尼安德特人分布在从非洲到欧洲的广袤区域，

丹尼索瓦人

2008 年，俄罗斯考古学家在西伯利亚的丹尼索瓦洞穴附近进行挖掘，发现了一块很小的骨头：这是儿童手指指尖的一段骨头，保存完好但是极小。这些考古学家在考古上都是内行，可是在命名上却有些缺乏创造力：他们将其命名为丹尼索瓦人，和洞穴的名字一样。

丹尼索瓦人遗骸的 DNA 分析显示，现代人身上同样存在着丹尼索瓦人的 DNA，其中大多数是东欧、亚洲以及太平洋岛屿居民的后代。那些祖先是东非人（现代的埃塞俄比亚、厄立特里亚、吉布提和索马里）或者南非人的现代人，他们共享着另一种 DNA，这种 DNA 类似于从许多东非化石（都有各自的名字）中发现的 DNA。还有一种完全不同、与这两种 DNA 平行的 DNA，被祖先是西非人和中非人的现代人共享着，但是我们尚未找到相应的遗骸。

所以到底是怎么回事呢？早期人类在我们如今称作非洲大陆的中部从不那么像人类的祖先中进化而来。大约 30 万年前，他们中的一些进行了迁徙。一支在非洲定居下来（这一支至今未找到化石）。一些成功迁徙到了东非或是南非，一些迁徙去了亚洲（丹尼索瓦人），还有一些迁徙去了欧洲（尼安德特人），但事情并不止这么简单。

2017 年，人们在德国的另一处洞穴中发现了尼安德特人的遗骸（他们不是“穴居人”，实际上我们应该把他们称作“巢居人”），线粒体 DNA 显示他们跟繁衍成为现代非洲人的人类是同一支血系。这意味着在他们长途跋涉踏足欧洲大陆之前，原始的尼安德特人男性曾经与原始智人女性交配过。女性留在了非洲，产下了更多带有智人线粒体 DNA 的婴儿。他们的后代将她的 DNA 带到了欧洲，不仅如此，还有原始智人、原始尼安德特人、原始丹尼索瓦人以及上述三者杂交后代的 DNA。截止到大约 3 万年前，非智人被分成了地理上阻隔的四个种群：带有尼安德特人 DNA 的居民，带有丹尼索瓦人 DNA 的居民，带有早期非非洲人 DNA 的居民，以及带有早期非洲人 DNA 的居民，他们依旧不是智人，尽管智人也生活在这片区域中（最可能是这里）。

这个时候，你要是疑惑于一个群体在哪里开始以及其他的群体在哪里终结的话，很正常。这些都要放到个体上去看，这是这些群体之间不同的唯一体现，“我们”和“他们”这两个词哪个与你更近以及哪些人与你联系最密切。尽管最终所有的尼安德特人的线粒体 DNA 都会被智人的线粒体 DNA 所取代，但直到今天，他们 2.5%~5% 的 DNA 仍然存在着。

这意味着他们适应了一系列的气候变化并做出了相应的调整：离赤道越远，肤色和发色就越浅，这一点和现代人一样。和现代人一样的另一点是，尼安德特人的发色和肤色也不仅仅由一套基因决定。

睡眠模式

正如果蝇和老鼠的实验得出的结论，昼夜节律是地球上大多数动物都有的习性，继承自比尼安德特人和智人还要早几百万年的生物共同的祖先。但是到底是昼伏夜出还是夜伏昼出取决于你的祖先什么时间段需要保持清醒，这必然与太阳照射有关。似乎尼安德特人更习惯于夜间活动。

烟瘾

烟草可能在尼安德特人生活着的欧洲大陆并不存在。据我们所知，烟草最早是在大约400年前第一次传入欧洲的，那时候探险者们从美洲将烟草带到了欧洲。但是现代人的“化学物质成瘾”可能与遗传有关，这些遗传基因中有一部分就来自尼安德特人。

2016年，美国研究人员发现了某种与更高的吸烟耐受力有关的遗传变异。尽管烟草中含有大量烟雾毒素和致癌物，但是拥有这种遗传变异的人在吸烟后患胸部感染和肺癌的风险可能比其他人低。这种变异尚不能被证明曾经出现在尼安德特人、丹尼索瓦人以及其他的灵长类动物身上。我们知道早期的人类会生火，似乎他们中有些人会加热食物，然而尼安德特人和丹尼索瓦人必然离“厨房”还很远。我们知道用火烤熟食物并且吃烧熟的肉是早期人类进化的重要一步，这有助于进化出体积更大、更加社会化也更加精巧的大脑。

最终，足够多的现代人类不再畏惧火和烟，他们甚至故意吸入烟并进一步认识到他们喜欢这种味道。不幸的是，有些人保留了古老的DNA，对烟的耐受力更低。如果这些复杂的理论是正确的，这就是一个极佳的例子，证明了进化并非全部向着好的方向。进化没有最终的目标，有时候甚至不合情理。现代人比其他动物更加倾向于对那些会杀死他们的东西上瘾。

头部

不用看DNA就能知道尼安德特人的头骨位置低而突出，而且达尔文是正确的：尼安德特人的脑壳很大，虽然不像现代人那么大。但是不要随意评判，现代神经科学告诉我们大脑的大小（甚至是大脑大小占身体重量的相对比值）对智力高低的影响很小。在动物的一生中，大脑也会发生变化，另外，智力是现代人创造出来衡量其他东西的聪明程度较之于人类的聪明程度的词语，而做出判断的归根结底是人类。

变异：实际上很像电影演的那样

“变异”实际上是遗传变化的术语表达。这又是一个在我们真正了解其发生机制之前就创造出来的术语，所以这个词最初指的是小小的物理变化。后来指染色体上发生的可见变化，现在它表示在特定的一段 DNA 上发生的变化，在短短两天的时间就可以发生这样的变化（根据我们已知的情况）。

遗传性突变是指父母遗传给我们的变异，或者是父母有这种突变并将其遗传给了我们，或者突变出现在父母双方的 DNA 进行融合创造新的生命的过程之中。

获得性突变发生在有机体一生中的各个阶段，可以因为各种各样的原因而发生。许多获得性突变至今还令科学家百思不得其解：例如暴露在放射性环境下，大病、饥饿或是压力等条件下基因发生的突变。

在这些条件下，DNA 都会变得很脆弱，因为这些时候它们正经历着变化。DNA 有适当的系统，以避免“线”的丢失，并且将松散的“线头”绑紧，但有时候也会出现意外。变异可能意味着 DNA 在它们应该停留的地方重复信息，或者在不恰当的地方提前停下。RNA 是一种编码，所以当在另一端被解码时，这种编排错误会被解释成真正的、物理性的错误。就像是蛋糕的配方里没有面粉，建筑设计图里有特殊的托梁却没有螺柱，或者苍蝇的眼睛长在本不该出现眼睛的地方。

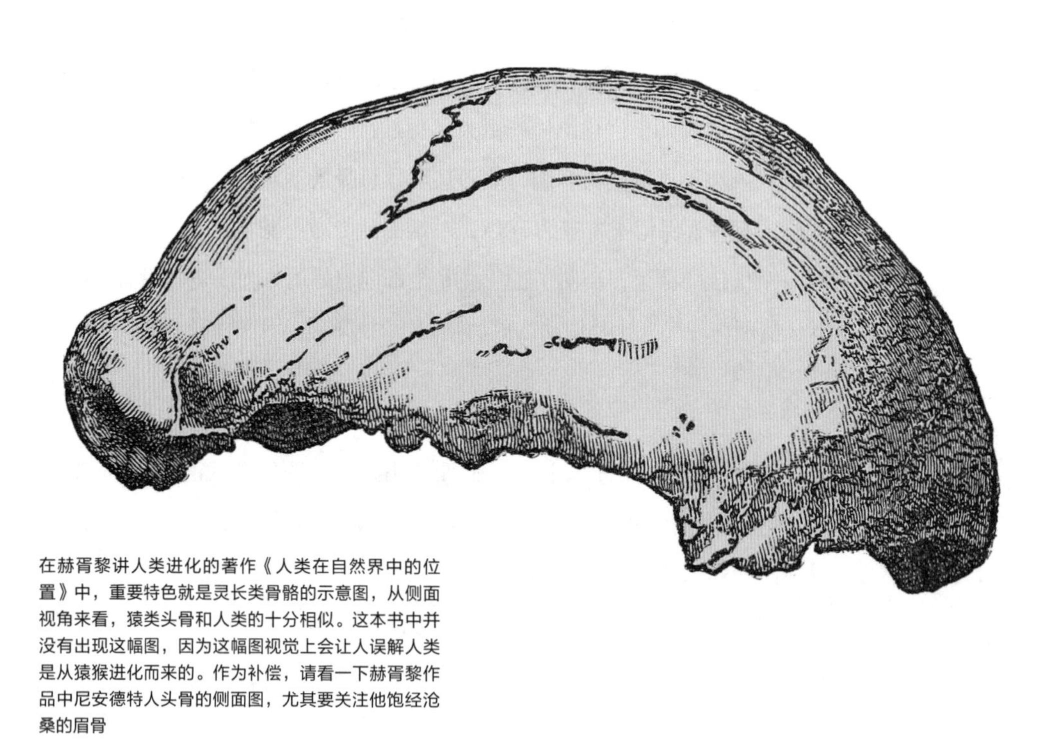

在赫胥黎讲人类进化的著作《人类在自然界中的位置》中，重要特色就是灵长类骨骼的示意图，从侧面视角来看，猿类头骨和人类的十分相似。这本书中并没有出现这幅图，因为这幅图视觉上会让人误解人类是从猿猴进化而来的。作为补偿，请看一下赫胥黎作品中尼安德特人头骨的侧面图，尤其要关注他饱经沧桑的眉骨

补充说明

■ 尼安德特人与丹尼索瓦人的 DNA 加起来总共占现代人 DNA 的 5%~7%。
■ 现代人即使拥有尼安德特人的基因，也不超过 5%。
■ 2004 年出土的古老原始人，大约生活在公元前 1 100 年，体内有大约 10% 的尼安德特人 DNA。

丹尼索瓦人遗传给了现代人什么？

丹尼索瓦人的 DNA 中“功能相关”的贡献（或者说看得到的贡献）包括在高海拔低氧环境生存的能力。之前对生活在海拔 3 000 米的高山上的西藏人的研究已经表明了他们继承了某种基因突变，使他们的红细胞利用氧气的效率提高了 80%。可以非常确定的是，这种基因来自丹尼索瓦人。

现代人同尼安德特人以及丹尼索瓦人共享的基因组：

免疫细胞受体，看起来像是为抵御某种非常特殊的病毒或是细菌而定制的。他们被称为 Toll 样受体，toll 是“通行费”的意思，这个受体像是收费站的收费人员准备截下某辆特定的汽车，收取特定的费用。

过敏方面，没什么特别的，只不过他们更容易过敏而已。

我们如今计算出来的基因组差异更倾向于一个数值问题，所以许多尼安德特人的基因不完整序列与现代人的并不相同，这两者之间有一些明显的区别。比如基因中有 125 处完全添加或是删除了序列，有 45 处基因进行了拼接，有 87 处蛋白质形态异常（尽管其中有 6 个看起来不同，功能却是相同的）。

这些差异中有 3 处与染色体划分以及重新定义有关系，这是人体细胞周期的一环，科学家曾经认为这一点并不会随着时间推移而改变，但是近来他们发现自己错了。你可能会想到，细胞分裂方式的迅速变化或许意味着进化中的“大跃进”。

尼安德特人告诉我们：

人类也是杂交种。

本节术语：变异

宽吻海豚

（*Tursiops truncatus*）

头部是关键

就像人类同“倭黑猩猩”那样，海豚的大多数基因是与其他鲸目动物（鲸和豚）共享的。但是，同样类似于人类与倭黑猩猩，海豚与众不同的基因同样出现在重要部位：头部和大脑。同样的基因群也是划分大象与热带海牛、乌鸦与鸡、章鱼与蛞蝓的依据。而且海豚处于食物链顶端，号称“海洋之狼”，有着高超的捕食技巧以及电影明星一般的“社交手腕”。

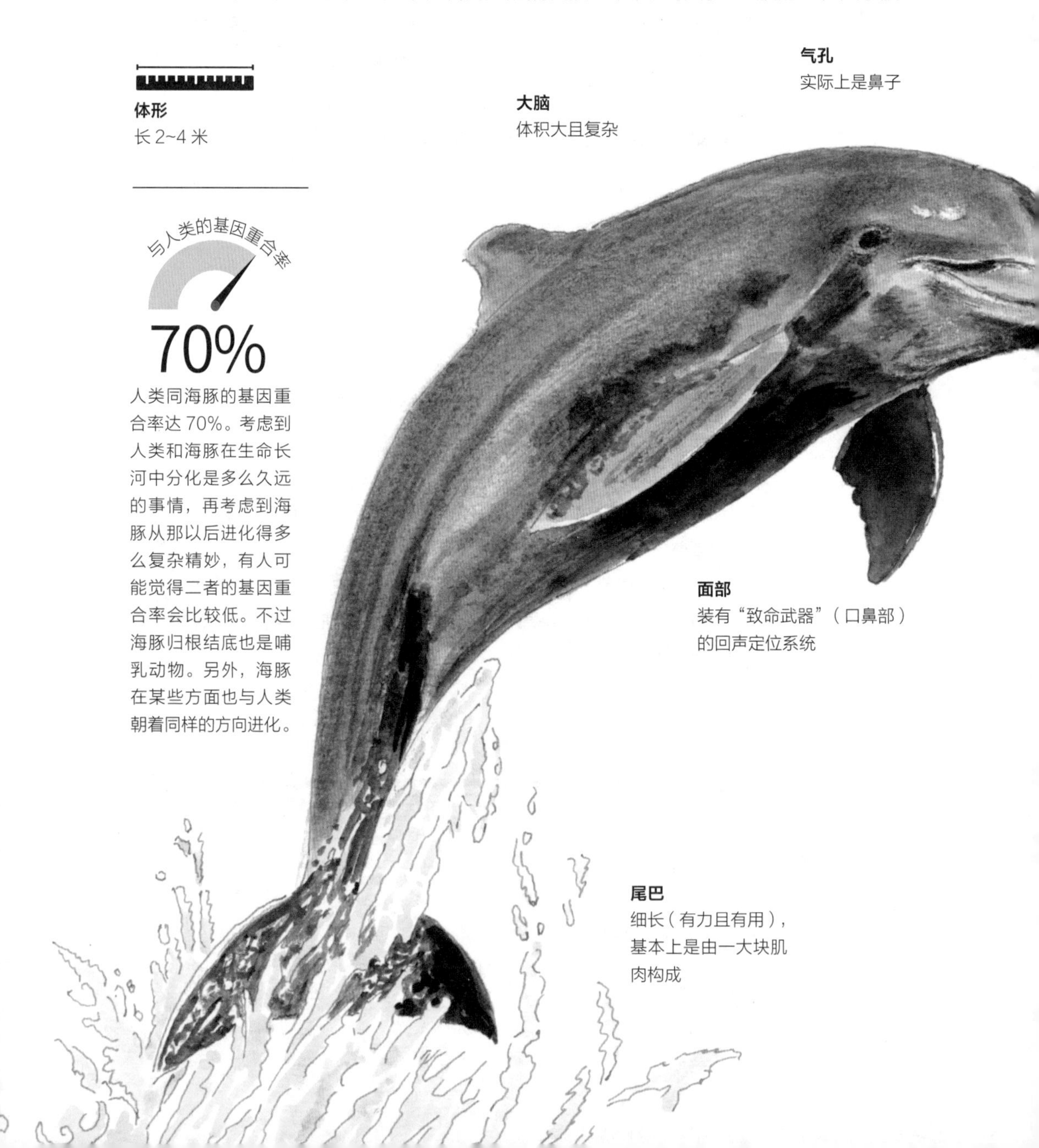

人类同海豚的基因重合率达 70%。考虑到人类和海豚在生命长河中分化是多么久远的事情，再考虑到海豚从那以后进化得多么复杂精妙，有人可能觉得二者的基因重合率会比较低。不过海豚归根结底也是哺乳动物。另外，海豚在某些方面也与人类朝着同样的方向进化。

海豚在生命长河的位置

（百万年）

40 0

新生代

大约 3 500 万年前，海豚这一支从包括独角鲸及其近亲白鲸和领航鲸的一支中独立出来。领航鲸有着厚得惊人的鲸脂层，占据着北极生态位。

宽吻海豚

须鲸和齿鲸出现分化后，抹香鲸在大约 3 200 万年前从其他齿鲸中分离出来。自此，它们进化成唯一的真正的大型齿鲸，占据着极其特殊的生态位，它们捕食鱿鱼，越大的鱿鱼就越对它们的胃口。

遗传科学的进步充斥着“分类”游戏，例如大约有 60 种不同类型的海豚，其中宽吻海豚最为著名，这得益于电视、电影以及遍布各地的海豚公园的大力宣传。海豚还包括小型海豚、“三色”海豚、没怎么好好起名的普通海豚以及虎鲸，虎鲸可以长到 5.6 米长。宽吻海豚在 500 万年前就有了自己独特的进化之路，成为数量最为庞大的海豚物种，生存在全球各地的海洋中。

海豚的进化秘密

声呐（回声定位）

据我们所知，宽吻海豚的声呐系统是地球上最精妙的动物声呐系统。和蝙蝠一样，海豚从声带发出声音，然后根据回声描绘所看到东西的图景，同样，它们的基因组中也带有回声定位的标记。正如没有声呐的蝙蝠不是蝙蝠，没有声呐的海豚也不是海豚。

这一特征也许并非来自海豚和蝙蝠的共同祖先，因为介于二者之间的大多数动物都没有声呐系统。有声呐系统的动物们显示出基因组不同程度的变异，这取决于它们的回声定位系统的精妙程度。

海豚的声呐系统如此精妙，就好像它们拥有第六感（或者说另一种第五感，因为它们在水下并不像需要味觉那样需要嗅觉）一样。海豚的声呐系统非常强大，甚至可以感知水下的一切生物，例如躲在沙子下的鱼类，甚至是它们的“致命敌人”大白鲨体内的主要器官。

嬉戏：人类鉴别动物智力的一种方式是辨别出动物什么时候从事的活动并非基于某一种特定的生存目的。这种活动，科学术语称之为“嬉戏”（play）。

如果海豚在它们清醒的很长时间里是在嬉戏的现象并不明显的话，那么海豚和座头鲸嬉戏的照片就是铁证了。年轻的海豚会游到座头鲸的喙突上部，然后滑下来，并乐此不疲地重复这一活动。

口鼻部（喙突）

海豚优雅的喙突帮助它们将注意力集中在它们的回声定位系统所指向的目标，不管是鱼类还是宿敌大白鲨的肚子。海豚坚硬而强壮的喙突就像一个武器，当它们猛力冲撞大白鲨腹部时可以杀死比它们自身大一倍的大白鲨。

体形

不像大多数须鲸、扁鼻海豚、行动迟缓的北极领航鲸、独角鲸和白鲸，宽吻海豚的身体构造使它们游泳的速度很快。它们细长的喙突和光滑的皮肤有助于保持流体动力，以获得最快的捕鱼速度和最大的乐趣。

脑部

脑部和神经系统也许是“海豚之所以成为海豚”最重要的构造了。2012 年的一项研究比较了海豚和其他鲸目动物的基因组，发现海豚有 228 个基因和大脑容积、神经数目以及显著的相互联系有关。脑白质帮助大脑在脑内部建立联系；而用以储存信息以及控制身体的其他部分的是脑灰质，对这种智力更好的表述应该是“社交智力”，这似乎正是海豚格外聪明的原因。

■ 研究者发现海豚在合力攻击一群猎物之前似乎会在彼此之间进行口头交流。

■ 海豚似乎拥有能够与群体中的个体互相联系的声音模式。我们很难确定它们怎么互相称呼，但是，大概就是这样。

■ 和大象、猿类一样，海豚对死亡很敏感，它们会花费几天甚至几周的时间携带着去世同类的尸体，尤其是幼崽的尸体。

■ 哪怕多年不见，海豚依旧会记得那些许久前只见过一面的其他海豚。

达尔文眼中的海豚

在穿越热带地区的旅行中，达尔文与华莱士不可避免地遇到了海豚，这种生物数量庞大，并且极其喜欢在被驶来的船只惊扰时跃出水面。尽管宽吻海豚和钝吻海豚非常有名，却没有得到很好的研究，这两类来自不同家族的生物总是会被观察者混淆。

从旅途中返回后，达尔文依旧沉浸在他的伟大构想中，但是他也确实在一系列的出版物中发表了自己的第一手发现，这些最终汇成《小猎犬号科学考察记》（标题被大大删减了），出版时间是1832—1836年。

达尔文协助出版社将他进行的细致的分类观察以及测量的表格编辑成书。和本书不同，他的作品中的每一篇导入都有他的一段评论。在海豚这一篇的导入是这样写的：

这头海豚，是雌性海豚，在圣约瑟夫湾的小猎犬号上被捕。当时有一大群海豚，这是其中的一只，它们当时正在船边嬉戏。我非常感谢菲茨罗伊船长，在海豚被杀前，他画了一幅彩绘，后来我用这幅画拓下了一幅石版画。

这幅画中的海豚的鼻子有点走形（使它看起来像钝吻海豚）。但是这幅画保留了它们富有标志性的色彩，我们正是据此断定这是灰海豚或者说是菲茨罗伊海豚。

达尔文是第一个宣布发现这一新物种的人，他将这种海豚称为“菲茨罗伊海豚”，以此纪念这位船长精湛的画技以及他对自然历史研究的全部贡献。这种海豚的官方科学译名后来变更为“暗色斑纹海豚南美亚种”，但是菲茨罗伊船长首次发现这种海豚无疑是一次成功的团队合作的体现。

工具使用

海豚没有手，但是它们被记录曾经制作和使用过工具。宽吻海豚会用海绵动物擦拭沙子，以保护它们的喙突和伪装鼻子，以防被警觉的潜在敌人发现。更有趣的是，同一地区生活着两种不同的海豚，其中一种使用工具，而另一种不使用工具。这种基于群体社交性的信息作为一种文化是非常重要的。

海豚告诉我们：

以人类的标准来看，海豚是海洋动物中智力可以与人类媲美的生物。但是人类对智力的判定过于武断了，因为智力高低实际上关乎动物的生活方式，而动物的生活方式完全不同于人类。

本节术语：嬉戏、文化

海牛

（*Trichechus manatus*）

曲线形态恰到好处

海牛这种海洋哺乳动物与鲸、宽吻海豚以及钝吻海豚非常不同，可是它们的身形却与鲸目动物相似。这一点绝非巧合，也并非家族遗传的特征。一项2015年的研究比较了海牛、虎鲸（海豚的一种）以及海象的基因组。这项研究的发起者原本预测这三种身形不同的动物会由三种不同的基因构成。可是令他们惊奇的是，这三种动物体内掌控着身形的基因惊人的一致。

这是“趋同进化”的又一例证，但是有趣的是，趋同进化的定义源自有着相似特征的动物并非通过相同的方式获得这些特征。但是如果有关海牛的这一发现确实是正确的，就意味着趋同进化本身就可以在某种动物身上导致遗传上的相似性。这些重合的基因不必来自共同的祖先，但是从它们的DNA形式上看是完全一样的。这是生命长河的又一次“大转折”。

海牛告诉我们：

遗传上不同但是特征上的趋同特征也能导致动物 DNA 的趋同模式。

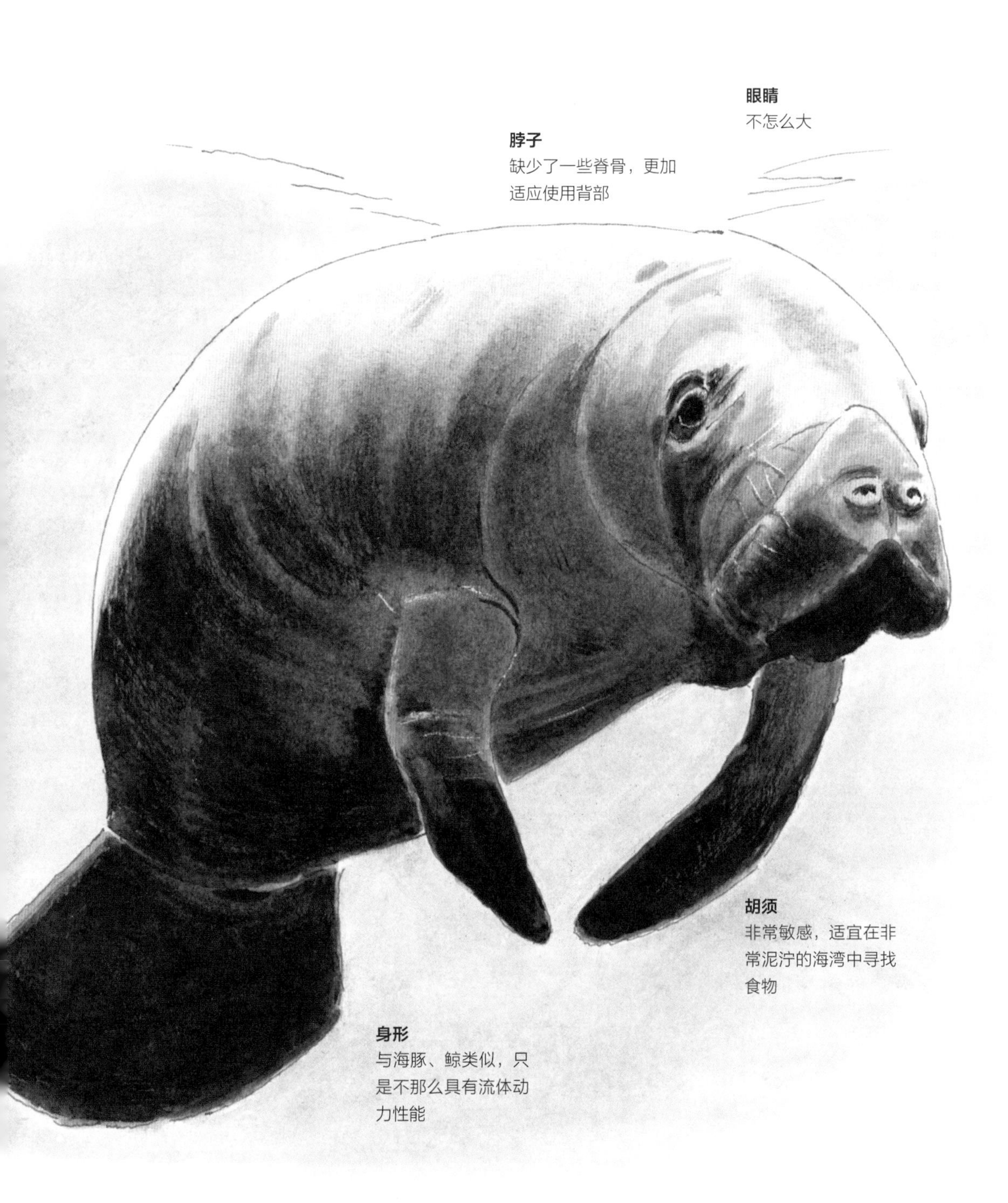
眼睛
不怎么大
脖子
缺少了一些脊骨，更加适应使用背部
胡须
非常敏感，适宜在非常泥泞的海湾中寻找食物
身形
与海豚、鲸类似，只是不那么具有流体动力性能

美洲乌鸦

（*Corvus brachyrhynchos*）

“空中的猴子”

正如人类和海豚一样，美洲乌鸦决定性的特征也是它们的智力。一些研究者将乌鸦称作“天上的黑猩猩”，它们能够利用发达的智力制造并使用工具。它们为我们理解智力提供了一个全新的视角。但是，它们究竟有没有聪明到可以与人类媲美呢？

体形

长约 43~53 厘米

与人类的基因重合率

73%

这一数值仅是猜测数值，基于已知的人类和鸡的基因重合率，人类和鸡共享着许多基因，但是和乌鸦共享的基因可能还要更多。

乌鸦在生命长河的位置

乌鸦属于鸦科，是一种新型的鸟类，大约在1 100万年前从其他鸟类血系中分化出来。鸦科包括乌鸦、渡鸦、秃鼻乌鸦以及喜鹊。人类同乌鸦确实拥有同一个祖先，但是这最少也是5 000万年前的事情了。

乌鸦的进化秘密

脑部

相对体形而言，乌鸦的脑部容积可以与黑猩猩相媲美。但是记住：容积并非一切。以另一种方式衡量，乌鸦前脑的神经元数量相对黑猩猩或是倭黑猩猩也是等量的。或许更重要的是，它们的脑部有着与神经连接有关的基因簇，这种基因簇在海豚、人类以及大象这类社会化动物中也发现过。

视觉回忆与计数

乌鸦的脑部似乎在遇到需要并用视觉和大脑进行记忆的工作时，会运作得最好。确实，乌鸦“偏大”的基因组显示出许多与视觉加工有关的基因。它们可以：

■ 回忆起超过100处隐藏食物的地点。

■ 回忆起哪一处隐藏的食物最易腐，并且首先去吃该处的食物。

■ 识别人类的面部特征，显然有助于为人类守时、可靠地传播信息。

■ 将硬壳坚果抛到马路上，以便过往的车辆能够将其碾碎，并且能够在通行标志亮起时捡回这些坚果。

■ 在2017年的一项研究中，一群澳大利亚研究者进行了一项实验，实验中一群乌鸦从一台贩卖机中获得了奖励，它们很快了解到只有当某一种特定的标记出现时，它们才能从机器中获得奖励。不知怎么做到的，它们会跟那些新来的还没有体验过贩卖机的乌鸦分享信息。其他的乌鸦就会出现在这里，根据“老手”乌鸦分享的步骤，操作贩卖机使之出现那种标记并获得奖励。

嬉戏

丰富的种群内生活的另一个标志就是这种动物是否会主动进行嬉戏。乌鸦被记录曾经沿着屋顶的雪坡一次又一次地往下滑，这种活动看起来非常有趣。

养育

事实证明，父母对子女的养育在鸟类身上体现得并不比哺乳动物少：父母对子女悉心照料的现象可以追溯远至恐龙时代中始祖龙出现的时期。2017 年的一项研究发现鸟类飞行的姿态中翅膀的动作，都来自父母的教导。你可能认为一只鸟儿如何使用它的翅膀与翅膀的形状以及它们吃什么、怎么吃，如何筑巢和遗传有着更多的联系，甚至是完全出自本能的。但是事实证明鸟宝宝确实需要父母教会它们如何飞翔。

北美乌鸦（*Corvis caurinus*），比美洲乌鸦稍微小一些，通过进化逐渐适应了独特的北美太平洋海岸线生态位。图中它正在进食一只蟹爪，作者路易斯·阿加西·福尔茨（Louis Agassiz Fuertes），摘自杂志《鸟类故事》，1919年

使用工具

不到 30 年前，大家普遍相信人类是地球上唯一能够使用工具的动物。现在我们知道猿类、猴子、海豚、章鱼，甚至是一些聪明的家猫都会使用工具以使得它们的生活更加便利。但是乌鸦也的确将动物对工具的使用提升到了一个新的层次：

■ 一种新型的苏格兰乌鸦不仅会使用树枝钩住小块的食物，还能够改变铁丝的形状，使之弯曲成不同形状的钩子，以更好地适应各种需求。

■ 夏威夷的一种乌鸦会摘取某种树上坚硬、尖锐的树叶，并利用叶子的各个部分制造各种工具，以便挖掘难以够到的裂缝深处，或者钩住各种昆虫和它们的幼虫。

社交学习

上述这些，从“工具的制造”和“技巧的分享”到“鉴别哪些人类不值得信赖”，都显示出乌鸦能够在自己的社群成员之间进行交流，甚至可以将信息传递给下一代，但是“成功做到这些事情”的内在机制我们尚不清楚。将这些成就与我们长久以来一直认为是人类独有的特征相比较的话，“人类特有的智慧”似乎越来越少。

我们是如何得知这些信息的呢？这大多数都是“动物行为研究”的结果：观察和实验是行为研究的主要方式。但是近来的一项研究同时运用几种测序技术检验了乌鸦的基因组。通常来说，这些研究常常依赖于某一种技术，研究者（理想化的情况）小心地仅从使用同一种技术得来的信息中得出结论。（这并非经常出现的情况：科学家对此也非常兴奋，而且有些时候，他们会过度夸大自己的发现，这也是为什么科研论文会有“不足之处”以及“有待深入研究”这两个部分，以及为什么科学期刊需要同业审校。）

尽管如此，2017 年的这项研究背后的研究者相信，先找到正确的工作方法是进行研究的明智之举。他们用几种独立的技术对同一种亚欧乌鸦的基因组进行了测序（其中一种技术被称为 SMRT）。这项研究的结果确定无疑地显示了乌鸦拥有“较大”的基因组（它们因此在遗传变异中有更多的选择权）。同时，联系紧密的乌鸦会尽可能地保持血统纯正，即使它们的生存空间有重合之处，也不会在物种之间杂交。

乌鸦告诉我们：

智力？打开坚果的方法不止一个。

美洲野牛

（*Bison bison*）

皮弗娄牛的后代

奶牛和野牛的故事颇具寓言性。拜人类所赐，奶牛成为地球上数量最为庞大的动物物种之一，与此同时，野牛却几乎被人类捕杀殆尽。后来，多亏了有奶牛，人类才能将野牛从灭绝的边缘拯救回来。为什么人类如此热衷于与牛有关的事务呢？为了食物。

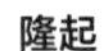

隆起
从扩大的椎骨进化而来，类似于长颈鹿的脖子

牛角
和鹿角不同

体形
重达 453.6~998 千克

野牛在生命长河的位置

奶牛和野牛都属于牛科，和水牛同属有蹄类动物的一个特殊分支。

现今尚存的所有野牛都是 1894 年仅存的 600 只野牛的后代，但在 1 000 年前的北美洲，这种野牛成千上万地游荡着。

野牛的进化秘密

头部

野牛的头部比其他牛类更大更宽。在雪季时，它们可以用头部推走平原上挡路的积雪，以便有落脚处以及翻找出休眠的植物，这样它们就不必迁徙到更为温暖的地带了。

“隆起”

普遍来说，野牛背部有隆起，看起来很像骆驼的脂肪，功能上也是一样的。不过野牛背部的隆起实际上是拉长的脊椎，更像长颈鹿的脖子，只是拉长的方向不同罢了。

奶牛的基因

野牛在 19 世纪中期几乎灭绝，经验老到的牧场主意识到他们必须迅速开始让剩下的野牛繁育后代，否则就会永远地失去它们。尚存的大多数野牛都是自由放牧的，不过牧场主们在美国黄石国家公园集中起来的几百只野牛是人为放牧的，它们无伴侣，随时可以配种。有了奶牛基因的混入，野牛种群的数目很快恢复了。然而随之而来的是，它们不再是严格意义上的野牛了。如今，奶牛的 DNA 在野牛的育种中已经被渐渐地排除出去了，但是你今天看到的大多数野牛，不管是野生的还是非野生的，都依旧是黄石野牛和奶牛配种的后代。

野牛告诉我们：

杂交要比灭绝好。

奶牛

（*Bos Taurus*）

对人类有利

体形

重达 147~1 363 千克

高度

肩高 122~137 厘米

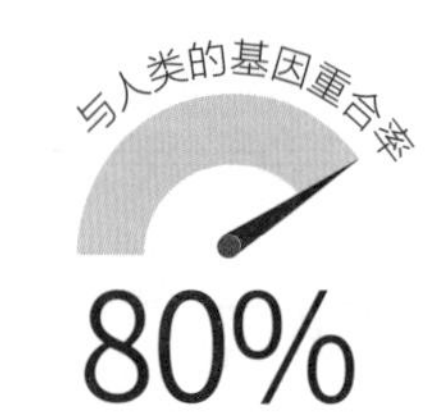

奶牛基因组与人类有很大一部分是重合的——以至于早期研究似乎都表明人类和奶牛的基因重合率比人类和鼠类的还要高，事实上人类和老鼠的亲缘要更近一些。但是我们和奶牛的确分享着很多共同基因，也许是因为我们饲养它们，它们为我们提供食物，虽然听起来这理由似乎不那么靠谱。

奶牛和野牛的特征

体形：在被捕食者中，几乎是体形最大的了。

放牧：野牛和奶牛的“群体放牧进食”是一种本能，有助于它们抵御天敌侵害。

牛角：牛角并非简化了的鹿角。鹿角是骨头构成的，而牛角是坚硬的纤维角蛋白构成的，这点与头发相似。

奶牛在生命长河的位置

奶牛到底有什么特殊之处呢？似乎在它们从水牛“亲戚们”中独立出来的那时起，它们开始出现了很多重复的DNA。这种重复意味着它们的基因组随着时间的推移“变大”了，也就是说，比起基因组较“小”的动物，奶牛有更多的遗传材料可供使用。

奶牛的进化秘密

高度

如果你曾经进行过跨国旅行，你就会注意到奶牛的体形在不同的地方是有差异的。2018年，澳大利亚研究人员进行的一项研究中，比较了来自世界各地的58 000头牛的数据。他们研究的第一个特征就是高度。高度是非常复杂的问题，取决于许多不同的基因以及遗传组块，其中最重要的就是腿部和颈部骨骼的长度。研究者以高度来区分不同种类的牛，以此作为深入了解其他特征的标记。

新陈代谢

奶牛体内与代谢有关的大多数基因与其他哺乳动物体内的代谢基因看起来非常相似。但是有几处明显的不同，其中有五个基因要么是被彻底删除了，要么与人类的截然不同。我们对这些基因的了解一直在加深，但是简而言之，奶牛和人类有着迥然不同的消化方式（分子层面上的不同）。这很正常，毕竟人类不吃草，也没有四个胃。

奶

奶牛不是唯一一种产奶的哺乳动物。从哺乳动物的定义上来看，其他所有哺乳动物都应该产奶。但是为什么提到产奶我们首先想到奶牛呢？因为奶牛的基因组中与产奶有关的基因较其他哺乳动物（变异）更强。这一有助于产奶的特征在许多家养动物身上都有体现：山羊、绵羊甚至是马。但是奶牛的基因组中有关产奶的基因要比我们目前已知的其他任何动物更复杂，这是不是与数百年来人类一直有针对性地繁育它们有关？也许是的。那些产奶量更高、奶质更好的奶牛能够将它们的基因传递下去，使它们的后代与产奶有关的基因更加丰富。由此看来，人类在我们知道什么是基因和遗传之前就开始改变其他生物的遗传特征了。

肌肉

和产奶的基因类似，奶牛的基因组中的有关肌肉蛋白质的基因也比其他哺乳动物的基因差异性更大。

免疫反应

奶牛的基因组中与免疫有关的基因也显示出较多的变异，可能与人类的参与也有关系。牧民倾向于给那些精力充沛的、健康状况好的、能长得更壮的、能够顺利产下更多的奶和小牛犊的那些奶牛配种。或许也正是奶牛的这些特征使人类在自己生存的各大洲首先选择驯化并养殖奶牛。

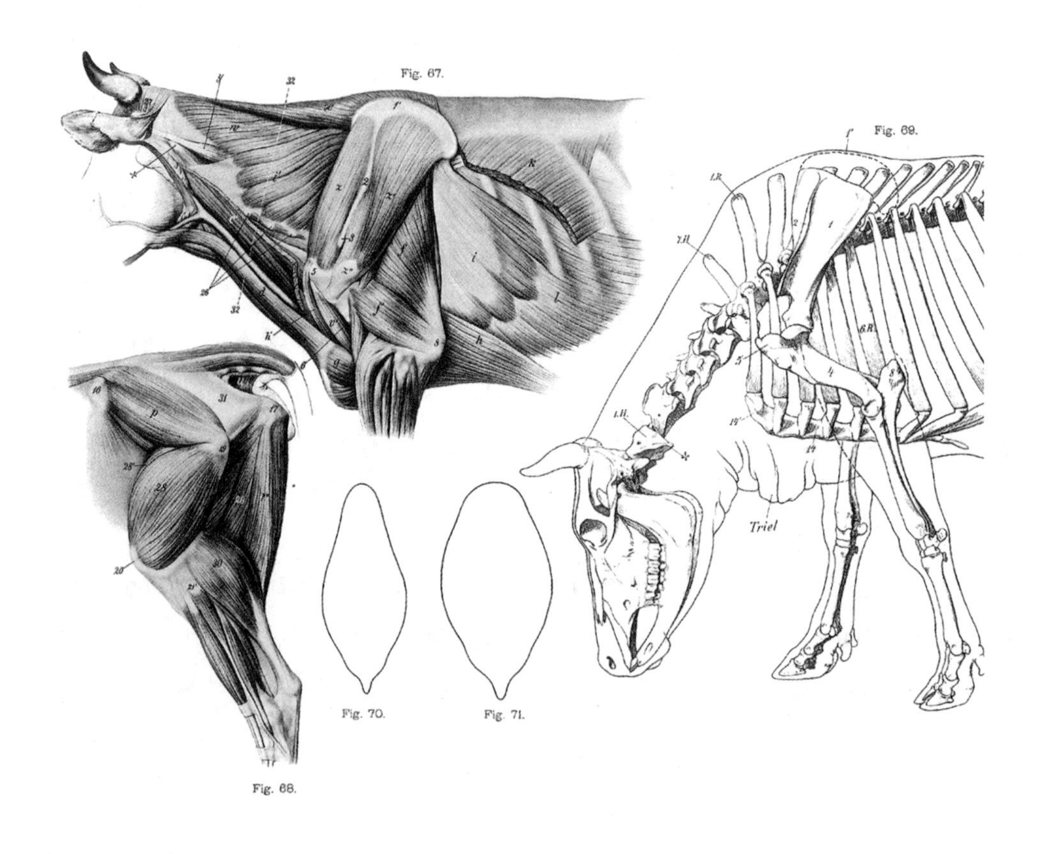

奶牛的肌肉（牛肉）、乳房（产奶或不产奶）以及骨骼局部插图，动物插画师赫尔曼·迪特里奇（Hermann Dittrich）绘制于1889年

蛋白质

我们已经知道 DNA 编码了蛋白质和酶（通过“基因”），也包含着诸如“如何构成生命体”（通过“基因”）等其他的方向，但是什么是蛋白质呢？

蛋白质是大分子，也是一束连接在一起的原子，是化学元素最简单的形式。说它是生物分子或者生物化学分子，是指这种分子仅仅出现在活的生物体内。而且蛋白质有着在生命体内承担构成功能或者是提供动力的特殊工作。许多功能都离不开蛋白质编码，例如从沿着神经传递信息到开启消化过程。也许肌肉蛋白质是最好弄懂的蛋白质类型了，它就是那些我们很熟悉的，去健身房锻炼出来的肌肉中的肌肉蛋白。这些蛋白质会传递给身体这种信息：长更多肌肉吧。我们的肌肉蛋白与我们所食用的牛肉中的蛋白质十分相似，因为这些蛋白质都来自共同的祖先。蛋白质实际上会告诉我们的身体——是时候产生更多的蛋白质了，我们能够通过吃肉产生肌肉的原因就在于此。

奶牛告诉我们：

有时候，想超前就得付出点代价。

本节术语：蛋白质

尼夫斯鞭尾蜥蜴

（*Aspidoscelis neavesi*）

“处女”生子

鞭尾蜥蜴并不是你所见过的外形最奇特的蜥蜴。从史诗般的进化故事中的化石来看，比起恐龙和它们大规模灭绝，鞭尾蜥蜴可能是本书中最无聊的一个物种了。但是最近这一物种重新引起了人们极大的关注。它们的基因组复制进行得非常成功，不过实际上可以称得上是一种高明的“骗术”。

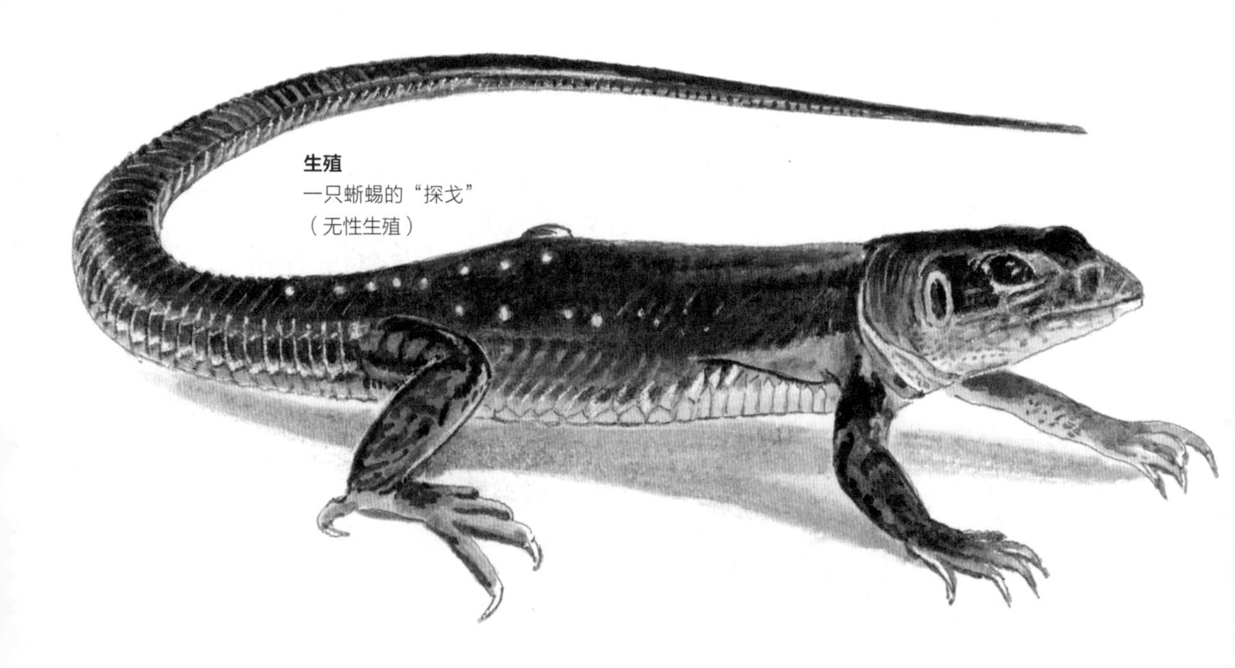

生殖
一只蜥蜴的“探戈”
（无性生殖）

体形
60~80 毫米，不包括尾部。在研究的过程中，我发现有时候所谓蜥蜴的长度是指从鼻子到排泄口的长度

67%?

人类和爬行动物之间以及人类和鸟类之间的遗传交叉率是很难估测的，除非能够将这两者的基因组进行直接的对比。正如我们所看到的那样，这个过程有太多干扰因素了。

蜥蜴在生命长河的位置

尽管把蜥蜴和恐龙混为一谈是错误的，但是爬行动物和恐龙一样是世界上最古老的物种之一。事实上，最早的爬行动物大约出现在3.2亿年前，以食肉为主。

根据2005年的一项基因组比较研究的结果来看，鞭尾蜥蜴属于某种大型爬行动物种群，主要特征是分叉的舌头和有鳞的皮肤。这个种群还包括蛇、石龙子以及科莫多巨蜥。

尼夫斯鞭尾蜥蜴是20世纪中叶才出现的。美国研究者在实验室中通过繁育两个现存的物种创造出了这个新物种（在那时候，人们只知道它们的拉丁文名字：*Aspidoscelis exsanguis* 和 *Aspidoscelis inornata*）。通常来说，只是繁育几只蜥蜴并不会生成什么新物种，只会产生新的一代，也就是杂交的一代。如果杂交的一代足够幸运，能够生育（许多杂交种都是不能繁殖的），它们也许就会继续进化并且与其他现存的物种杂交，很多很多代之后，最终就会转变成一种新的物种。因为新一代的蜥蜴不仅仅会进行种内杂交，它们也可能会在某一代因为杂交太多次而不能生育，当然也有特殊情况。

雌性鞭尾蜥蜴确实进行无性生殖（没有雄性参与繁殖过程），也就是克隆自身。但是不可能整个物种都依靠克隆自身来存活，它们需要一些遗传多样性，这样该物种才能更健康。不知什么原因，新进化出来的鞭尾蜥蜴这一“物种”，能够成功繁殖出克隆动物的后代，但是这些克隆后代的基因组并非完全来自克隆母体，事情相当复杂。“克隆”和“物种”这类术语很难描述这种情况。

爬行动物：一直在用的词

在进行基因组实验之前，甚至是进行遗传实验，或者是比较各种动物的化石之前，爬行动物曾经被定义为“干皮冷血脊椎动物”（相较于湿皮），它们在陆地上产卵（虽然它们生命中的很长时间都在水中度过，如海龟和鳄）。

鸟类、鳄、海龟以及恐龙，这些动物合称为“初龙”，自从我们深入挖掘这些动物之间的联系，“爬行动物”这个词似乎和“物种”一样成为过时的词了。虽然海龟以及鳄仍旧被认为是爬行动物，但是爬行动物新分类（有点类似于鸟类新分类和鱼类新分类）可能会慢慢成为未来的主流，到时候我们孙辈口中的爬行动物就不再是今天的爬行动物了。

性别决定

长久以来，科学家知道动物的繁殖方式有很多种，并非所有的动物都是“直接繁殖”。通常来说，繁殖需要有雌性和雄性，但是某些动物（例如香蕉蛞蝓）是雌雄同体的，也就是说它们同时拥有雌性和雄性的性器官，能够自己完成生育过程。还有少数的动物能够进行无性生殖（也被称作“孤雌生殖”），也就是说雌性动物不需要借助雄性也能完成繁殖后代的任务。这是怎么发生的呢？第一个要关注的问题应该是，“性到底是什么？”或者说，“我们所说的雄性和雌性到底是什么？”

在许多动物中，“性”指的是“性器官”，人类也是如此。如果你拥有的是雄性的性器官，那么你是雄性；如果你拥有雌性的性器官，那么你是雌性。但是对某些动物来说，它们的性器官的个体差异并没有这么大，所以进行区分的唯一方式就是染色体。以人类为例，拥有 XY 染色体的是男性，他们和女性（XX）结成伴侣。但某些动物拥有 XY 染色体的反而是雌性（例如蝗虫），它们可以仅凭 X 染色体产生雄性后代。拥有 ZW 染色体的动物是雌性（例如鸡），它们和雄性（ZZ）结成伴侣。

但是还有一些动物，雌性拥有超过普通动物数倍的染色体，有多种不同的组合方式。例如雌性克隆黄蜂有 32 条染色体，而雄性只有 16 条。这是因为这种黄蜂母体初始有 32 条染色体，它们要么依靠克隆获得更多雌性后代，要么使用一半染色体制造雄性后代。

在一些案例中，雌性之所以被称为雌性，是因为它们有更多的 DNA，以及更多或者更长的染色体。这也是为什么只有雌性可以无性生殖。理想情况下，动物最初不会只有一组染色体，但有更多的染色体需要重新排列，生物就是这样进化的。母体的 DNA 通过变形，重新排列成为 DNA，它们的后代就获得了崭新的、重组了的 DNA。最终，这些后代的 DNA 会与其他动物的 DNA 结合，除非有一定的规则，不然很快就会变得一团糟。染色体就是 DNA 重组时的结合规则。母体的染色体预先安排好的方式就是性。染色体引导着后代的 DNA 并安排它们重组的决定作用就是“性别决定”。

“特殊情况”指的是雄性稀少的时候。一旦克隆自身就会发生一些奇怪的事情，通常的基因规则不再适用了。自然界中存在着某种“处女”生子的现象，这种情况仅仅在物种快要灭绝时才会发生。

我们不能完全确定雌性的身体怎么知道物种正处在灭绝的边缘，这可能与激素以及雌性生物与周围环境的交互（比如温度升高，获得水和食物的机会）有关。（生物仅凭一己之力创造出一个新的物种是非常困难的，如果没有足够的食物，就没有理由产下一个嗷嗷待哺的幼崽。）这些变化会转变雌性体内的激素信息并且进一步影响其生育选择。

但是在实验室中，事情并不会遵循自然界的法则。研究人员强迫蜥蜴进行无性生殖，而不是由自然决定在遗传上是不是有必要进行无性生殖。在培育新型的实验室蜥蜴的过程中，曾经有一位研究人员培育出一种有三个染色体的鞭尾蜥蜴。当通过克隆产下的雌性与克隆产下的雄性交配时，额外的染色体就会进入视野，所以它们染色体不同寻常的组合方式使一个染色体可以游离周边。后来在 1967 年，一位名为尼夫斯的研究者发现了一种体内有四个染色体的鞭尾蜥蜴。他记录了这一物种并且用自己的名字给它命名，但是 50 年来，科学界一直没有重视这件事。

达尔文眼中的鞭尾蜥蜴

达尔文并不知道鞭尾蜥蜴的“特殊才能”，但是他确实对无性生殖很感兴趣，或者说“更高级的生命”所说的“孤雌生殖”。他清楚地认识到如果他能够弄懂这一现象背后运行的机制会影响到他的理论。他知道有性生殖具有益处，这些益处正是他的“适者生存”理论的关键。“适者生存”这个词甚至达尔文自己也不怎么喜欢，因为听起来太古板，太标准化了。在一份出版物中，他对从植物到昆虫的无性生殖分别进行了研究，试图弄懂这些有机体之间有什么共通之处，以及对这些有机体来说，无性生殖究竟是怎样的过程。他的结语这样写道：“我们也许可以得出这样一个结论，有性生殖和无性生殖之间的差异并不像我们想象中那么悬殊：主要的差别在于卵子如果不和雄性的精子结合，就不能持续存活并发育完全。因此我们很自然地去探究，按常理来说两性融合最终起作用的诱因是什么。”换言之，达尔文甚至并不相信无性生殖是存在的，要是他能够看到今天的鞭尾蜥蜴就好了。

性和性别

从科学的角度来讲，性别和性并不是可以相互替代的概念。“性别”指的是人类内心性别认同或是其突出的物理性征。（这点与性偏好不同，性偏好指的是你想和哪种人进行性行为，这个问题更为复杂。）人类耻于谈性，就像准父母进行胎儿“性别检查”时那样，他们说起“性”的时候常常用“性别”替代。技术上来说，宣布是“男孩”或者“女孩”实际上是“性征检查”。因为这一检查并不是对胎儿血液的染色体进行检查，而是“阴茎或阴道检查”。

许多无脊椎动物（例如克隆黄蜂）可以进行无性生殖，但是这一点在脊椎动物中并不那么常见：已知进行无性生殖的脊椎动物只有 70 种，包括某些蛇类、鲨鱼以及鸟类，还得在特定的情况下。

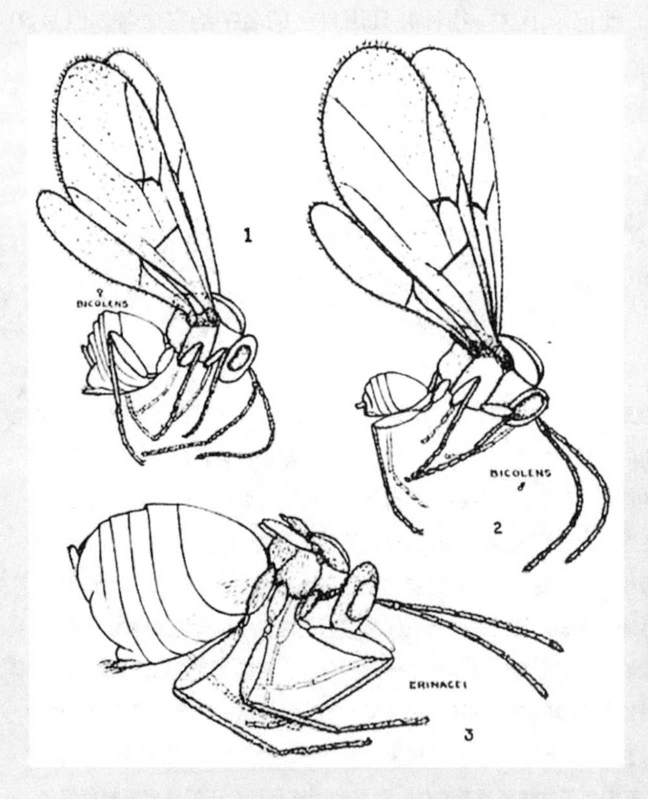

克隆黄蜂进行无性生殖；也就是说，后代从一个有机体中产生，也仅继承母体的基因

后来，在 2014 年，一群美国研究人员决定对鞭尾蜥蜴的基因组进行测序，将它们真正带入基因组研究的时代，它们是如何得到额外的染色体的？以及这些染色体有什么功能？这些疑问将会被一一解答。

在进行这项工作的时候，他们能够大致拼凑出尼夫斯鞭尾蜥蜴的血缘关系图谱，足够他们再培育出另一只尼夫斯鞭尾蜥蜴。他们也确实付诸了行动，通过让一只拥有三个染色体的鞭尾蜥蜴同另一只拥有两个染色体的鞭尾蜥蜴交配，成功地培育出了一只“尼夫斯”。

更疯狂的是，这一新物种可以生育，并且相当高产。一代一代，生生不息，种群逐渐壮大。

所以说这一新物种真的是物种吗？或者说只是杂交的产物而已？或者说是克隆？尼夫斯鞭尾蜥蜴的研究者提议将这种新的蜥蜴物种称为“杂交克隆蜥蜴”，这样可以表明它作为一个杂交的产物却能够生育，同样也表明它虽然是杂交的产物，却像克隆一样可以快速繁殖。

这一术语在现实世界中可能并不像在实验室中对科学家的影响那么大，但是一旦这些术语被创造出来，就不是完完全全“任人摆布”了。只要蜥蜴们没有逃离实验室，它们就同样不能脱离人类的掌控。斑纹龙虾也是这样出现的，无性生殖的雌性龙虾意外地变成了“杂交克隆龙虾”。

鞭尾蜥蜴告诉我们：

无性生殖是存在的，并且能够产生可以生育的后代，甚至是基因多样的后代。

本节术语：染色体、爬行动物

麝雉

（*Opisthocomus hoazin*）

受困于尴尬境地

要介绍鸟类的起源，一丑到底的“丑小鸭”麝雉虽然名字有些误导性，却是不得不提的。

麝雉的进化秘密

羽毛

我们人类一直将“羽毛”（翅膀）与飞行联系起来。引申开来，似乎是为了“羞辱”它们的懦弱，我们长久以来认为不会飞的鸟儿是因为长时间不使用翅膀而逐渐失去了飞行的能力。想象一只将头埋在沙子里的鸵鸟，或者我们将一个人称作“渡渡鸟”或是“鸡”时

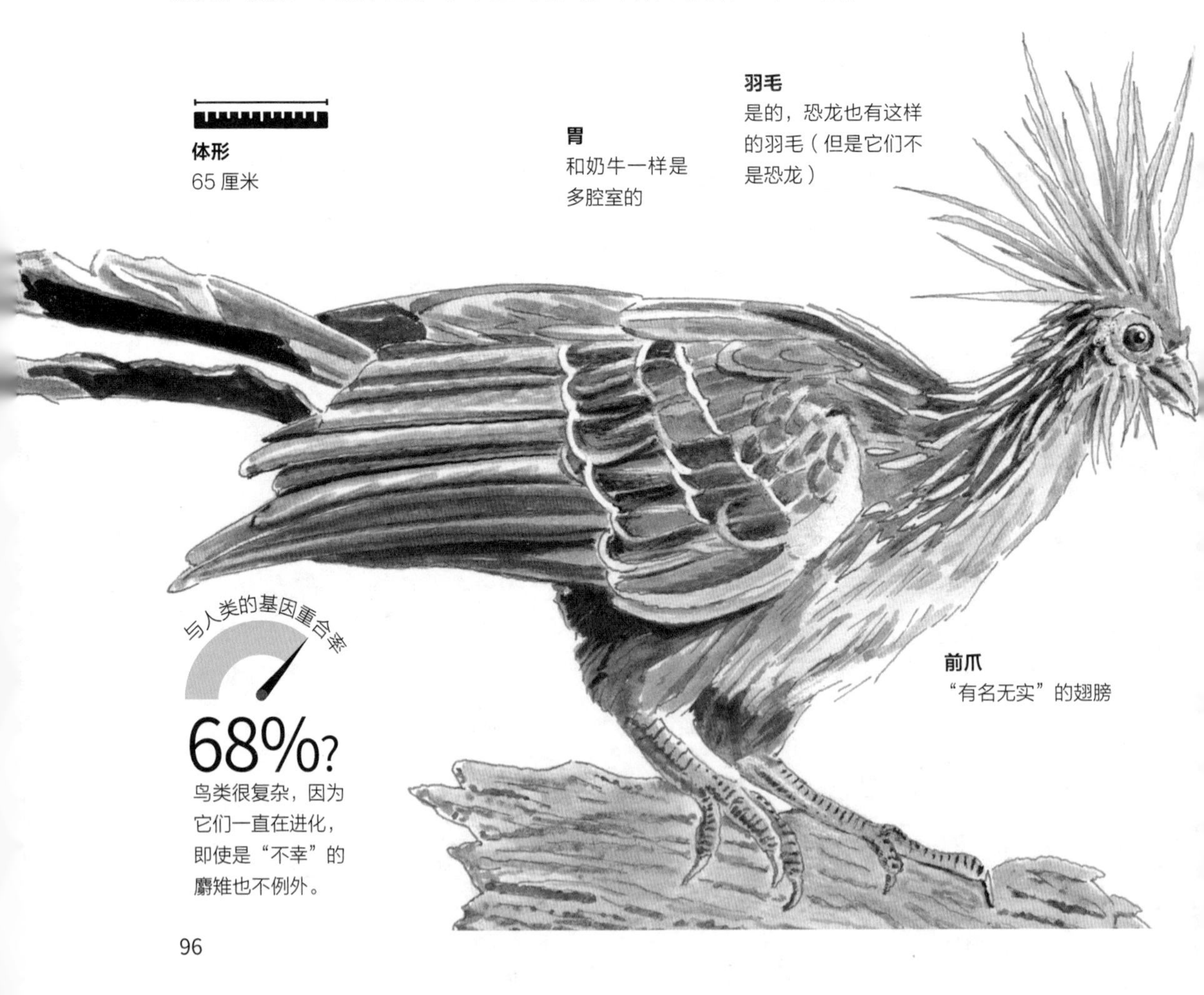

的真正意思。

现在，我们明白了不会飞可能是鸟最初的状态，我们知道这一点的一个途径就是研究羽毛的起源。从化石中我们可以看到史前不会飞行的鸟类身上的羽毛。羽毛只是另外的一层保暖物，与鳞片和毛发在基因上无异。

前爪

麝雉或许并不擅长飞行，但是在优雅方面“丢的面子”，在爪子上得到了补偿。和蝙蝠一样，刚出壳的麝雉的翅膀上长着前爪。到成年时前爪会消失，但是在刚破壳不久，前爪有很大的用处：成鸟麝雉在水上筑巢，所以羽翼未丰的雏鸟们离巢时会跳入水中，游上岸后爬树，爬树时爪子便派上了用场。

到目前为止，麝雉保留的是否是 6 600 万年前祖先的前肢我们还不清楚，或者说，是不是像不会飞行的鸟类一样，它们在一定时期失去了前肢，后来又出现了返祖现象。不管是怎么回事，我更乐意将麝雉看作“怪胎”，它们与其更优雅的“近亲”们交换了进化轨迹，无期限地停在了如今的尴尬境地。

声音

麝雉的鸣叫声较为低沉，多为喉音。它们并非歌声婉转的鸣禽。

胃部

麝雉是世界上仅有的以树叶为食的鸟类，其他的鸟类大多以种子或是水果为食，比较而言，树叶的营养不高并且难以消化。与其他以树叶为食的动物和反刍动物（如奶牛）一样，麝雉的消化器官也是多腔室的，有许多小胃，这样树叶就可以暂时储存下来，然后被“友好的”益生菌消化掉。

与其他以树叶为食的动物一样，麝雉也会排出甲烷，就像牛放屁一样，这也是为什么麝雉会被称为“臭鸟”。

新陈代谢

这是否说明，在鸟类和哺乳动物分化之前的很长一段时间里，它们的共同祖先的胃实际上也是多腔室的？答案是否定的。一个原因是，它们的胃部结构有着轻微的差异。另一个原因是，2015 年的一项研究比较了有蹄类反刍动物、以树叶为食的猴子以及麝雉这三种动物，它们都进化出了消化树叶的能力，却是以三种不同的方式得来的。这三种动物都进化出了一组相似的基因，但是其中微妙的差别显示出这些基因出现在不同的时间。和复眼一样，这里我们又看到了一个“趋同进化”的例子。这一点也证明：和能否观察到猎物一样，生物自行消解食物中的毒素也是进化的驱动因素之一。

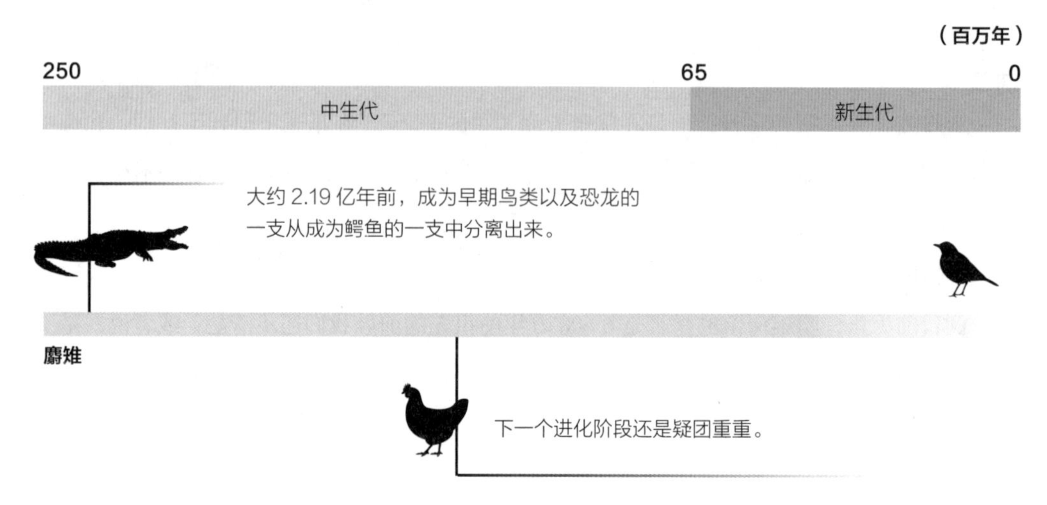

我们从大家都感兴趣的地方开始：鸟类是不是从恐龙进化而来的？

首先，直接从恐龙的定义入手看看我们能得到什么信息。我们认为的恐龙是指穴居人出现之前的一切大型的、外形骇人的而且没有毛发的动物。真正的恐龙出现在古爬行类动物之后，从古哺乳动物中分化出来。异齿龙，背部有高大的背帆，出现的时间比恐龙早了4 000 万年，属于“合弓纲”，和它们同一支的其他动物最终进化成了哺乳类。

与“合弓纲”相似的还有“双弓纲”，也是依据背部特征命名，这两个分类实际上与头骨构造模式有关。恐龙就属于双弓纲，这一支动物进化成了今天的鳄鱼以及鸟类。这一类动物实际上也有名字，它们被科学家称作“初龙”。

在 6 600 万年前，恐龙以及那时大多数其他的双弓纲动物都灭绝了。白垩纪到古近纪的“K–Pg 大灭绝”，抹杀了那时地球上生活的超过 70% 的动物，尤其是大型动物，首当其冲的就是恐龙。

但是对存活下来的原始鸟类来说，这一事件为其进化扫清了道路，同样也为“K–Pg 大灭绝”中存活下来的小型动物的进化开辟了道路，这一事件导致了在大约 6 500 万年前的进化大爆发——尤其是鸟类的进化。在短时期内，鸟类中出现了大量具有丰富多样性的新物种。在我们的知识范畴内，这是有史以来动物界已知规模最大、速度最快的“进化潮”。由此产生的鸟类统称为“新鸟类”。

答案的简单版本是：鸟类并非恐龙，正如人类也不是黑猩猩。原始鸟类与恐龙比邻而居，

比较解剖学：灭绝的始祖鸟（Ⅰ）、麝雉（Ⅱ）、某种鸽子（Ⅲ）的左翼对比图。摘自颇具影响力的进化著作《鸟类起源》，作者是艺术家和业余古生物学家格哈德·海尔曼（Gerhard Heilmann）

可是鸟类存活下来了，恐龙却灭绝了。霸王龙和原始鸟类是近亲，这真是太酷了。这意味着现在的一些鸟类是与恐龙最接近的动物了，因此你可能上当受骗，以为行动笨拙、恶臭逼人、爪子粗糙的麝雉其实是恐龙后代最有力的候选者。

麝雉告诉我们：

鸟类可供选择的遗传材料非常丰富，这也为鸟类的多样性做出了解释。它们甚至会出现返祖现象，这些特征会不会再次有用武之地呢？

本节术语：初龙

2014 年一项有关鸟类“进化潮”的研究取得了突破性成果，但是依旧无法厘清鸟类进化中的一些早期的变化，而且始终无法对麝雉进行归类。现在网上流传的每 40 篇论文中就有一篇将麝雉单独归类，不得不说，麝雉的处境十分尴尬。

但是更进一步的基因组分析表明，在最初的鸟类“进化潮”的几千年后，麝雉从其余的新鸟类中分化出来，它与鹤、鸻以及其他的长腿鸟类有着共同的祖先，它们大多数时间都在水边活动，只是其他这些鸟类更优雅一些。

非洲疟蚊

（*Anopheles gambiae*）

疑团重重

不管什么时候，当你听到有人回答科学领域“为什么”的问题时，都不要盲目相信。如果对方回答“怎么办”会更好一点。“怎么办”问的是事实问题，“为什么”这一问题容易将你引向歧途。但是这就是提到蚊子这类动物时，不管它仅仅是叮一个包还是能置人于死地，我们大多数人感兴趣的点是：蚊子为什么会进化呢？为什么会有蚊子呢？

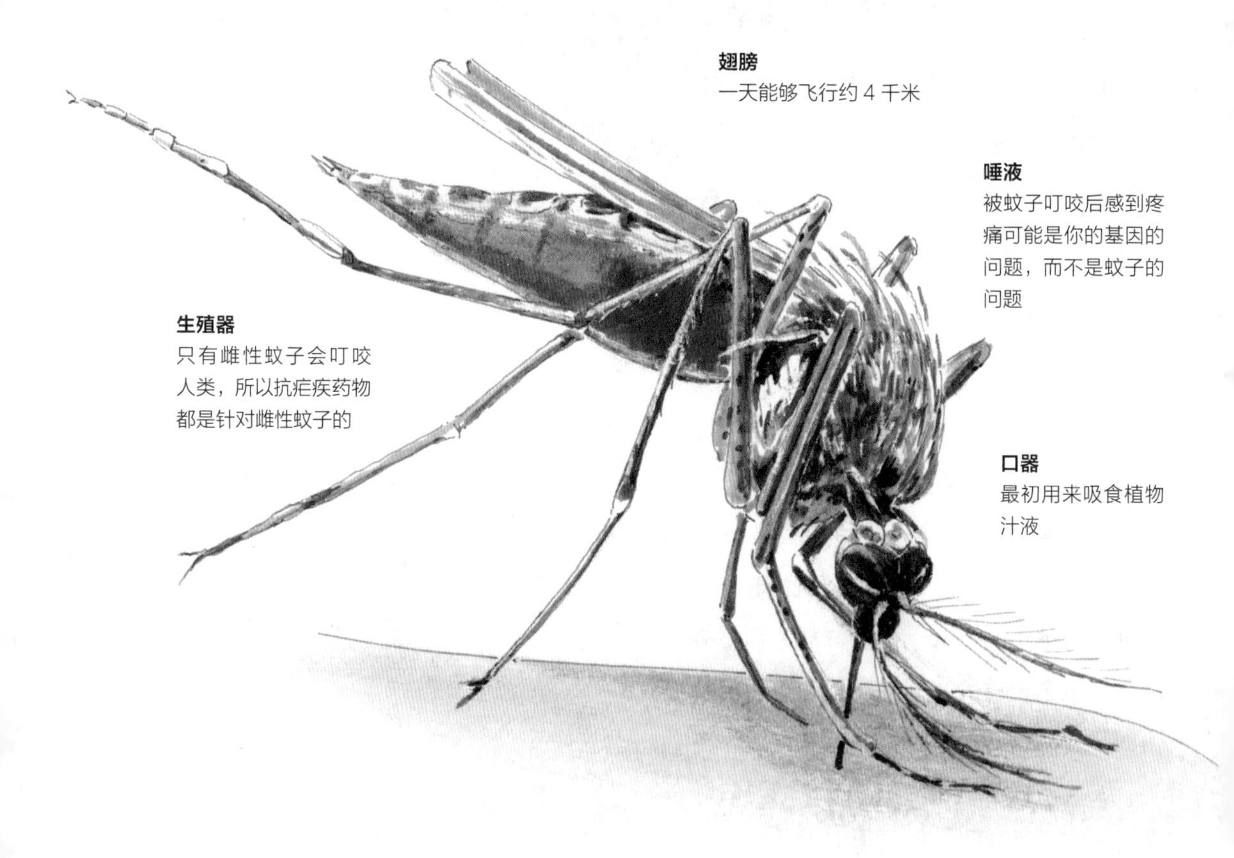

体形
4.4 毫米

60%～68%

仅仅对蚊子的基因进行了部分测序，在此基础上进行了比较，尤其针对两个与疟疾相关的基因区域。如果蚊子刚在人类身上吸饱血的话，分析差异会变得比较困难。不过，这一百分比确实会上升，这是个玩笑话，有时候也不会上升。蚊子以及它们携带的微生物，是同人类一同进化的。

蚊子在生命长河的位置

今天的地球上生存着大约 3 500 种蚊子。基因组研究最关注的就是那些最能传播疟疾的蚊子。因为对基因组专家来说，它们的构成和来源是“生死攸关”的问题。

这种蚊子属于“疟蚊属”，曾经出现在化石记录中，不管是灭绝的还是现存的，许多蚊子都被封存在了琥珀中。（直到 2017 年才发现第一只体内有血的蚊子，而科学家也是从这时起才开始郑重其事地构想电影《侏罗纪公园》中的场景。）最早的蚊子化石是一只被困在琥珀中的白垩纪蚊子，大约可以追溯至 1.45 亿年前。所以在很长的一段时期内，科学家认为疟蚊是一个独立的属。但是在 2017 年，一群来自美国和英国的研究者参照了蚊子的基因组，发现疟蚊大概在 2.26 亿年前就从它们的近亲中分离出来了。

2015 年的一项研究表明疟蚊大约在 2.5 亿年前从果蝇中分离出来。

疟蚊属似乎直到 6 400 万年前都继续着它们戏剧性的遗传分化，从那时起，大多数现存的蚊子物种都已经存在了。但是它们体内的特征，尤其是它们与疟疾独特的共生关系所显示出的遗传标记出现在近期。唯一的好消息是人类的干涉也可以影响它们进化。

疟疾

根据一项 2018 年进行的疟疾寄生虫的基因组研究来看，在大约 1 000 万年前，这些寄生虫进化出了一种直到今天它们依旧携带的专门基因。也大约在那个时候，它们的基因组适应了结合特定类型宿主特有的氨基酸：宿主包括鸟类和哺乳动物，其中也包括现代人类。

蚊子的进化秘密

外骨骼

无脊椎动物有着外骨骼，基本上是由几丁质构成的。几丁质这种物质有点类似于昆虫版本的角蛋白——构成人类头发和指甲的物质。

性别差异

只有雌性蚊子咬人，它们不饱餐一顿就无法产卵。所以研究者想到，想对付疟蚊，最明确的一条路就是专攻雌性蚊子。2016 年，意大利抗疟疾研究者利用这一知识创造出了一代只产雌性蚊子的蚊子，但是通过使用基因编辑系统（CRISPR）让这些雌性蚊子不孕。2018年，研究人员兴致勃勃地研究出了一项全新的基因编辑技术，能够在一开始就培育出抗疟的蚊子。

基因编辑系统（CRISPR）是无数的遗传学家团队在过去的十年间发展起来的一项开拓性技术。简而言之，这项技术利用微型生物技术“诱骗”RNA分子，使科学家能够使用人工操作切割DNA。通过这些人工手段，科学家能够置换出DNA片段，控制有机体的各种特性。

翅膀

疟蚊属以及同类的蚊子身上很令人感兴趣的一点是：它们小得可怜的翅膀能支持它们飞行多远的距离？答案是：一日飞行距离约4千米。在野外，雌性蚊子大约可以存活两周。疟原虫在整个生命周期都具有感染性，无论它们选择叮咬哪个宿主，都随时准备着开始新的生命周期。蚊子飞得越远，越容易有潜在的受害者在无意中被感染。

口器

所有蚊子都依靠花蜜和果汁生存。这一饮食习惯可能一定程度上解释了为什么蚊子要比不那么喜甜的昆虫更容易被困在琥珀中：树液也是甜的，只不过不像花蜜那么“宽宏大量”。疟蚊的唾液中混合着多种蛋白质，有助于它们消化植物中的糖分。在某一环节，某些相同或是相似的蛋白质混合物会帮助蚊子消化动物的血液，因为动物的血液中也含有糖分。但是记住这一点：在数以千计的蚊子种类中，只有几百种会吸人血。蚊子使用口器的方式和其他的昆虫“兄弟们”是一样的，只是它们有时啜饮动物血液而不是植物汁液。这些蚊子，包括疟蚊在内，大多数也吸其他动物的血，最理想的是恒温动物的血，比如说其他的哺乳动物（老鼠、奶牛、马、狗）以及各种鸟类（包括鸡，甚至谷鹑）。它们在有需要的时候甚至会叮咬爬行动物以及两栖动物，即使这意味着它们必须躲开这些动物黏糊糊的舌头。

额外感官

蚊子的叮咬目标主要还是人类。它们依靠视觉追踪猎物，但是依靠嗅觉辨识湿度、温度以及化学成分，从而挑选出它们最爱的叮咬对象。它们能够嗅出二氧化碳，任何哺乳动物呼出的都可以，同时它们还可以嗅出乳酸和辛醇，这两种化学成分存在于哺乳动物的汗液中。近期的两项研究表明蚊子更喜欢叮咬那些爱喝啤酒的人而不是其他的饮料爱好者，以及怀孕的女性被蚊子叮咬的概率要比未怀孕的女性高一倍。要是你曾经好奇为什么蚊子爱咬你，这可能就是原因。

唾液

蚊子的唾液中含有的蛋白质在某些人类身上会引发过敏反应，在其他人身上却不会。要是你被蚊子叮咬后的包比你朋友的都大些，可能就是你的基因问题了。

有几种特殊的唾液蛋白质与疟疾在人群中的感染有关。在过去的 10 年间，世界各地的研究者分离了蚊子的唾液中存在的一种会在特殊人群中引发特殊反应的蛋白质。它结合了人类和蚊子的基因后，使相关人群更容易感染疟疾。当然，如果你被携带着疟疾的蚊子咬到了也会更容易感染疟疾。

客观来说，与唾液腺以及蛋白质相联系的遗传标记也是一种进化的标记，有助于研究者了解哪种唾液与疟疾有关，这一点有助于辨别哪一种蚊子或者哪一种基因更有可能携带疟疾病原。

让我们回到“为什么”的问题，记住“起作用的只有化学成分”是很重要的。蚊子并不是专门为了叮咬哺乳动物而进化出蛋白质的。蚊子也不会从传染给人类疟疾中获得什么好处。很久之前，蚊子和植物协同进化，并且能够消化糖分。后来，蚊子和脊椎动物协同进化，所以它们吸血，对与吸血有关的蛋白质做出反应或者不做出反应。

传播疟疾的寄生虫与蚊子以及脊椎动物协同进化，它们体内的化学物质（例如蛋白质和酶）与我们人类的、蚊子的化学物质相互配合，直至各方都进化成今天的样子。

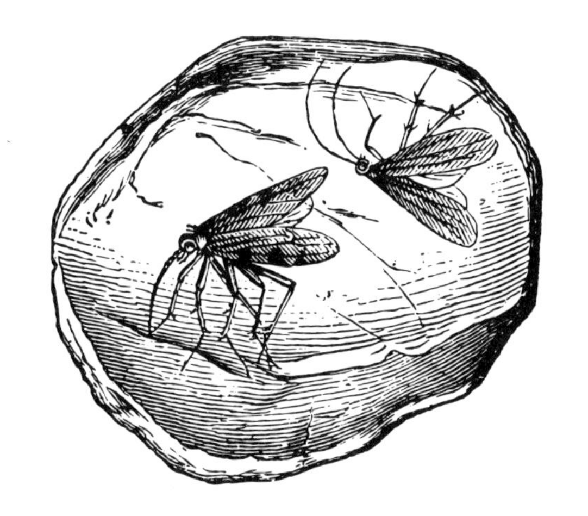

达尔文眼中的蚊子

1832 年，达尔文从巴西里约热内卢给他亲爱的卡罗琳写信时，距离科学界真正将蚊子和疟疾联系起来还有数十年。他仅是简单叙述了小猎犬号航行中他的两位同伴的去世，他将他们的症状描述为“发烧”，他写道：“疾病的力量是多么神秘，又是多么可怕啊。”

蚊子告诉我们：

进化没有止境。物理性特征可能会改变功能。有时候动物们会一同进化，有时候对彼此是有益的，有时候是有害的，但最终无害又无益。

本节术语：基因编辑系统（CRISPR）

家犬

（*Canis lupus familiaris*）

怪哉！与人为伍的“狼”

现代犬类所表现出的解剖学变异或许是人类想象力的极限了，这一点要归功于人类。但是无论是杂种狗还是纯种狗，它们的起点（或许）都是相同的。最终，犬类的进化之路分为两个阶段：人类出现之前和人类出现之后。在人类出现之前，犬科动物基本上就是狼；人类出现之后，犬变得不那么吓人，变得更加友好，而且其他一切变化都取决于人类。

家犬在生命长河的位置

（百万年）

10 — 0

新生代

在最近的200万年间，狼从与郊狼的共同祖先中分离出来，又过了一段时间，从与豺狼以及野狗的共同祖先中分离出来。

家犬

在大约1 000万年前，狼与狐狸分开，有趣的是，现代犬类依旧可以与狐狸繁殖后代，而且狐狸能够被驯化饲养。

大约100万年前，今天所称的狼出现了。史前狼在生命的长河中来了又去，到了现代，灰狼遍布北美洲、欧洲以及非洲北部。

狼进化成犬类在进化史上并没有什么特别之处。人类和狼都进化成为高居食物链顶端的生物，过着群居生活，一同捕杀猎物。对这两种动物来说，群体的兴衰关系着每一个个体，群体是个体生存的目的和源泉。在某一个时间节点上，某些人类或者是狼“越界”了，想帮助对方“脱离困境”。我们所了解到的狼群生态中，狼可能会出去流浪。幼狼长大后，它们通常离开狼群，寻找伴侣建立自己的狼群。这就是我们通常所说的“孤狼”，但是成为“孤狼”并不是它们的本意。它们只是成长到狼群再也容不下它们的存在，就必须过渡到下一

头脑
天生不知变通

毛色
这一点使得犬类不同于狼（尤其是斑点狗）

耳朵
比人类的听力好 4 倍

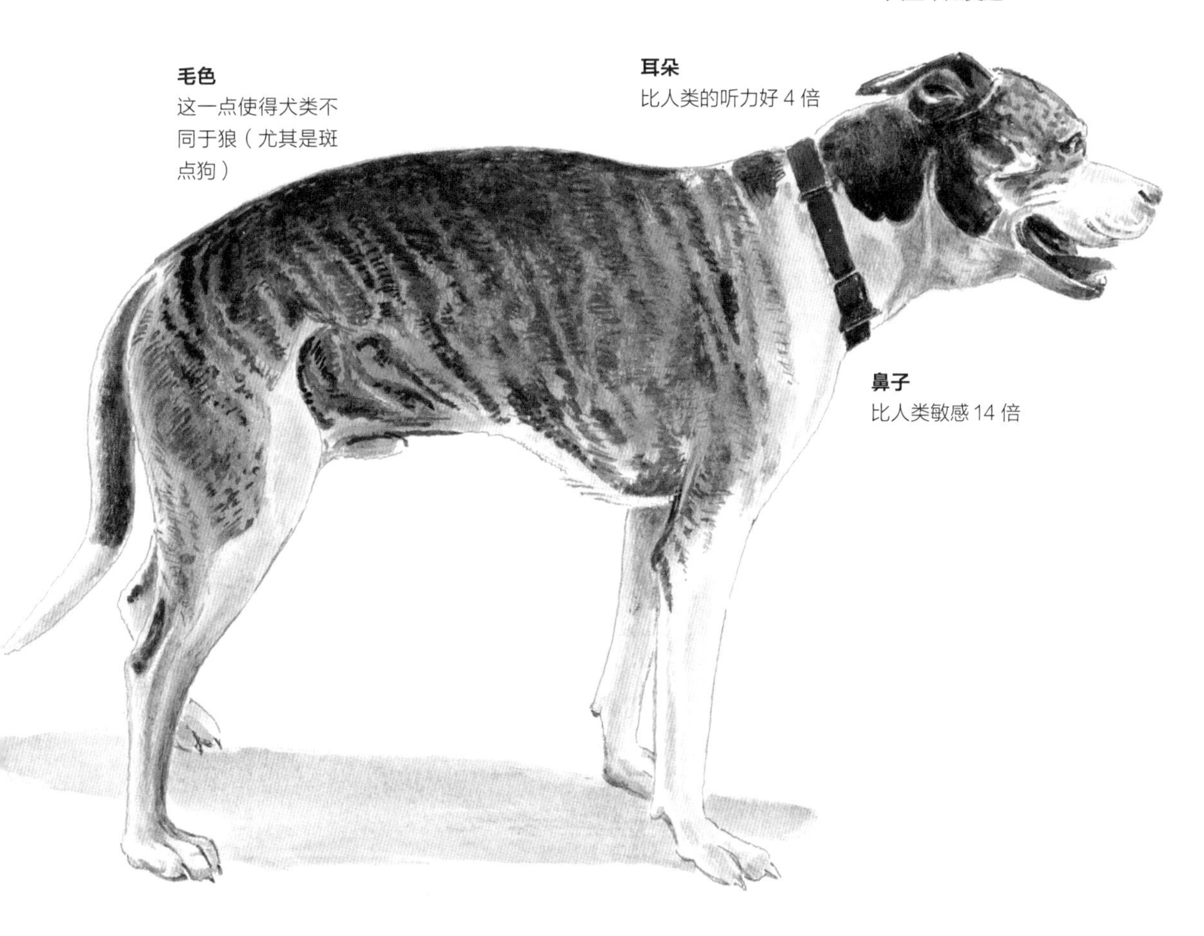

鼻子
比人类敏感 14 倍

85%

虽然从进化的角度来看，我们与老鼠的亲缘关系比与猫或其他动物都要近，但这个百分比高于老鼠而低于猫。这是怎么回事呢？要知道，重叠的基因既可以源自共同的祖先，也可能基于共同的环境而出现。人类和狗在各自进化为现代形态的整个过程中一直生活在相同的环境里。不是说没有人类就绝对不会有狗，或者没有狗就绝对不会有人类，但如果没有彼此，就很难想象我们今天会是什么样。

体形
从小至 20 厘米的吉娃娃到 86 厘米的大丹犬

个生命阶段。如果说这样一只“孤狼”在找到新的狼群之前偶遇了人类，更简单的做法就是徘徊在人类的领地边缘，希望偷得“残羹冷炙”——尤其是在条件恶劣的冰河世纪。如果说，在徘徊的过程中，狼敏锐的听觉和嗅觉能够帮助人类意识到潜在的危险，那么真正的故事就开始了。

最终，这种跨越种族的合作变成了彼此都不可或缺的某种共生关系。对犬类驯化的确切时间以及遗传学根据，科学界一直存在争论，但是2016年的一项有关研究确定的时间得到了大多数人的认可：4万年前，这种“给予和获取”的关系形成。那个时候犬类和人类为伍，人工配种要比自然交配更加常见，就这样家犬的驯化开始了。

随着人类进化，犬类也在进化。或者在某种程度上，二者是共同进化的。2016年的一项研究发现了一具家犬遗体，死亡时间大约在1.43万年前，似乎是主人的殉葬品。

1.2万年前，古老的美索不达米亚人定居下来，种植大麦等可食用的植物，大型的獒犬也随他们定居下来。这些犬类护卫着人类和他们的粮食，抵御着各种危险。否则，像鹿这类食草动物会在人类搞清楚如何改造大麦、小麦，使之变成粮食作物之前就把这些植物吃光了。幸运的是，食草动物是犬科动物最喜爱的猎物。

在接下来的几千年里，人类掌握了培育谷物的方法，早期的犬也成了人类的好帮手，帮助人类守卫家园和粮食。它们耐寒的特性也没有消失，9 000年前，生活在寒冷区域的阿拉斯加人和西伯利亚人给雪橇犬戴上了挽具，它们变成了运输工具，紧要关头还能御敌。

5 000年前，先民们学会了种植谷物。人类文明的崛起是不是一定程度上要归功于我们和犬类的关系呢？或许是的。大约在这个时候，人类开始积极地繁育带有一定特征的犬类，开启了持续到今天的人工选择。埃及先民们种植大麦和小麦，养殖今天的法老王猎犬的祖先；在亚洲，人们种植大米，养殖田园犬；在中美洲，玛雅人种植玉米，养殖墨西哥无毛犬的祖先。到了3 000年前，这些犬类在外形上与今天基本无异了：比如地中海的马耳他犬、中国的田园犬、藏獒等。它们的驯化程度很高，能够保卫家园，打猎时能追捕猎物，藏獒甚至可以杀死狼。

冰原狼是真实存在的：大约1.17万年前，在最后一个冰川期的末期，冰原狼处于鼎盛时期。这里说的是真正的冰原狼，不是什么奇幻小说中的生物。它的体形大约是现代斗牛獒的五倍，体重约比体形最大的现代狼重四倍。尚未有研究表明现代犬类体内有冰原狼的基因。虽然说现代犬类的血系也许与冰原狼存在的时间有重合，但是在生存空间上并不重合。迄今为止，冰原狼的一切痕迹都在1万年前消失了。

所有的驯化犬类，不管是什么品种，都被认为是同一物种。这些不同品种的犬类之间的差异证明了基因组的神秘和力量，其中的特定区域决定着肉眼可见的一切动物特征，这些外在特征的变化仅仅是改变了大多数看不见的遗传信息其中的一环而已。

带着难以置信的特定目的性，人类花费了千年进行这一选择过程，即便是这样，从遗传的视角来说，我们始终不能真正确定我们到底改变了什么。2017 年，我们离答案更近了一步。在花费了 20 年收集和比较来自 161 个品种的 1 346 只犬类的基因组之后，一群美国基因组科学家发表了“犬科树”，描绘了将近一半的犬类品种可能出现的时间以及地点。

2018 年的一项研究中，研究者们比较了 5 000 年前的犬类遗骸、现代狼以及来自世界各地的田园犬（田园犬是杂种狗，和人类生活在一起）的 DNA。这项研究通过算法程序比较了这三种 DNA，展示了这三者之间的差异，并进一步强调了在驯化（依赖人类获取食物）的过程中发生的遗传变化。这一驯化阶段出现在 300 年前。

犬的进化秘密

脑部

犬类被驯化后最大的变化就是它们的性情了。性情温和、能够帮助人类的犬类加入了人类的生活圈子，从而获取食物，在人类身边繁衍后代。犬类非常熟悉人类的习惯、表达、声音以及气味，它们甚至能够先于我们感觉到一些细节——比如我们的情绪、健康以及意图。然而我们很难找出犬类这些友好表现在遗传上的起源，人们可以从遗传中寻找模式，看看还有哪些其他的特征与友好表现有关。

事实上，查尔斯·达尔文是第一个记录与动物的友好表现有关的特征模式的人。在《物种起源》第一次出版后的第九年，他始终没有破解动物继承以及传递遗传特征的密码。这十年间，他尤其认真地研究着家养动物，他注意到这些动物身上有一些共通之处。与它们生存在野外的“亲戚们”不同，驯化了的犬类牙齿和下颚较小，耳朵更下垂，尾巴更蜷曲，有时候毛色中还会出现白点。更奇怪的是，他发现同样的特征也会出现在其他的家养哺乳动物——牛、羊、猪、鼠、兔子、水貂、猴子以及骆驼身上，甚至还会出现在一些家养的鸟类和鱼类身上。我们现在知道这种现象会出现在大多数哺乳动物身上，甚至包括猿类和人类。

达尔文将这种现象称为“驯化综合征”。我们现在知道这种综合征也包括一些内部变化：脑部的缩小，尤其是控制执行功能和恐惧反应的区域会缩小；几组神经递质的变化，与肾上

谁害怕大恶狼？

人类并不是狼的猎物之一。人类和狼都是捕食者，正如捕食者朝着越来越擅长捕猎的方向进化，猎物会朝着不被捕食的方向进化（或者说作为一个种群生存下来，即使其中的个体会被捕食）。捕食者要找到适应的生态位以及与其他捕食者共存的生存之道。例如，狼是食肉动物，如果条件允许的话，它们尤其喜欢捕食有蹄类生物。捕食野牛的亚种进化得更强壮，捕食羚羊的亚种进化得速度更快、更敏捷。在原始狼、熊、人共同生活的栖息地，如果有需要的话，灵长类动物和熊很可能会另寻食物。所以想想童话故事《小红帽》中大灰狼吃掉了外婆，诸如此类的仅仅是“反狼”的宣传。今天，我们看到了一些“动物吃人”的报道，这主要发生在栖息地发生剧烈变化的情况下，这种变化同时使得食物链顶端的捕食者处于绝望的境地，比如狼、生活在印度和非洲的野猫，以及生活在阿拉斯加的北极熊。这些动物在别无选择的情况下也会同类相食。

怀疑一切：这张1910年的插画描绘了一只灰狼在龇牙咧嘴地试图守护战利品，更确切地说，它在捍卫自己的猎物。不那么确切地说：它杀死了一只鸟。不过狼通常成群捕食，它们的猎物多为大型有蹄动物

腺素相关的激素水平的变化；经期变短、变得不规律；青春期变长。

达尔文一直没有弄清楚这些变化发生的原因，因为真正原因在于基因。我们现在才了解到基因的存在，DNA 组块能够在动物体内彼此连接，影响着看似丝毫不相关的外部特征。达尔文之后的许多研究者继续钻研这一课题，发现了更多的模式。这些特征与“温顺”和“无畏”的关联性最强。如果说饲养员专门为了培育出“耷拉着耳朵和尾巴”的狐狸而饲养它们，几代过后，狐狸仍然会带着大量野生狐狸的特征。同时，如果专门培养“友好”的狐狸，仅仅几代过后，这个狐狸家族就会出现“驯化综合征”的所有特征，这意味着驯化不等于圈养。事实上，即使被放归野外后过了 40 代，这些带有“驯化综合征”的动物的脑容量依旧要小一些。一些关键的基因是“驯化综合征”的关键所在，这些基因一旦被继承，就会被下一个后代继承，很难轻易地抹杀它们的作用。

这一课题的里程碑出现在 2014 年，一群国际研究人员描述了一种通常所称的“神经嵴假说”。这一假说表明“驯化综合征”都与胚胎干细胞——在动物出生之前“漂浮”在动物体内的细胞有关，在胚胎阶段，它们在母亲的卵中进一步发育，这个时候，对胚胎将会发育成什么样子，干细胞并不起什么决定性作用。干细胞中储存着它们即将继承的所有 DNA，只是 DNA 还没有起作用，DNA 在胚胎发育期才开始起作用。

在某个发育阶段，一波干细胞会附着在胚胎的头部，然后开始各司其职。这些干细胞合称为“神经嵴细胞”。它们中的大多数能够开启大脑功能，例如使脑部和肾上腺系统发育，但是它们中有一些具有促使其他部位发育的职责，例如促使耳朵和尾巴中软骨的生成，或者是牙齿的生长。

最终，进化生物史上最古老的难题之一似乎由碎片渐渐地被拼凑到了一起，但是仍留下了许多疑问。干细胞的运动发生在动物继承完所有该继承的 DNA 之后，那么究竟是怎样发生变异的呢？又是怎样被继承的呢？（这是胚胎遗传学的疑团之一，这些问题在当代极富争议，代表着进化学和遗传科学接下来研究的前沿方向。）但是至少我们距离弄清“狡猾的狼与人类‘协同进化’，最终成了可爱而单纯的狗”这个复杂的故事更近了一步。

毛色

这一特征受到神经嵴的影响，家犬的毛色中会出现白色斑点，而它们的祖先狼的毛色一般是纯色。

但是早在我们理解这一点之前，人类就开始饲养狗，依据需要改变它们的毛色和纹理了。例如京巴犬，最初的诞生就是为了协助人类捕猎鸭子，它们的毛发坚硬、防水、不会随着季节褪色。而最初为了在中东和北非的沙漠中捕猎兔子而培育出来的灵缇犬的几个品种，它们肚子上的毛发都很短，几乎就是秃的。

下颚和牙齿

神经嵴的发育影响的另一个特征是：家犬的下颚变短，咬合力变小，牙齿也变小了。

鼻子

犬类保留了狼的敏锐嗅觉，这一特征使得犬类对人来说十分有用。犬类的嗅觉比人类敏锐 14 倍，所以可以帮助我们发现猎物，没有它们，我们可能会错过这些猎物。它们甚至可以更快地发现潜在的风险，以此护卫我们的安全。

这些都要归功于犬类高度发达的鼻黏膜，鼻黏膜位于它们鼻子后部，鼻腔上部。这层膜上分布着超过 3 亿个嗅觉感受器，纵向排列着数以百计的褶皱，使鼻黏膜上有限的空间表面积能够最大化。某些犬类鼻腔内的鼻黏膜展开的表面积可以达到 120 平方米。人类鼻

怀疑一切：出自达尔文的《人与动物的情感表达》，插图艺术性地赋予了这只狗富有表现力的眉毛

黏膜的表面积大约是 20 平方米。

现代犬类几乎可以识别以及追踪所有东西：爆炸残留物、毒品、尸体，甚至是深埋地下超过 6 米的地雷上的特殊金属。“寻血猎犬”得名于它们敏锐的嗅觉，它们可以通过血液气味分辨不同的人，并且能够追踪四天前曾经出现在现场的人。据说这一品种最早是由一位比利时僧侣培育的。饲养人员甚至设法让寻血猎犬的耳朵（对视觉和嗅觉具有辅助作用，像一个漏斗一样，将气味从地上传到犬的鼻子里）辅助它们的工作。

为什么我的狗会染上难闻的气味？这可能是由于狗狗会在腐烂的尸体附近打滚，狼也会这么做。背后的原因不得而知。一个假说认为，它们携带着气味回到种群中，其他的个体就会做出分析，但是“气味分享假说”并没有证据支持。可能对更加依靠嗅觉感知世界，而不是依靠视觉感知世界的动物来说，刺鼻的腐臭味是一场感官的盛宴，就像是我们无法抵抗丝绸的诱惑力一样。

耳朵

敏锐的听觉使狼成为成功的捕食者，而犬类能够帮助人类护卫家园、协助打猎也有赖于其敏锐的听觉。固有观念认为，狼能够听见远达 9.5 千米甚至是 16 千米的声音，但是这可能也与声音的种类有关。我们知道它们可能能听见这个距离范围内同类的嚎叫声；我们也知道家犬的听力要比我们好得多，尤其是对频率超过 250 赫兹（直到 26 000 赫兹）的声音。

耳朵也受到神经嵴细胞运动的影响，犬类的耳朵较之于狼更下垂。除此之外，竖耳还是折叠耳、三角耳还是圆耳，这些细节是人类选择的直接结果，或者最终与人类做出的其他选择有着遗传上的联系。

足部

史前犬科动物脚趾间进化出了强壮的“连接组织”，帮助狼奔跑和行走在复杂的地形上。其功能甚至类似某种雪靴，可以均匀分布重量，从而使它们能够更加敏捷。狼的猎物多为有蹄类动物，它们会陷在雪地里，狼却可以在雪地上“健步如飞”。人类饲养的某些水猎犬比如拉布拉多猎犬和葡萄牙水犬的这一特征被放大，它们趾间额外的“连接组织”使它们可以长时间游泳而不疲惫。

福克兰群岛狼，作者是小猎犬号的菲茨罗伊船长

眼睛

狼的视力极佳，这是捕食者的一个重要特征。这一点在犬类身上也得以保留，除此之外，纯种狗的繁育实践使得至少 50 个品种的犬类基因库中保留了至少 11 种不同的遗传性眼病，包括青光眼，遗传性白内障，视杆、视锥、视网膜发育不良，视网膜衰退以及巩膜水肿。2014 年的一项研究发现，这些不同类型的疾病可以由多达 29 种不同的基因突变引起。

然而，一只健康的狗即使在夜间也有很好的视力。狼可以在光线很暗的情况下或是黑暗中捕猎，它们的眼球后部长着名为“绒毡层”的反射层，这一构造在黑暗中可以捕捉微弱的光线，因此猫和狗的眼睛看上去似乎总是闪着幽幽绿光。

不过，说到颜色，狗的色彩分辨能力并不好。虽然它们并非只能看见黑白两色，但是它们的光谱确实比人类的简单：它们可以看见黄色和蓝色，但它们会将红色看成棕色，将绿色看成灰色。记住这一点，如果下次你的小可爱在草地上捡不到消防栓一样红的飞盘，在雪地里捡不到绿色的网球时，你就不必百思不得其解了，它们只不过是某种意义上的红绿色盲。

昼夜节律

除了神经嵴假说之外，狼和家犬身上另外一个有趣的遗传差异存在于与昼夜节律以及作息有关的基因上。狼在一定程度上属于夜间活动的动物，但是家犬大多数与人类的作息时间相同。如果你是个经常熬夜的“夜猫子”，或者说你清晨起床活动了，你会注意到你的狗狗也会在夜间睡觉。

家犬告诉我们：

狗是人类最好的朋友，人类遗传改造最成功的生物，它们生活在人类的家家户户，是经人类一手改造的现实中的“协同进化”活生生的例子。

本节术语：神经嵴假说

达尔文眼中的家犬

达尔文在对家犬的观察中，试图将家养和野生的犬类放在一起讲述。尽管他并不知道“驯化综合征”和“神经嵴假说”背后的作用机制，这造成的影响大概就是狗和狼的区别在于狗的智商有点“问题”。狗睡在地毯或者其他的硬地面上时，通常会滚来滚去，用前爪疯狂地挠地，就好像它们要将杂草刨除，挖出一个坑，毫无疑问它们的祖先是这么做的，那个时候它们生活在长满野草的平原或者树林中。豺狼、沙狐以及其他的同类动物在动物园中也会这样将杂草刨除。但是很奇怪，饲养员观察了狼几个月，却从未发现它们这么做。我的一位朋友观察到，在入睡之前，一只傻乎乎的狗在地毯上翻了 13 次身，这种情况下动物会尤其倾向于无意识的习惯。

狗的某些奇怪的习惯似乎是怪异的进化“短路”，但是这里我们又回归了道德判断和社会规范的标准上。人类其实也进化出了许多难以解释的习惯。

猫

（*Felis silvestris catus*）

过最好的生活

爱狗人士很容易识别出他们的“亲密伙伴”残留着狼的基因，但是猫的问题可以说是既复杂又简单。猫并不是从狮子或者剑齿虎进化而来的，但这并不意味着猫就是没有“野性”的。猫在驯化过程中并没有什么显著的变化，基本上保留了它们本身的特性。

科学界对动物的命名倾向于反映命名者而不是被命名者，但是在猫的命名中，这两者奇迹般地融合了。“Cat”来自中古英语“*catte*”，这个词汇又来自原始日耳曼语“*kattuz*”，继续往前追溯是拉丁文“*catta*”，来自北非本土的卡迪文 *kaddîska* 或者努比亚语 *kadīs*，这个词汇可能来自阿拉伯语“*qitta*”或是“*kitt*”，其中之一来自伊斯兰传统的地区，但是以上没有一个词区分了家猫和野猫。汉字“猫”属于象形文字，发音是“māo”，就好像小猫“喵喵”叫是在告诉你它自己的名字一样。

科学是如何讲述这个故事的呢？2001 年，一位美国动物园学的学生骑摩托车环游世界，并且收集了迄今为止最庞大多样的猫的 DNA 样本。在除了南极洲的各大洲，他捡拾公路上被撞死的家猫、流浪猫，清洗并且剪下它们的皮毛，他的研究并没有导致任何猫的死亡。他带回家分析和处理了所需要的 979 个样本之后，他的“宠物计划”又过了 10 年才真正得以完成。他的发现十分具有说服力：不管是“tom”“ kit”还是“tabby”，都是从被称为野猫（*Felis silvestris*，树丛之猫）的这种小野猫进化而来的，这一物种今天依然存在。

具体地说，所有这些猫都从非洲野猫进化而来，这是一个有着沙色和“鲭鱼”图案的肋骨条纹的亚种。更疯狂的是，它们的线粒体 DNA（mDNA，母体传递）有五种不同的模式。这五种 mDNA 模式也就是五个母体。从基因来看，经过数万年，这五只猫进化成为如今地球上所有的猫。

所以说爱猫人士是在有选择地培育自己的野猫吗？不是的。2017 年法国的一项研究分析了 209 具古猫尸体的线粒体 DNA，发现它们存在着地区差异，正如美国动物园学学生卡洛斯和他的团队对近 1 000 只现代猫所进行的研究，结果表明人类至少采用了两种不同的驯化方法。

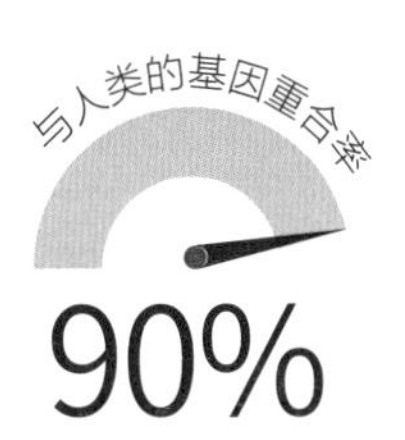

你体内的大多数基因在你的猫身上也会出现，这些基因是同源的，也就是说，这些基因来自人类和猫的最后一代共同的祖先，大约生活在9 200万年前。比起狗，我们与猫的血缘更接近，这会使养狗的人十分沮丧；会令养猫的人感到沮丧的是，如果你的猫不喜欢你的话，这不是一个感觉问题，问题出在你的猫的基因上。

体形

平均身长60厘米，重4.5千克，就是你平时看到的普通家猫的大小

猫在生命长河的位置

1 万 ~1.2 万年前

猫出现在“新月沃土”，这片土地就在现代伊拉克附近，这也是现代文明的源头之一，这表明只有真正的文明社会才会驯养家猫。这是巧合吗？根本不是。猫的驯化和文明的起源都是因为人类开始驯养家畜。为家畜储存谷物意味着会出现啮齿类动物，而猫的喂养就是为了除掉这些害兽。从考古学上说，人类驯化猫的最初证据体现在壁画、雕塑甚至是墓地中。

9 500 年前

在塞浦路斯的岛屿上，尽管本地没有猫科动物种群，但是猫依旧会出现在人类或宠物的墓地中。

5 000 年前

在古埃及的墓穴中发现了猫木乃伊殉葬品。

1 500 年前

猫出现在中东地区，在那里生活的人类千年来对猫的热爱，被不可磨灭地刻入了传统中。先知穆罕默德显然是养猫的，他对猫如此喜爱，以至于他宁愿割断衣袖，也不愿打扰它的好梦。13 世纪，马穆鲁克苏丹国的君主查希尔 · 拜伯尔斯在开罗捐建了一座猫花园，在这里，镇民们可以给当地的猫喂食新鲜的食物，确保它们能够快乐而忠诚地生活。

根据 DNA 分析和传统的头骨比较， **野猫（*Felis silvestris*）与现存的野猫，如豹猫（不要与真正的豹子混淆）、沙猫，以及来自中东及附近地区的丛林猫或沼泽猫，有着直接的血缘关系。**

猫的一个分支是现存的豹猫属野猫，比如东亚生活着一种渔猫，看起来像小豹猫，非常擅长捕鱼；中亚的一种长毛的帕拉斯猫或曼努尔猫，样子滑稽可笑，看起来像一只毛茸茸的波斯猫却有着虎斑猫的脸和“发型”。

猫的另一个分支包括猎豹、美洲狮（又名山狮）和美洲虎（一种生活在中美洲和南美洲的猫科动物，看起来极像水獭，皮毛是深棕色的，身体修长）。

豹亚科的成员（狮子、老虎、美洲虎和美洲豹）是猫最远的亲戚。

猫与剑齿虎的区别最为明显，剑齿虎是一个全称，指的是很久以前从现代猫和锥齿猫中分离出来的一大群已经灭绝的猫科动物。剑齿虎、锥齿猫，以及兼有两者特征的猫科动物，他们最后的共同祖先大约生活在 2 000 万年前。

野猫（*Felis silvestris*），梅耶斯·莱克西肯（Meyers Lexikon）编著的《德国百科全书》中的插图，1897年

在新月沃土，欧亚血统的野猫（*F.silvestris lybica*）可能经历了自我驯化：人类去哪里，它们就会跟着去哪里。起初野猫吃的是人类狩猎后留下的残羹剩饭。狩猎采集者定居下来后，害兽吃人类的庄稼，而野猫吃害兽。欧亚大陆野猫的基因传播路线与人类的迁徙路线完全一致，同样遵循着从底格里斯河到幼发拉底河流域向外延伸的贸易和探索路线。

与此同时，北非野猫与欧亚大陆野猫不光隔着地中海，还隔着时间的洪流。在这种情况下，埃及人可能有更多的“代理权”，他们选择把野猫带到自己的家里，让它们在桌子下休息，将它们奉为“巴斯泰托女神”。

慢慢地，欧亚和埃及的猫的血统融合在一起，欧亚血统的野猫的基因变多了，北非野猫的基因变少了。不过研究人员用“西尔维斯特里（silvestris，树丛）”来给它们命名是有原因的。虽然研究人员仍然在设法搞清楚每一种特征的来源，但是确定的一点是家猫依旧保留着许多野猫的特征。

猫的进化秘密

耳朵

根据基因组对比，家猫和野猫的听觉范围是食肉动物中最广的，它们可以听到超声波，比如啮齿动物咀嚼的声音。

鼻子

对比猫和狗的基因组，似乎随着时间的推移，猫已经把嗅觉换成了其他特征。但是猫的信息素检测能力要比处于同一分支上的其他大多数动物好。无论是在野外还是在家里，猫都极具领地意识，它们动用各种腺体喷洒和摩擦产生一种富含信息素的油质，凡是想据为己有的东西，它们就会在上面留下这种信息素。它们的屁股、爪子、嘴唇和脸颊周围都有腺体。所以如果你的猫亲密地用脸蹭你，那么你就成为它的领地了。

达尔文眼中的猫

“为什么猫比狗更喜欢通过磨蹭来表达亲昵呢？尽管后者更喜欢和主人接触，我说不上来。”

胡须

猫的胡须与敏感的神经束和具有高度反应性的肌肉组织相连，这也使得胡须与周围环境保持更加紧密的联系。它们能感知气流的变化，即使在黑暗中也能测量狭窄的逃生路线。最早期的哺乳动物对生活在巨型爬行动物领地上的其他小型动物来说，新进化出来的胡须可能是它们相对“竞争对手”或潜在捕食者的最大优势之一。不过，为了安全起见，现代猫在放松状态下会让胡须远离面部，但在受到威胁时会把胡须紧紧地贴在脸上，这可能是为了防止它们在战斗中受损。胡须上神经末梢的存在，使它们受到拉扯的感觉更像是有人在扯指甲，而不是扯胡子。

下颌骨

所有的现代猫都是野猫（*Felis silvestris*）的后代。不过在 2016 年，来自多个学科的研究人员合作分析了 3 500 年前的一具中国猫骨化石。这只远古猫的 DNA 严重受损，无法进行分析，但通过检查它的下颚和牙齿，骨科专家确定，远古中国猫与丛林猫的关系比与野猫的关系更为密切。中国古人已经驯养了一些野猫，但随着贸易的发展和中国与外界接触的日益频繁，代代相传的中国猫的 DNA 最终被来自野猫的 DNA 掩盖。

脑部

几种家养动物（狗、牛、鸡）的脑 X 光片显示，它们的大脑发育得不如野生动物好，特别是控制肾上腺反应的大脑下部和中部的线状部分以及控制恐惧反应和记忆的部分（如髓质、海马体）。家猫的 X 光片显示出与其他家养动物类似的脑萎缩现象，不过程度不同。这很可能是因为猫不像其他驯养动物那样彻底地被人类驯化。对埃及猫木乃伊的 X 光分析显示，它们的大脑发育程度与野生猫科动物（*Felis lybica*）相当。

更奇怪的是，这种大脑萎缩似乎总是伴随着一些其他特征，包括毛色上的白点和下垂的耳朵。驯化综合征的根本原因是动物胚胎发育过程中缺乏了某些神经干细胞。基因分析显示，家猫同样缺乏这些细胞，只不过不像其他家养动物缺得那么多。

不过，猫在人类家中的地位仍然依赖于它们在黑暗中发现和猎取小型猎物的特殊能力。根据已知的研究，相较于人类和狗的大脑，猫的神经元更多地用于检测活动和反应活动，这使它们获得了更强的“每秒帧数”处理能力。可能这就是为什么猫对逗猫玩具的反应几乎是强迫性的。它们的大脑像是被格式化了，总是忍不住扑上去。

眼睛

捕食者要想精确捕猎，尤其需要良好的视觉，特别是双目视觉，这意味着两只眼睛在直视前方时，可以在攻击前协同判断距离。猫科动物、犬科动物、灵长类动物和猛禽都有双目视觉。它们的猎物，如啮齿动物、鱼、鹿和鸣禽，都有着单目视觉，单目视觉有利于它们看到身后更远的地方，但是不能让两只眼睛的目光在前方交会。然而，即使是猫科动物的特殊眼睛也有局限性：它们不能正确地聚焦在离脸 30 厘米以内的地方。幸运的是，这个距离内它们就可以用胡须来探测了。

家猫进化出了垂直狭缝状瞳孔，这是测量距离的又一项“最佳”进化，这样它们的视线就可以低至地面，而且可以在夜间视物。例如，夜间活动的蟒蛇有垂直的瞳孔，而白天活动的“高个子”老虎却没有。

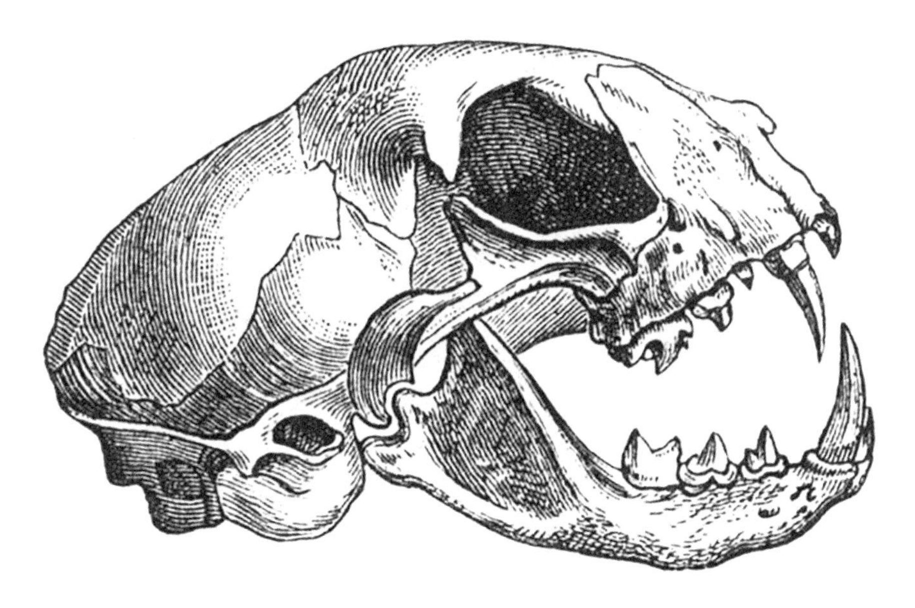

猫的头骨。来自标本收藏家休伯特·路德维格（Hubert Ludwig）的《自然历史学派》，1891年

不过，除此之外，猫眼和人眼有很多共同点。控制人类和猫的眼睛发育的基因是同源的，这意味着这种基因在两种动物中都存在，因为它们起源于共同的祖先。猫基因组计划最初启动的一个主要原因是，它的研究对象是一只名为“肉桂（Cinnamon）”的纯种阿比西尼亚猫，长期以来这种猫患有遗传性视力丧失，称为视网膜色素变性（RP），这种疾病也困扰着人类。如果能够分离出相应的遗传控制区域，有助于视网膜色素变性的研究者找到治愈的办法。

肾脏

猫所患的许多疾病是人类疾病的猫科版本，特别是上了年纪就会患的疾病，包括2型糖尿病、哮喘、猫艾滋病、两种病毒引起的癌症和肾病。甚至在“肉桂”的基因组计划完成之前，美国密苏里州爱猫的遗传学家就分离出了一个基因，该基因在猫的肾衰竭中起了重要作用，而这种基因最终被证明与人类基因同源。利用猫进行实验所研究出的疗法和药物已经开始在人类身上发挥作用。

毛色

2007年，一组瑞典研究人员首次成功进行了“肉桂”的基因组测序。在早期的测序尝试中有错误，不过这只是一个开始。2014年，来自不同机构和国家的研究人员重新对“肉桂”

皇家小猎犬号菲茨罗伊船长所绘的南美洲潘帕斯猫，后来进化成了野生猫科动物（*Felis pajeros*）和今天的潘帕斯猫（*Leopardus pajeros*）

的基因组进行了测序，同时进行测序的还有一只名叫“鲍里斯”的俄罗斯燕尾服猫和一只名叫“西尔维斯特里”的欧洲野猫的基因组。这次的研究结论无论是在细节上，还是在三种具有不同特征和不同原产国的动物之间的比较上，都更加完整。这些动物的共同点加强了猫基因研究结论的普遍性。但在另一方面，他们毛色的起源并不那么简单。

野生猫科动物（*Felis lybica*）和它的后代都是同一种颜色，我们通过将野猫的基因组与全世界的猫画像进行比较就知道了这一点。在现代猫科动物中，毛发（同样还有皮肤）的变异并不是由一个基因决定的，而是多种基因共同决定的，就像人类和尼安德特人一样。有些性状可以在任何品种中出现，例如印花毛色来自 X 染色体上的隐性基因，所以几乎总是出现在雌猫身上。纯黑猫和纯白猫是色素沉着过度或色素沉着不足的结果，在这些情况下，变异会覆盖所有其他的色素标记。但是，特定品种的颜色模式，如“手套”“燕尾服”或“银大衣”，产生于随机变异，并且与其他变异相关，这些变异是饲养员长期人工培育出来的。有些毛色特征与其他特征，如脸形或脾气有关，而另一些则与之无关。当猫与同类差异足够大时，就会得到一个新的名字。在影响进化的过程中，或者达尔文所说的“人工选择”过程中，农民和饲养者早就知道这些科学才刚刚开始阐明的奥秘了。

性器官

虽然我们和猫共同生活了至少 1 万年，但是人类积极地干预猫的性生活仅仅是这 100 年来的事情，这点使猫与其他家畜形成了鲜明的对比。这是一件很让人为难的事情，雌性猫可以同时和几只雄性猫交配，所以“基因选择”对任何一只猫来说都是复杂的（遗传学非常强烈地暗示了这一点，所有的猫都想有选择权）。

感官

在野猫过渡到“五个祖先”（指前文提到的所有的猫都是由最初的五只猫进化而来的）之间的某个阶段，它们丧失了能够品尝甘甜的味觉。这一变化可能是由多种原因造成的，也可能是多种原因的结合——基因突变，使它们更容易受到某些疾病的影响。现代猫失去了消化或代谢谷物、水果和蔬菜等甜食的能力和这一点也是相关的。猫科动物最早的祖先大多吃肉，但通过进化，猫科动物成了专性食肉动物，即必须吃肉的动物。

爪子

在剑齿类（sabertooth）动物与锥齿类（cone tooth）动物分离之前，猫就有爪子了，但最新的研究表明，可伸缩的爪实际上经过了两次进化：一次是在猫属血系中，另一次是在豹属血系中，这种科学巧合十分罕见。爪的伸缩性既可以使猫行走时脚步很轻，因此可以隐蔽

亲近人类的猫，由画家托马斯·沃特曼·伍德（Thomas Waterman Wood）绘制，出自达尔文的著作《人与动物的感情表达》，1872年

达尔文眼中的猫

1872 年，在达尔文 60 多岁时，他在英国过着一种不那么具有异国情调的生活，他似乎花费了大量时间观察小猫们在妈妈肚子边吃奶，因为他经常在文章中提到它们。那是在《人类起源》出版一年之后，他出版了他的第三部作品《人与动物的情感表达》。这本来是《人类起源》的一部分，但在最后一刻撤了下来，因为他担心公众已经准备好要把他的新作品撕成碎片，担心关于“情感”的内容可能会被解读为不科学的观点。对上述两点，达尔文的判断都是明智的。后一部作品中的部分观点是正确的，部分观点是错误的，其中“猫的特殊表达”一章是有问题的。在这篇文章中，达尔文搞错了猫用脸颊和侧腹摩擦主人，以及摩擦椅子、桌腿或门柱的原因。他注意到猫用舌头清洁自己，他想：比起犬类拥有的更长更灵活的舌头，猫的舌头似乎不太适合这项工作。他似乎并没有在显微镜下观察过猫的舌头，否则他就会注意到它们舌头上小小的、专门用于清洁皮毛的“钩子”。

地跟踪猎物，又可以在攻击时保持爪的锋利，也就是说，这种自然适应对这两种血系的猫科动物的生活方式都是有利的。这两种猫科动物的身体结构都是根据进化的需要进行调整的，就像它们最后都变成了超级食肉动物一样，其中一种不能吃任何非肉类食物。

猫科动物的爪子还在进化。猎豹进化出了仅能半收缩的爪子，这不但给了它们捕捉羚羊所需的牵引力，还使其成为地球上跑得最快的动物。

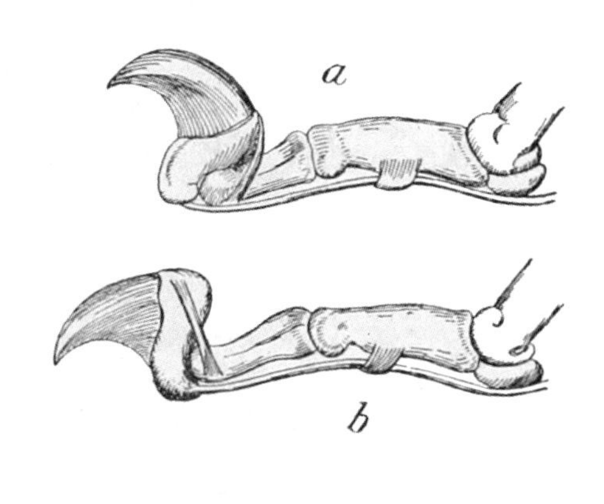

猫告诉我们：

从基因组的角度上说，这就是动物与人类协同进化却又并非完全依赖人类的一个实例。

本节术语：线粒体 DNA

新陈代谢

作为和人类共同生活的纯粹肉食主义者，家猫也已进化出了脂肪的代谢系统，但没有发展出人类患的冠心病或动脉硬化。野猫并不具有相同的适应能力，它们只吃自己捕捉到的猎物。家猫的这种适应可以保护它们的心脏，但不能防止它们的体重增加。家猫的肠道进化得较长，这意味着肠道的容纳空间较大，能够吸收较多的营养。如果在肠道内有更多的空间，而且有暴饮暴食的习惯，那么你的猫就会发福。猫的体重指数（BMI）体现了这一点，家猫的 BMI 指数可以达到 75，比普通的野猫高出 65 个百分点，而且这个数值还在变化中。

第二部分
神秘之歌

进化论的一些基本原则是好的，但这与我们有什么关系呢？虽然人类既没有长颈，也没有变色的翅膀，但我们依旧面临着多种多样的选择。人类和动物有相似的蛋白质产生机制和以意想不到的方式进行信息传递的转座子交换基因。事实证明，人类也有协同进化现象，人类也会与其他动物进行杂交。人类身体的进化主要体现在行为的进化上，这使人类变得与其他动物不同，但差别有限。

从概念上来讲，我们从进化生物学对人类健康的作用，以及人类对“我是谁”这个问题进行理解的过程中吸取着经验和教训。但是从个人角度上说，到底我们从其他动物身上得到了什么信息，让我们坚信自己就是我们口中的“人类”呢？具体地说，其他动物与我们现在体内特定的基因，比如说那些让我们得以生存、呼吸、进食、睡眠、繁殖的基因有什么联系呢？联系有多大呢？也许猴子会告诉我们一部分答案。

但也不过是冰山一角。

果蝇

（*Drosophila melanogaster*）

世界上最早的模式生物

果蝇的基因组和我们有什么关系？答案是“方方面面都存在着关系”。果蝇是科学史上被研究最多的模式生物之一。因此，从遗传学的角度来看，对果蝇的研究使我们获得了许多重大的发现。我们和果蝇在基因上有许多相似之处，可以说这是我们迄今掌握的最令人兴奋的概念之一。

果蝇在生命长河的位置

果蝇是科学史上被研究最多的动物之一，但是科学界对这个小家伙的史前状态依旧一无所知。我们都知道，果蝇可能出现在很久之前：它们与地球上数量惊人的其他昆虫有着密切的联系，这些昆虫生活在除南极洲以外的每一块大陆上。我们知道果蝇的祖先可能有两支，分别是来自欧洲和非洲的两个种群，但是我们对果蝇的了解仅限于此。

通常来说，骨骼化石会为研究动物的传承提供一些线索，但是由于昆虫没有骨骼，只能在琥珀中或者在黏土中留下印记才会形成化石，即便如此，这些化石也必须能够保存下来，且被人类在机缘巧合之下发现，才能成为研究的材料。

人类根本没有发现任何与果蝇的起源直接有关的化石。我们发现的最古老的昆虫化石大约有4亿年的历史。它看起来有点像蜉蝣或蜻蜓，这可能是今天地球上大多数昆虫的祖先。

但是新兴的“分子钟理论”（译者注：某一蛋白在不同物种间的取代数与所研究物种间的分歧时间接近正线性关系，进而将分子水平的这种恒速变异称为“分子钟”。）为果蝇起源的研究带来了一些进展。由田村浩一郎（Koichiro Tamura）领导的一群英国研究人员开发了一种追踪 DNA 模式的算法，这个算法与随着时间的推移新 DNA 片段的积累模式有关。他们将这一系统开发成一个名为 MEGA 的软件。根据 MEGA 的测试计算，果蝇大概出现在 2 600 万 ~1.92 亿年前。这一数据非常不精确，有待进一步研究。

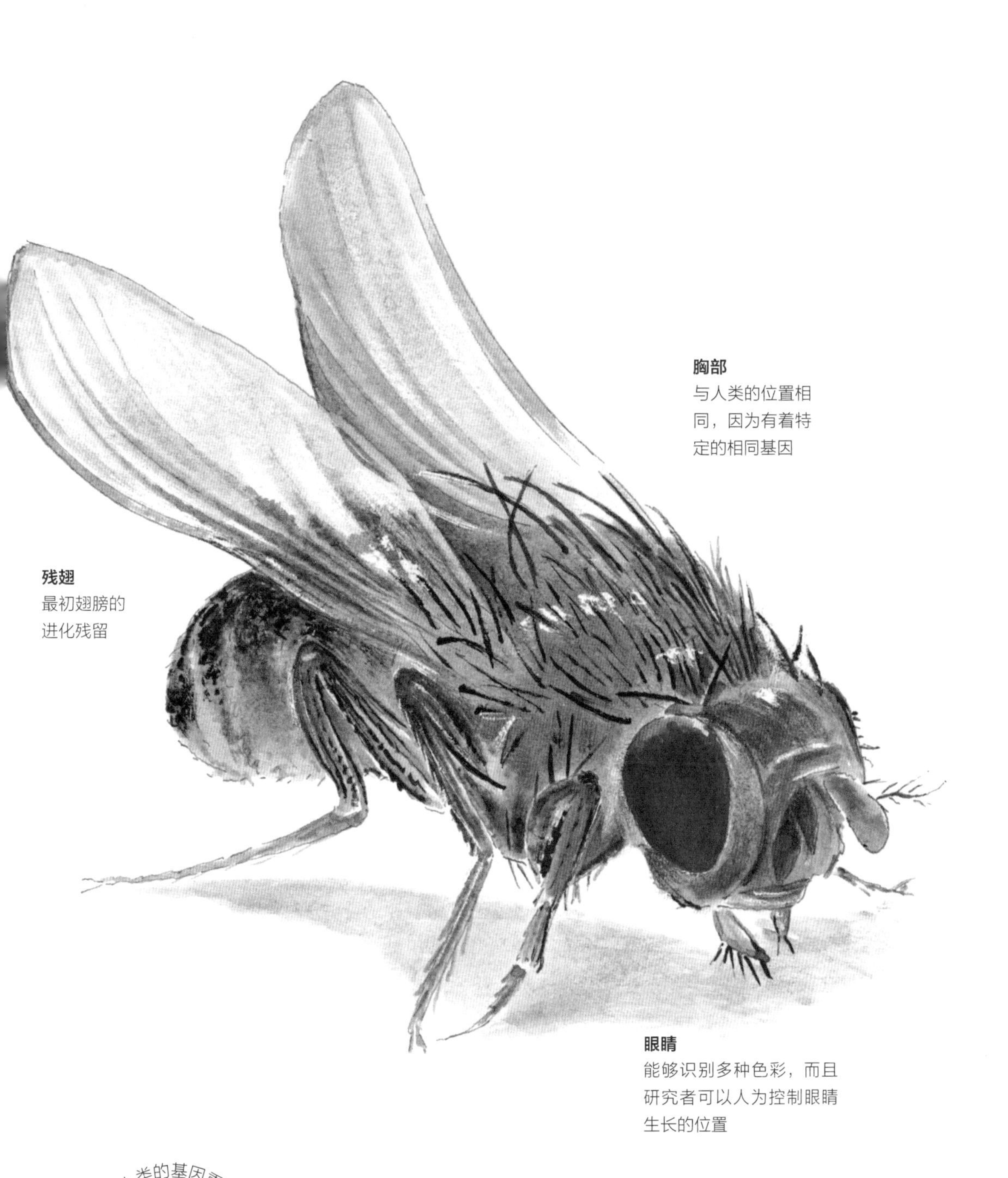

与人类的基因重合率

44%～61%

人类基因也出现在了黑腹果蝇身上，反之亦然。这些基因是同源基因，在外观上相似而且很可能来源于人类和果蝇最后的共同祖先，这个共同祖先大概生活在 7.827 亿年前。我们将进一步研究这一点。但不得不说，这是个很高的基因重合率。

人类体内 75% 与疾病相关的基因与果蝇具有同源性，这意味着即使我们和果蝇没有太多的共同点，研究果蝇对治愈人类潜在的遗传疾病也是很有帮助的。

体形
3 毫米

达尔文眼中的果蝇

达尔文收集了许多动物标本，他去世后，这些标本被储存在各个博物馆和图书馆中长达几十年。他的一对果蝇标本便是如此，直到 1936 年才被归为他的收藏品。达尔文不会知道这一物种会成为他许多理论的活生生的证据，尤其那两个他一直充满困惑、无法找到答案的理论。事实上，让果蝇名声大噪的研究者那时正在准备彻底推翻达尔文的理论。

果蝇的进化秘密

眼睛

20 世纪初，美国约翰斯·霍普金斯大学的研究生托马斯·亨特·摩尔根（Thomas Hunt Morgan）相信达尔文认为遗传与性别相关的理论是错误的。他认为将孟德尔的显性和隐性研究直接应用于动物身上简直愚不可及，孟德尔的研究结果在豌豆上是成立的，可动物显然不是豌豆。

摩尔根在大学时研究过果蝇，果蝇很小，一对配偶交配后可以在 10~12 天内产下数百个后代。（比老鼠繁殖更快，老鼠得 3~4 个月才能生一窝。）他注意到有些果蝇的眼睛呈白色，有些的眼睛呈红色，就像孟德尔的豌豆有些是光滑的，有些是皱皮的，但是果蝇是动物。摩尔根认为，对果蝇的研究会成为他证明性状如何真正得到传承的关键。他开始对果蝇的交配行为进行极为细致的记录，给它们提供特殊的生存环境，并涂少许无光涂料进行标记。几代之后，摩尔根的果蝇们呈现出了繁衍规律：只有在双亲都是白眼的情况下产下的雌性果蝇才会是白眼，但是雄性白眼果蝇的出现只需要父母一方是白眼。好吧，也许达尔文的理论（即遗传存在性别差异）有些道理。在接下来的几年时间里，为了进一步确定实验结果，摩尔根又进行了几项实验。1915 年，摩尔根发表了具有里程碑意义的著作《孟德尔遗传学机制》，这是“染色体作为遗传载体”的第一个确凿证据。

摩尔根在其职业生涯中一直致力于证明这一理论。他在哥伦比亚大学建立了著名的“果蝇实验室”，并一直致力于对果蝇的研究。1933 年，摩尔根凭借“关于染色体在遗传中所起的作用”获得了诺贝尔生理学或医学奖。颁奖嘉宾向与会人员介绍了摩尔根的工作，他特别提及了达尔文和孟德尔的豌豆实验，以及那些在该领域不那么有名的研究人员。“毫无疑问，摩尔根成功的另一个原因是他巧妙地选择了实验对象：果蝇是目前已知的遗传研究的最佳对象。”

快进到 1993 年。瑞士一位研究老鼠的遗传学家分离出了他所认为的眼睛发育的“主控”基因，他称之为“Pax6”，因为它编码了 Pax-6 蛋白质。他将 Pax-6 蛋白质注射到黑腹果蝇体内，每个注射点都长出了一只小小的红色复眼。这意味着 Pax6 确实是“造眼”基因，这一点不仅适用于老鼠，还适用于苍蝇、人类以及其他那些 6 亿年来生存过的所有动物。Pax6 万岁！

胸部

胸部是昆虫身体的中部，在头部和腹部之间。如果昆虫有翅膀，这就是长翅膀的地方。

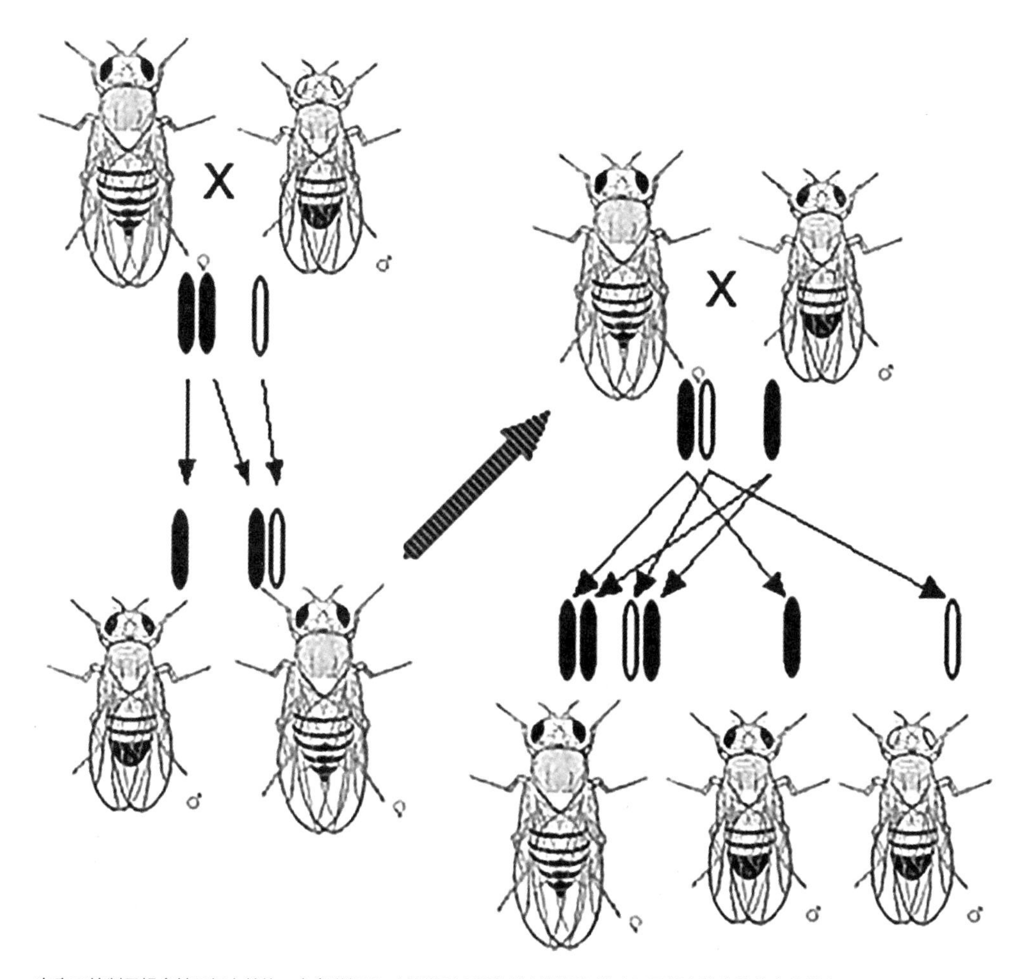

在真正绘制果蝇全基因组之前的一个多世纪里，这张于1919年绘制的图勾勒出了果蝇交换遗传信息的模式。图选自托马斯 · 亨特 · 摩尔根的《遗传的本质》

1915 年在摩尔根的果蝇实验室中，一个学生发现了自发出现的变种，它有两个胸腔而不是正常的一个，身体分为四部分而不是三部分。大家都很兴奋，给这只果蝇起名为“双胸”并开始培育它，希望分析出变异产生的原因。

在接下来的一个世纪，研究人员发现他们能够将黑腹果蝇的身体部位进行混搭：使腿长在眼睛应该生长的地方，培育出有着两对翅膀或者没有头的果蝇。值得注意的是，他们意识到，他们能够控制果蝇身体部位生长的位置，并且每个部位总是完整的。无论他们要什么把戏，遗传信息总是成块地起作用。

这种“创造者”的角色扮演使克里斯汀·纽斯林-沃尔哈德（Christiane Nüsslein-Volhard）和她的研究团队取得了生物学史上最重要的发现之一。他们分离出了构建黑腹果蝇身体的基因，180 个碱基对决定了黑腹果蝇的身体构造：头部、胸部和腹部。在这些碱基对中，有三个控制了黑腹果蝇胚胎时期的身体顺序。也就是说，在果蝇出生之前，在它小小的卵中，这三个基因发挥作用将干细胞变成果蝇，并使其身体按照头部、胸部和腹部的特定顺序排列。这三个基因被称为“HOX 基因”。重点在于相同的基因也出现在大多数动物和动物胚胎中，以相同的排列顺序控制着相同的功能（至少是所有的“左右对称”动物，相较于“辐射对称”动物如海星、水母和海胆）。这一发现在当时给科学界带来了光明，从鲎

图选自托马斯·亨特·摩尔根的《黑腹果蝇对遗传学的贡献》

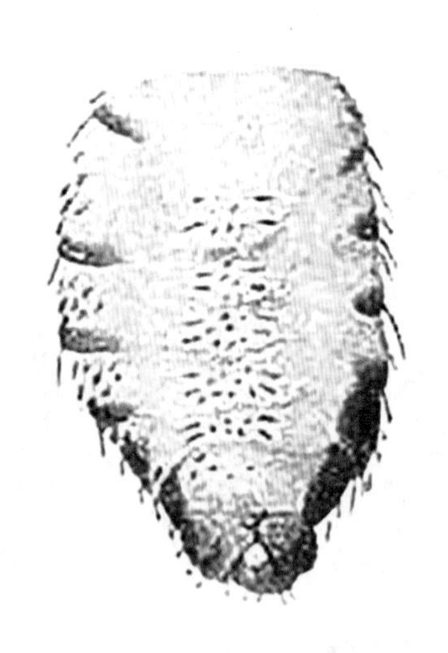

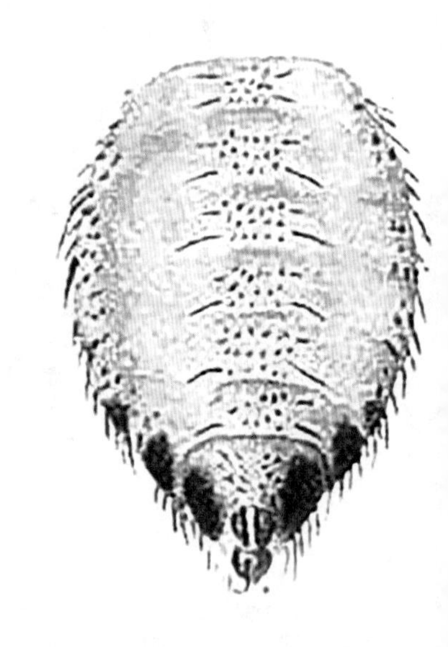

到人类，所有中间对称、有头有尾的生物都有 HOX 基因，尽管数量各不相同，这就是对摩尔根关于性状关联问题的回答。这一发现是我们对“发育生物学”现代理解的开始，它将“发育生物学”与其起源联系起来，这一研究能够追溯到数百万年前，跨越了数百万个物种。

HOX 基因的发现就像一块活的罗塞塔石碑，一个单一的基因模板，被用来解释整个动物王国的进化史。这项突破是史无前例的，它开创了一个全新的领域：进化发育生物学。1995 年，纽斯林－沃尔哈德和她的团队因“早期胚胎发育的基因控制方面的发现”获得了诺贝尔生理学或医学奖。

“残翅”

1901 年，摩尔根将尽可能多的黑腹果蝇性状编入了目录。他注意到某些性状似乎是相关联的，例如，有缺口的翅膀和刚毛，这两个特征总是双双出现在果蝇身上。受此发现的影响，他的一个学生彻夜未眠，绘制出了果蝇染色体基础（但很准确）的图谱。这是人们第一次尝试手工绘制基因组图谱。

1988 年，加拿大的一组研究人员发现，影响刚毛的基因同样也与翅膀和腿部的发育有关。他们给这个基因起名为“残翅”。

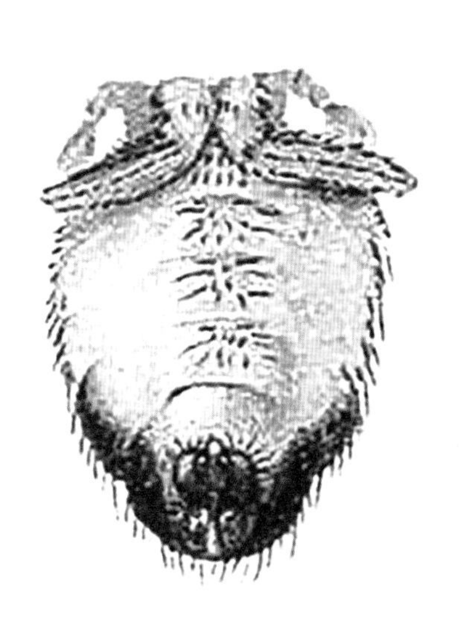

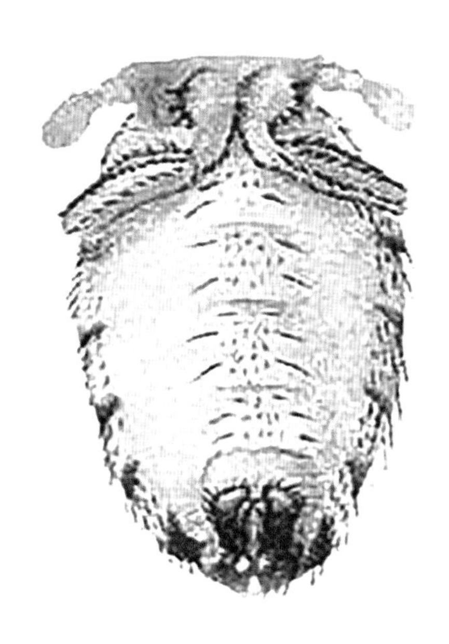

残翅和长翅之间的遗传联系支持了飞虫进化的新理论。昆虫最初起源于水中，这些史前原虫有一些结构简单的附属结构，有些在身体前部，有些在后部，而有些在中部，这些结构有助于游泳。但是渐渐地，一些昆虫以在水面上掠食代替了游泳。为了适应飞行的需要，某些附属结构变成了腿部，其他结构则变得有助于借助风力，就这样，掠食变成了滑翔，滑翔变成了飞行。随着翅膀生长，刚毛也逐渐退化了。

肌球蛋白

任何动物能够移动，都是因为存在一个名为肌球蛋白的微小分子（严格来说是一长串蛋白质聚合物）。昆虫的翅膀，包括果蝇的翅膀，每秒能够振动几百次，它们拥有世界上速度最快的肌球蛋白。猎豹也有肌球蛋白，但总体来说，体形越小的动物运动越快，反之越慢。

心脏

1993 年，研究人员注意到实验室里的某些果蝇胚胎不能发育出心脏。他们比较了健康果蝇和无心脏果蝇的 DNA，并且分离出了控制心脏发育的基因。他们将这个基因命名为“铁皮人”，因为谁不喜欢《绿野仙踪》呢？（译者注：铁皮人是《绿野仙踪》中的角色，他想获得一颗心脏。）不久，数百名科学家对这些果蝇进行了研究。越研究，他们就越肯定黑腹果蝇的心脏和人类的非常相似。其他苍蝇甚至其他果蝇却并非如此。

例如，同样的化学物质既能使黑腹果蝇的心跳加快，也能使人类的心跳加快，使心跳减慢也是一样的。现今，黑腹果蝇成为某些心脏药物的实验对象，然后才被应用于人。

脑部

有人说大脑比心脏更复杂，但人类和果蝇的脑部也存在相似之处。如果你想找到人类基因中导致神经元发育或退化的基因，可以用果蝇作为索引。研究果蝇有助于人类更好地了解阿尔茨海默病和帕金森病。2017 年，分离出果蝇控制昼夜节律的基因的研究人员赢得了与果蝇有关的第六个诺贝尔生理学或医学奖。

他们的发现表明，动物大多有着十分规律的昼夜节律，这些节律有着深刻的遗传根源，而且打破这些昼夜节律会导致健康问题，原因可能是器官压力的增加或者是体重的增加。昼夜节律基因的突变可能会使个体的节律在种群或者栖息地中变得毫无意义。如果你每晚熬夜，但是依旧可以很早起床，你可能就是在昼夜节律基因上出现了变异。

酒精耐受性

说到心脏和脑部以及熬夜问题，果蝇喜欢喝酒，或者更确切地说，它们喜欢发酵的果汁。

醉酒的果蝇歪歪扭扭地飞向天空，有些变得更具攻击性的雌性果蝇甚至会用头撞对方。被雌性果蝇拒绝交配的雄性更容易去饮酒（它们可能试图摆脱“不受异性欢迎”的沮丧，而不只是作为果蝇的悲伤）。到了 20 世纪 90 年代，研究人员已经分离出导致某些苍蝇更容易喝醉的基因——“易醉者（cheapdate）”。

拥有这种基因的果蝇也常常表现出“健忘”，之所以这样命名是因为这种基因会导致“醉鬼”果蝇忘记食物的位置和饮酒的后果。是的，人类体内也有相同的基因，这种基因可能会导致酗酒行为。如果可以人为地阻断这些基因在果蝇体内起作用的话，也许也可以帮助某些人戒酒。

我像你一样是只苍蝇吗？
还是你如我一般是人类呢？
我载歌载舞，饮酒高歌。
直到无心之手轻抚我的翅膀。

节选自威廉·贝克（William Blake）的《苍蝇》

果蝇告诉我们：

人类并不独特，我们和地球上大多数动物存在着共性。

本节术语：HOX 基因、Pax6

大西洋喷口盲虾

（*Rimicaris exoculata*）

无眼奇观

所有导致性状形成的基因，也可能导致性状的缺失。

2012年新发现的微型大西洋喷口盲虾生活在海底火山喷口附近的沸水中，它们没有进化出眼睛。对生活在黑暗中的动物来说，失去视力甚至是眼睛并不罕见。其他与这种虾类似的有眼睛的虾的视力也很差。

但是这些虾的独特之处在于，它们有视网膜柄连接着眼睛和大脑神经束，不过它们没有常规意义上的眼睛。眼科医生称之为“裸视网膜”（Naked retina）。事实上，盲虾的视网膜是活跃的，在某种程度上为它们提供了比名字所示的更多的作用。它们通过虾背上的感光器来感知光的变化。这样，不必露出“裸眼”，虾就可以根据火山喷口的情况调整其运动，保护自己免受极端高温和硫酸喷溅的影响。

虾告诉我们：

再一次证明了基因组是第一位的，性状是第二位的，甚至有时候会全无意义。

视网膜柄
没有视网膜，甚至
没有眼睛

大堡礁海绵

（*Amphimedon queenslandica*）

你最“单纯”的表亲

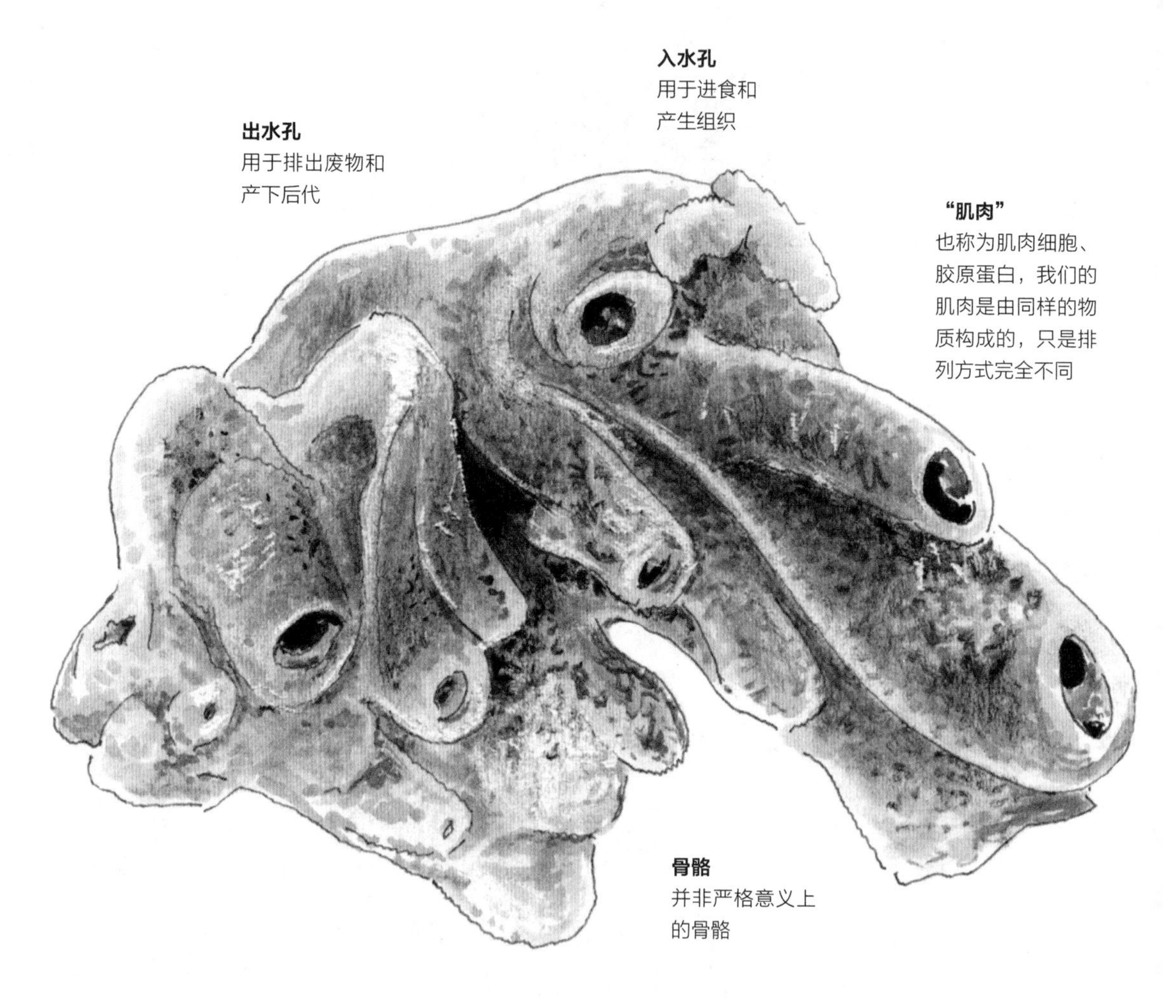

体形

说不准，通常高度（或者指厚度）不超过 30 厘米，但是它们可以覆盖几平方英尺的区域

60%

海绵的构造十分简单。简而言之，它们的身体由比人体少得多的组织、结构和基因组成。我们的 DNA 中与海绵相似的基因约占人类基因组的 60%。但是要知道的是：大堡礁海绵中高达 70% 的基因组与人类的基因组相似，它们就像古老的我们。

海绵（动物海绵）看起来几乎不像是动物，甚至更像是海绵（家用清洁海绵）。但是因为有着共同的祖先，这一物种可能是人类现存最简单的“亲戚”了。我们与其共享最基本的基因构建块。事实上，我们和海绵共享的基因是如此的基础，只能用来证明它们确实是动物而不是清洁海绵。所有动物最基本的基因都是相同的，人类和其他动物所拥有的那些华丽的或者毛茸茸的“点缀”，其实都有点多余。

都是一家人

另一个值得注意的数据是：大堡礁海绵 70% 的基因组与人类的相似。什么？你可能会说：“这看起来不成形的海洋无脊椎动物怎么能比我们与负鼠或鸭嘴兽有更多的共同点呢？负鼠和鸭嘴兽都是有毛发、腿、眼睛，而且可以生育幼崽的可爱动物啊！”基因重叠是以我们看不见的方式发生的，我们不要只关注那些琐碎的东西，诸如眼睛、腿以及愉快的笑声。

这是否意味着人类是从海绵进化而来的呢？不，不是的，不可能，因为海绵还存在着，人类也存在着。这就像问你的表弟是不是你的曾曾曾祖父。正确的说法应该是：这意味着我们有着共同的祖先，就像这本书中所有其他动物一样。除了一点不同，我们与海绵的共同祖先生活在动物进化的上古期。而从那以后，海绵就没怎么进化了。

每当我们对一个基因组进行测序时，我们都在为拼好地球上的生命图谱的拼图添砖加瓦。这个拼图的碎片数量是不确定的，在盒子上也没有作为参考的效果图。我们唯一的参照系就是比较不同生物体的基因组：看看它们有什么共同点和不同点。

基因组有两种主要的重叠方式。

类似基因（基因类似物）：这些 DNA 组块来自不同的地方，但是在现代动物身上有着类似的用途。（例如，随着时间的推移，神经连接已经进化出几种不同的形式。）

同源基因（遗传同源物）：来自同一位置（共享同一祖先），但是在现代动物中可能并不是服务于同一目的的 DNA 组块。（例如，信号模式可能会出现在相关的动物身上，但是很难说清每一种信号的具体功能是什么。）

你继续读下去时，请注意衍生物：通过复制产生的同源物和由于基因组本身的变化产生的同源物（突变、基因复制、水平基因转移）——但这又是另一个故事了。

现在，请只关注这一点：很久以前，地球还年轻的时候，其上生存着非常简单的生物——你和大堡礁海绵的“曾曾曾祖母”。这个生物生活在进化非常早的时期，而且大堡礁海绵自此之后就没怎么进化。

海绵在生命长河的位置

对海绵这种动物来说，我们可以追溯到多细胞动物的起源。海绵的祖先进化出包括150万种已知的动物，也就是我们所认为的“后生动物”。如果所有哺乳动物都有毛发并哺育幼崽，则所有后生动物都要满足以下（或者大部分）条件：

■ 为了生存而“吃”其他生物。

■ 呼吸氧气。

■ 移动。

■ 在伴侣的帮助下繁殖（好吧，鞭尾蜥蜴是个例外）。

■ 在胚胎发育过程中，从囊胚内细胞团中生长。

后生动物包括所有的鹦鹉、鼩鼱，以及任何比原生动物更复杂的生命体。

今天，全世界有上百种海绵，生活在海洋的各个角落，咸水、淡水、热带、北极和海底。现代海绵的祖先是这样出现的：

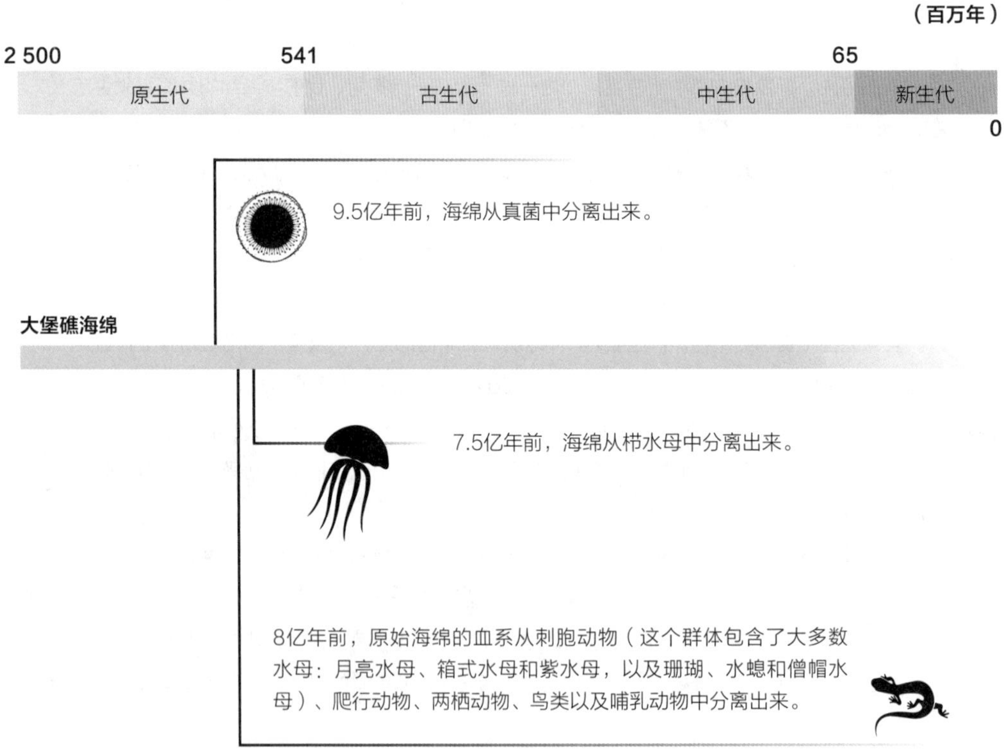

（百万年）

2 500　541　65

原生代　古生代　中生代　新生代

0

9.5亿年前，海绵从真菌中分离出来。

大堡礁海绵

7.5亿年前，海绵从栉水母中分离出来。

8亿年前，原始海绵的血系从刺胞动物（这个群体包含了大多数水母：月亮水母、箱式水母和紫水母，以及珊瑚、水螅和僧帽水母）、爬行动物、两栖动物、鸟类以及哺乳动物中分离出来。

海绵的进化秘密

繁殖

海绵通常是雌雄同体繁殖。海绵将精子从其出水孔中排出，精子游荡在另一个海绵的入水孔附近直至被吸入。有些海绵排卵，有些海绵在体内孵化后代。再一次，我们看到海绵代表着多细胞有机体的新开始，它保留了选择的余地。

消化

海绵的进食和呼吸方式与它们的受孕方式差不多：它们用少量活动纤维（鞭毛）将浮游生物和富氧水拨到它们的内室，在细胞内消化食物，并通过出水孔排出废物。

身体构造

如果你能相信我们和果蝇有相似的身体构造，也许现在让你相信我们和海绵有共同的身体构造也不是什么大不了的事。然而我们和海绵的身体构造并不相同。记着，我们和它们分离要比同水母以及海葵分离还要早一些，海绵是辐射对称动物，而不是像人类以及果蝇一样倾向于左右对称。 但身体结构的对称是所有后生动物的共同点，也是我们和海绵共同分享的基因信号。

组织

海绵的组织由多个特定类型的细胞组成：肌肉细胞构成肌肉组织，骨细胞构成骨组织。在 DNA 的指挥下，这些特殊的细胞出现并正确地进行排列。DNA 告诉其他有机分子如何一起工作，合成蛋白质，然后这些蛋白质聚集在一起，形成细胞，然后形成组织。你身体里的每一个组织，从大脑到皮肤，都是通过一套遗传指令来实现的，海绵体内也有这些指令，包括细胞发育、细胞生长、细胞规格、细胞死亡的指令；体细胞、生殖细胞，以及细胞相互黏附的方式的指令在海绵中也存在。和我们一样，它们始自囊胚（对经历过生育治疗的人来说，这是一个非常熟悉的词）。我们和海绵都是从受精卵开始分裂和繁殖的，所有信息都已经包含在基因组中。

骨骼

海绵这种悬浮的“黏稠物”也有骨骼发育的基因，而且非常接近人类和果蝇的骨骼基因。

海绵的骨骼只有两部分，而不是由一堆骨头和软骨组成的。其中一种叫作海绵骨针（siliceous spicule），听起来像是哈利·波特故事中的恶棍，其形态基本上就是一个小针状物，可以使一团黏稠的海绵立起来。另一种叫作海绵丝：一种特殊类型的胶原蛋白，它要么向外挤压并增大海绵的身体重量，要么就形成网状骨架。这两种物质都是由几丁质构成的，这种物质构成了节肢动物如蜜蜂、果蝇、蜘蛛，和巨大的海洋等足类动物以及龙虾和螃蟹的外骨骼。

胶原蛋白

海绵没有肌肉，尽管它们有着在人类和其他动物身上看起来像给肌肉编码的基因。也就是说，它们的这种基因会发出一个指令，在人类看来就像“制造肌肉”的命令。不过，海绵的身体收到指令却会产生胶原蛋白，将各种细胞连接在一起，并使它们随着时间的推移而成为一个多样且复杂的多细胞有机体。产生肌肉只是在像我们这样的动物身上进化出的新功能。在生物学中，你会听到这样一句话，“事物（thing）是由多细胞有机体共享的”。在某种程度上，基因就是多细胞有机体产生的原因。

共生

没有哪种生物是一座孤岛。对地球上的所有的有机体来说，协同进化都是确凿存在的，其中海绵尤其擅长与其他有机体和谐相处。在生物学上这种现象叫作“共生”，在这个过程中，相关的两种动物都会从共生关系中受益。墨西哥的一种海绵动物被证明其中寄居着 100 多种其他动物和藻类（小型水生植物），这还没有计入细菌的种数。

具体来看海绵和寄居生物之间涉及的共生关系是不同的，但似乎海绵是一种特别优雅的宿主：它释放出各种对其他有机体有用的有机化学物质，比如生长激素。

科学界才刚刚开始展开对这种共生关系的研究。一个新发现，例如，在人体内生活的数十亿个细菌实际上是我们身体的一部分，并对我们进化成复杂的人类做出了贡献。人类和体内的细菌之间的界线不是一成不变的，两者不应该也不可能完全割裂。海绵为共生关系提供了一个窗口，让我们得以一窥这个过程在生物进化早期可能呈现怎样的状态，那时生物更简单，而“生物交易”更像是“让我们生活在一起，互通有无”这样的形式。但即使是在这种更简单的形式下，海绵在遗传上和化学上也和人类几乎没有差别。药剂学研究人员已经开始将养殖海绵作为有机化合物的来源，就像某些药物中的活性成分。

免疫

海绵（和所有其他动物）之所以能够共生，是因为这个有机体能够把自己的细胞和其他生物的细胞区分开来，这种能力被称为“同种异型识别”，这是建立复杂的免疫系统的第一步，它出现在海绵的基因组中。除此之外，海绵再没有什么免疫系统，但是，正如它的共生技巧所显示的，这种同种异型识别对海绵效果显著。虽然缺乏骨骼、肌肉和神经元，但海绵也有继承自很久以前与我们共同的祖先的构成身体的基本单位。只是“房子还没盖好”，或者更确切地说，它们建造的“房子”是不同类型的，是露天的，欢迎每一位来客。

原癌抑制因子

许多有助于产生多细胞生物的基因都与癌症有关。各种形式的癌症都是由于太多的细胞在不该生长的区域继续生长而导致的。海绵拥有的基因标记功能让人联想到高级动物体内的抑癌基因，这些基因携带着停止生长的信息。但是海绵不会抑制细胞生长，据我们所知，癌症对它们来说不是问题。

有神经元基因，没有神经元

海绵根本没有神经元或神经，甚至没有任何可识别的内部信号系统。它们要么从未进化出来，要么在生命史早期的某个阶段失去了这种信号系统。但它们确实有着人类身上帮助编码神经元的基因。

怎么会？为什么？如果海绵动物没有神经元，它们要这种编码基因干什么？这些密码是否说明它们有着内部的化学信号系统？作为动物，它们确实有，或者至少可以说它们有传递化学信号的潜能。更有趣的是，如果说人类和海绵的共同祖先有着人类编码神经元的基因，那么，这个祖先的这些基因有什么功能呢？在海绵身上的又是什么功能呢？它们如何感知环境呢？这些问题仍有待深入的研究。

昼夜节律

基因组研究表明，在进化史上，昼夜节律已经进化出了几个不同的阶段特征。你可能想象到的是，人类的昼夜节律起源于那个太阳落山时在树上打哈欠，或者至少是眼睛可以闭上、身体可以躺下休息的动物亲属。但海绵基因组和人类基因组的相似性表明：人类血系中的昼夜节律基因可能起源于我们与海绵的共同祖先。昼夜节律可能仅仅是这个祖先柔软而形状不定的身体每天都暴露在有规律的阳光照射下而出现的现象。

海绵告诉我们：

动物的基本组成可能比你想象中的要更为简单和基础。

本节术语：共生

栉水母

（*Mnemiopsis leidyi*）

阴阳，是此非彼

海绵研究者和栉水母研究者之间的争论持续了许多年，它们的研究者都认为自己研究的动物拥有与人类最早的共同祖先。现在争论已经解决了（是海绵）。但是栉水母仍旧带来了有趣的基因组谜题，栉水母的遗传特性非常引人思考，尤其是与海绵进行对比时，它们的存在进一步充实了地球上生命的遗传故事。

栉水母在生命长河的位置

栉水母游遍全世界，包括南极洲。它们经常被误认为是水母，但水母是辐射对称的，就像车轮一样，栉水母是旋转对称的，就像太极的阴阳。二者在生命长河中所处的位置完全不同。根据一位美国海绵研究者的说法，把水母和栉水母归为一类就像把鸭嘴兽和鸭或者海狸归为一类一样愚蠢。水母在水中游动时口向下开合，样子就像一口钟，然而栉水母游动时口朝前；大多数教科书和科学论文中的描述都是有误的。

黏细胞
一组特殊的黏性细胞，只存在于栉水母身上

纤毛
用于游泳，以及用附着其上的黏细胞获取浮游生物为食物

身体对称
旋转对称而不是左右对称（就像太极的阴阳）

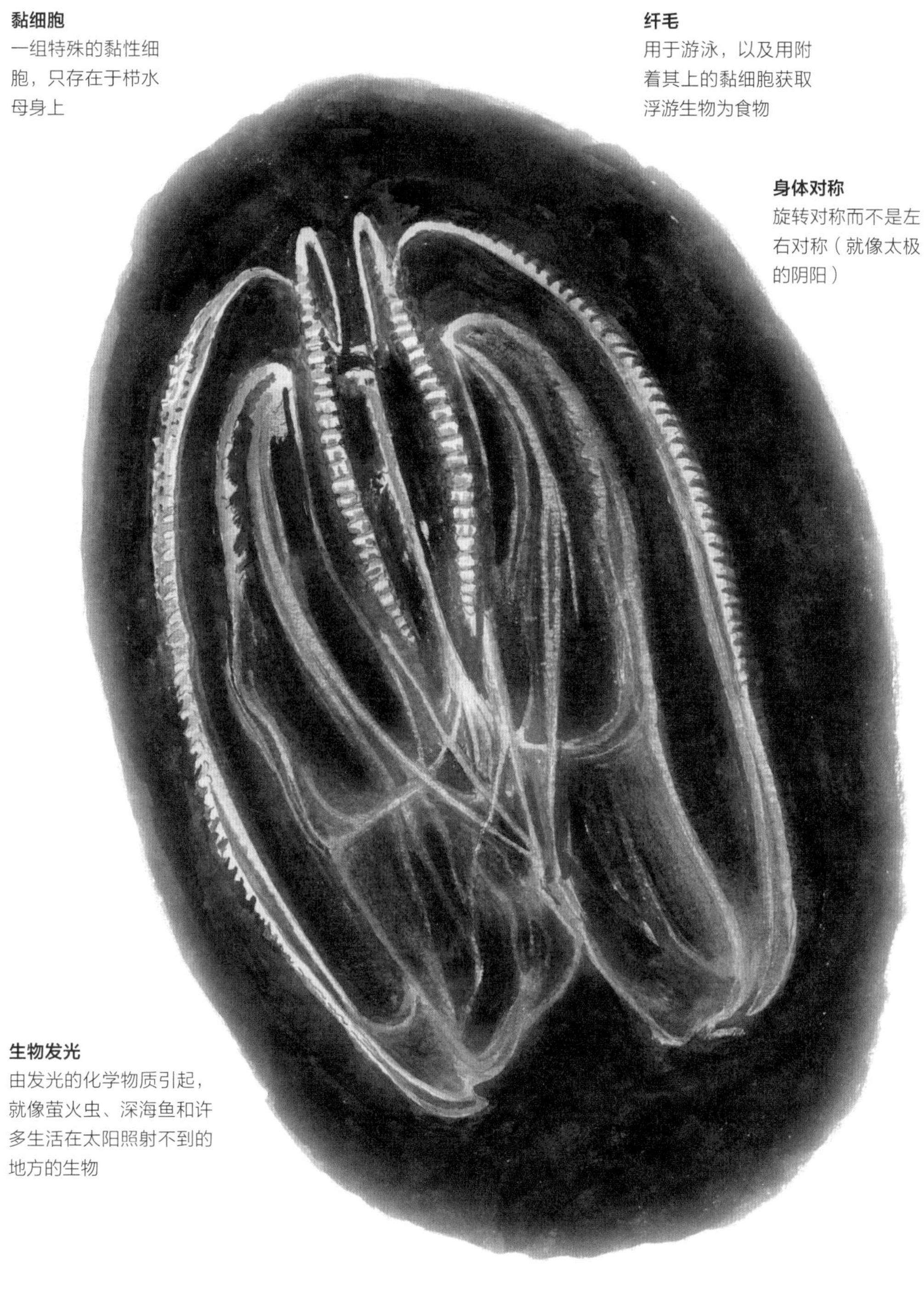

生物发光
由发光的化学物质引起，就像萤火虫、深海鱼和许多生活在太阳照射不到的地方的生物

体形
7~12 厘米

原因如下：测试栉水母和人类基因组的基因重合率是很复杂的。

栉水母的进化秘密

有神经元但是没有神经元基因?

栉水母有神经系统，虽然不像人体的神经系统那样专业化。

它们确实拥有其他动物用于产生神经元和神经递质的基因，这些基因被称为微 RNA，之所以这样命名，是因为它们的工作就是构建以及修复 RNA。RNA 的职责就是告诉身体的其他部位如何进行构建和修复。

神经元：当说到神经元时，我们通常会想到“脑细胞”，但神经元可以是任何一种信号组织。人体有四种神经元：大脑神经元（其中还有更为特殊的类型）、感觉神经元（感觉）、运动神经元（运动）以及中间神经元（协助其他神经元连接）。

但是如果栉水母比海绵更早地分离出去，可能就意味着它们独立于包括人类在内的所有其他动物进化出了神经系统，这意味着解决了是否有必要就海绵或者栉水母与我们最早的“亲戚”进行区别的问题。如果海绵是这两个分支中较早独立出去的，那么故事的展开就很清楚了：它们有神经系统的基因构建块，围绕这个，栉水母们精心构建自己的身形，而左右对称的动物们也对此“大做文章”。但是如果栉水母先独立出去，这个故事就破灭了。

黏细胞

栉水母用可以分泌“黏液”的黏细胞粘住猎物，黏细胞是栉水母特有的。

纤毛

栉水母的纤毛相当于它们的脚蹼、感觉器官甚至是牙齿——它们用纤毛清除呼吸道的黏液。有一种栉水母——胡桃水母（the sea walnut），利用纤毛潜移默化地改变水流，将鱼和其他猎物引入自己的嘴里。胡桃水母的捕猎非常高效，所以每当它们进入新的水体，就会把食物链打乱。20 世纪 80 年代，胡桃水母进入黑海，大肆捕食凤尾鱼，损害了当地海豚的利益。胡桃水母是一种能制造破坏性的迷你旋涡的生物，它们的纤毛清晰而精致，像小棱镜一样能够捕捉光线，产生一种涟漪般的彩虹效果，看上去非常美妙。

栉水母告诉我们：

这里我们提到了栉水母和海绵两种和人类截然不同的生物，它们的结构都很简单，都过着与人类完全不同的生活。但是通过观察这两种动物各自的特征，我们可以从中得到人类从哪里来以及不从哪里来的简略答案。

达尔文眼中的栉水母

栉水母的“口”位于方形漏斗状突起的中部，并且变得越来越窄，形成了沟壑。口的位置被用黑点标记出来；似乎总是闭合的。口的位置，如前所述，更像是深沟；如果碰到了猎物，它的边缘会突然收缩；我想正是因为这个，任何微小的猎物都难逃它的捕捉，这对栉水母是有利的。

以上这段文字是达尔文描述的栉水母，但是在另一出版物中，他描述了一种和栉水母接近的名为海鞘的无脊椎动物，他认为这两种动物是有密切联系的。后来他澄清了这一点，并补充说：“它们实际上并不是海鞘，而是栉水母，栉水母动物门的球栉水母。”他离真实答案并不远。另外一种海洋无脊椎动物海鞘与栉水母的情况是类似的。就像栉水母有人类神经基因但是没有神经一样，海鞘没有脊椎或者大脑，但是有着人类脊髓的遗传密码。

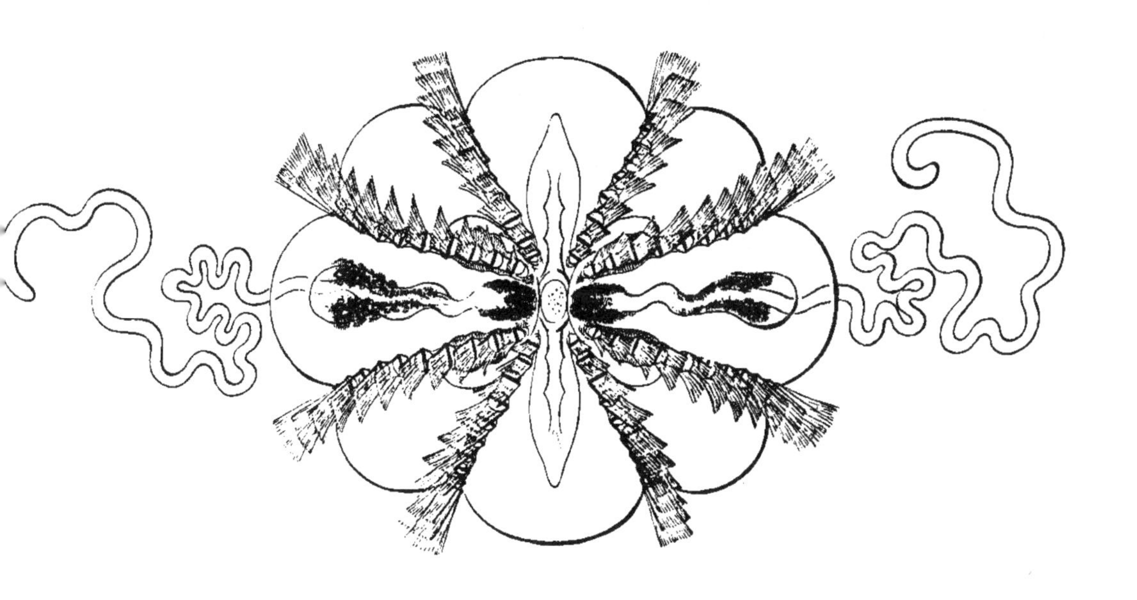

自上而下看栉水母（*Haeckelia rubra*），作者为栉水母的正式的发现者和同名者，先锋艺术家和海洋生物学家恩斯特·海因里希·菲利普·奥古斯特·海克尔（Ernst Heinrich Philipp August Haeckel）

南美肺鱼
（*Lepidosiren paradoxa*）

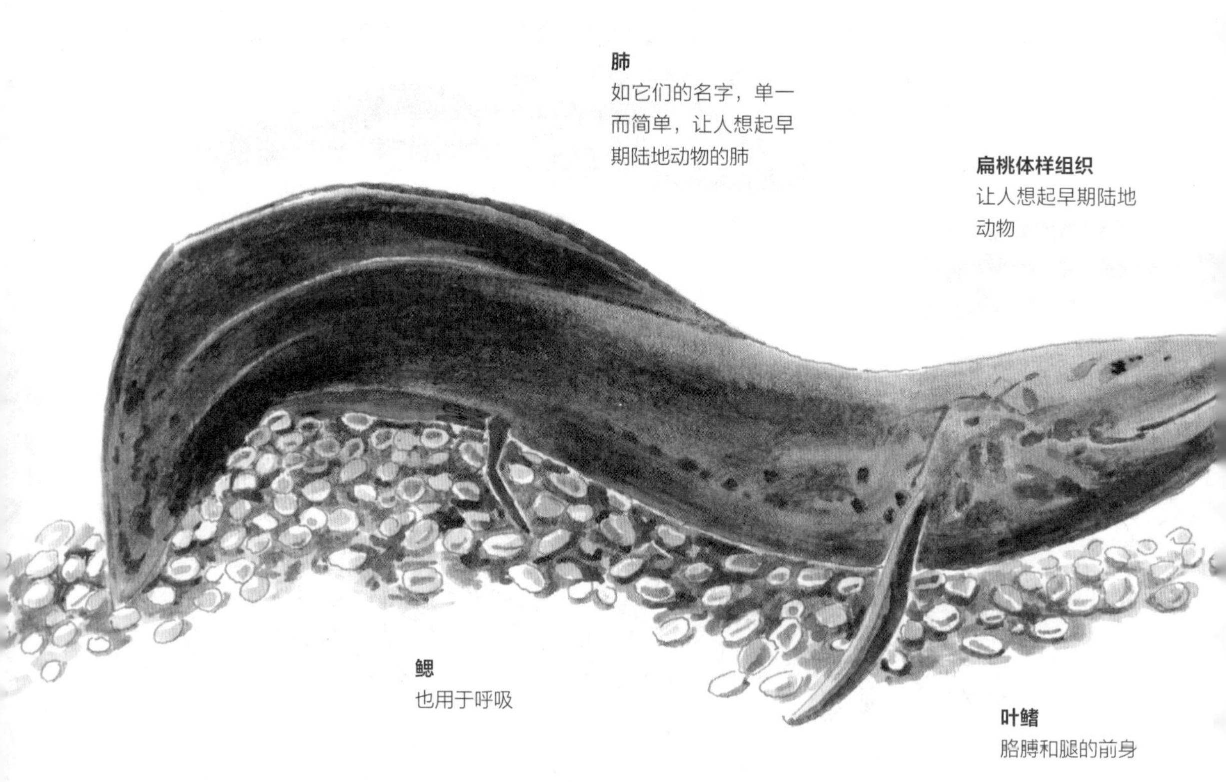

体形
1.25 米

与人类的基因重合率

63% 相差几十万个转座子。

最近的鱼类表亲

肺鱼的特点你或许已经猜到了，它们有肺以及有裂片的鳍。但是，我们要小心“鱼”这个字（也要小心“肺”这个字）。

肺鱼在生命长河的位置

大约在4亿年前的泥盆纪时期，肺鱼数量庞大、分布广泛，而如今只剩下6种存活下来。

大约2.7亿年前，昆士兰肺鱼与其他血系分离。与其他肺鱼相比，其基因组在某些方面更接近腔棘鱼，尤其是与大脑相关的基因。

与腔棘鱼一样，化石记录显示最早的肺鱼出现在8 000万年前。那时，它们之所以被称为鱼，是从它们可以在水中游泳这个意义上来讲的。实际上它们不是真正意义上的鱼，在进化上与今天的鱼大不相同，就像它们与人类不同一样。

澳大利亚肺鱼

大约1亿年前，南美肺鱼与澳大利亚肺鱼“分道扬镳”，澳大利亚肺鱼表现出的特征更原始。它们的鱼鳍更突出，当鳃不能支持呼吸时，它们就会浮出水面用简单的肺呼吸。有选择是有好处的。

先是通过化石证据，然后通过基因组分析，我们现在知道早期的肺鱼与现代陆地动物有着共同的祖先。早期的肺鱼本身不是今天的肺鱼和陆地动物的共同祖先，但是早期肺鱼和现代陆生动物有着最后的共同祖先。

也就是说，在鱼类中，肺鱼是我们最近的表亲，它们可以告诉我们许多关于自身的奥秘。

南美肺鱼的进化秘密

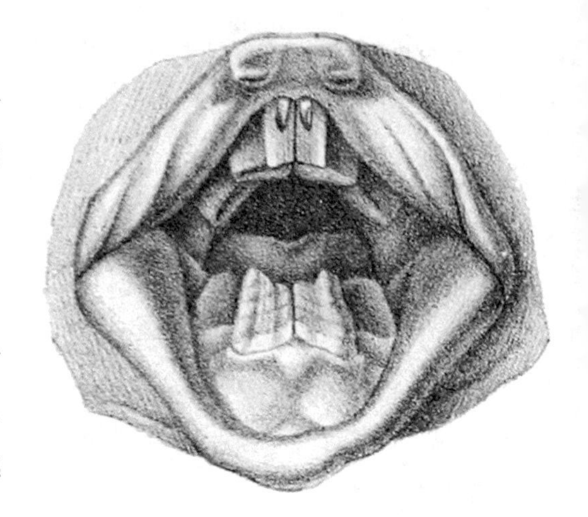

1856年，法国博物学家弗朗索瓦-路易斯·卡斯特诺（Francois-Louis Comte de Castelnau）观察了肺鱼的齿板，这是一块坚硬的骨头，它的进化早于嵌齿

肺部

正如它的名字，肺鱼的肺非常简单，一个贯穿身体的长囊，通过鱼鳃补足通常情况下的气体交换需要。

鳃部

现代肺鱼有外鳃。早期的肺鱼可能随着时间的推移，从鳃部慢慢地进化出了原始的肺。这样它们获得氧气的机会增加了，可能也促成了接下来的变化。

叶鳍

判断肺鱼和腔棘鱼之间哪一个与人类更接近的“比赛”始于叶鳍。腔棘鱼的叶鳍：强壮，肌肉发达，呈圆形。它们长着这样的鱼鳍，并且最早进化成陆地生物，它们离开水域，前肢的残留部分就变成了最初的腿。

正是因为叶鳍，腔棘鱼成了“领跑者”，并且值得我们为之举办一场“父系争权”大赛。另外，腔棘鱼似乎千年间一点儿也没有改变，这些看似不曾改变的动物多数是（我们认为的）过渡物种。简而言之，腔棘鱼这种看似古老的动物或许就是最可能是你“祖母”的物种。

但是在 2013 年，一个国际研究小组进行了西非肺鱼、非洲腔棘鱼、鸡和少数哺乳动物的基因组对比研究，一劳永逸地证明了肺鱼比腔棘鱼与包括人类在内的其他物种在基因上更为接近。

他们在论文中写道：“通过系统基因组学分析，我们得出结论，正是肺鱼而不是腔棘鱼，是四足动物（陆地动物）的近亲。”2017 年，日本研究人员将肺鱼的基因组与软骨鱼（鳐鱼和鲨鱼）和辐鳍鱼的基因组进行了对比，从而使以上结论得到了更多支持，因为辐鳍鱼和肺鱼的关系也证明了这一结论。

免疫

有助于脊椎动物繁荣壮大的一种适应能力就是我们高效的免疫系统。这是我们的身体识别外来侵略者并做出反应以自我保护的一种机制，主要是通过淋巴系统完成这一功能。淋巴结（一种分布在全身包括腋窝、腹股沟的奇怪的软组织，当我们生病时会膨胀起来）通过一种叫作淋巴的体液相互沟通和连接，淋巴是构成我们血液的一种透明液体。淋巴液把细菌和病毒带到淋巴结，在那里免疫系统会摧毁它们，并产生抗体，形成记忆并在下次发现细菌或病毒时及时消灭它们。我们也有次级淋巴组织，如扁桃体、腺样体和派尔斑（Peyer's patches）——这是一种位于肠道的集合淋巴结。2015 年的一项国际研究发现非洲肺鱼也存在这些次级淋巴组织。这为表明肺鱼是所有四足动物的祖先的近亲提供了更多的证据支持。不仅如此，这意味着基于淋巴的免疫系统出现的时间早在史前海洋动物进化成为四足动物之前。如果你不想再生活在水中，你就必须做好准备应对各种新出现的细菌。

下颌骨凹陷，或者说，没有耳朵：

在基因组学出现之前，我们研究了很多下颌骨。细节包括与颅骨顶部相连的下颚和与颅骨不相连的下颚，以及下颚的连接对耳骨或头骨的影响是如何因动物而异的。近来，基因组信息取代了大部分原本由直接观察下颌得来的信息，也就是说，遗传信息大体上支持了先前由颌骨和耳骨研究专家得出的结论。颌骨知识的宝库在化石鉴定方面仍然很有用。虽然我们不能对大多数 DNA 过度退化或被污染而丧失可读性的化石进行基因组测序，但我们依旧可以回到颌骨档案，并通过这些记录进行比较。

肺鱼告诉我们：

我们的一些最早期的祖先是像鱼类一样的水生生物。接受这一点吧。

对比

非洲腔棘鱼

（*Latimeria chalumnae*）

化石还是分析模型?

科学告诉我们所有的生物都起源于海洋，但是除此之外，我们有更多疑问。多年来，科学界的另一个热门争议就是到底腔棘鱼和肺鱼哪一个是与人类最接近的现存的鱼类祖先。

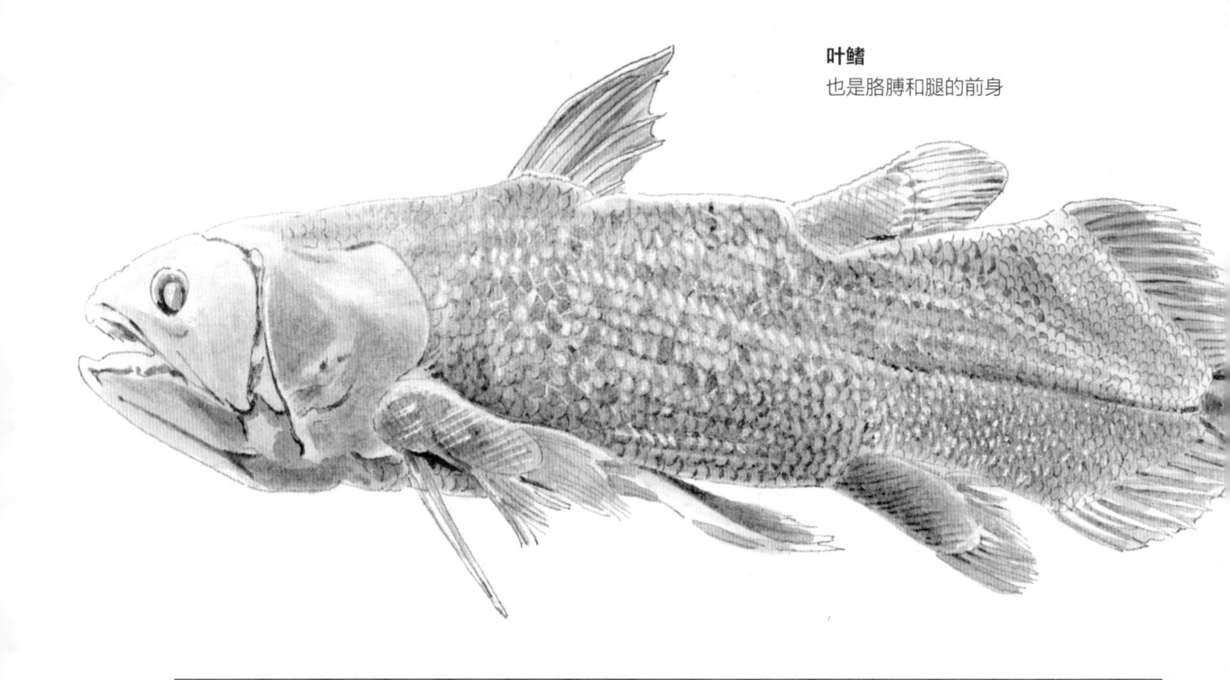

足够古老

1938年，一名南非渔民从附近的海洋中拖出一条长得像爬虫的、蓝色的、肌肉无比发达的鱼。他见过很多鱼，但从没有见过这样的鱼。

那里的一位教授以前见过这种鱼，但只见过保存在8 000万年前的化石中的这种鱼，“非常古老的物种”并不意味着就一定是活化石。世上没有真正的活化石，却有非常古老的基因组，在过去的数百万年里似乎没有发生太大的变化，例如腔棘鱼。

腔棘鱼在生命长河的位置

就像海绵和栉水母的竞争一样，这非常复杂。

腔棘鱼的进化秘密

叶鳍

腔棘鱼的叶鳍肌肉发达，由一根骨头与身体其他部分相连。与现代鱼类所拥有的辐状鳍相比，叶鳍是一种严重倒退，明显更接近于腔棘鱼在化石中的前辈。

叶鳍是最早出现的鳍，有的进化成陆生动物的腿和脚，有的进化成其他类型的鳍，最终成为现代鱼鳍。但在腔棘鱼和肺鱼身上，叶鳍保留了下来。如果一个东西还有用，就不会做出改变。换言之，如果没有经历过把你带到另一个方向的突变，你又活得很好，你可能就会一直这样。

谈到进化时，这种“不改变”使人困惑，这是“活化石”一词的基础。活化石指的是，其血统在数百万年前首次与其他动物断绝关系，但与现存的动物看起来并无二致。不过人们对“不改变”的看法过于肤浅。

蛋白质编码基因是影响动物可见变化的基因，其进化速度非常缓慢。但即使是适应速度最慢的动物，其转座子基因似乎也很活跃，并且表现出高度的多样性。

不像其他基因组，腔棘鱼的蛋白质编码基因的进化明显慢于四足动物。我们在对脊椎动物适应陆地过程中基因和调控要素变化的分析中，突出了基因组中与人类相关的几个区域的基因。腔棘鱼的免疫基因、氮排放基因、控制鳍和尾的基因、神经反应基因以及嗅觉基因的变化可以揭示早期动物从水中到陆地过渡的全貌。

腔棘鱼告诉我们：

腔棘鱼像地球上其他生物一样保持着缓慢而稳定的生活状态。

本节术语：活化石

蓑鲉

（*Danio rerio*）

完全透明

蓑鲉是我们一直在谈论的另一种模式生物：体形小，多产，在实验室里派上了大用场。因为我们对它们研究得很充分，所以我们对蓑鲉了解很多，而且我们要继续研究它们，在对蓑鲉的研究中提出更好的问题，就这样循环下去。蓑鲉还有另一个很好的品质：它们是透明的。这使我们很容易将我们在基因组研究中得出的结论和我们用眼睛看到的进行比较。

与人类的基因重合率

70%

* 这些与人类的相似点使蓑鲉适合用于医学研究。

还记得大堡礁海绵吗？70% 的人类基因在蓑鲉中也有同源基因。同源基因指来自同一进化事件的共享基因，也就是说，今天人类至少 70% 的基因是我们从很久以前与蓑鲉共同的原始鱼类祖先那里保留下来的（或丢失后又找回的）基因。如果只考虑与疾病相关的人类基因，这个百分比还会上升。

蓑鲉在生命长河的位置

人类和真骨鱼类很早就彼此分离了，现在我们和大多数真正的鱼并没有什么共同点。也就是说，除了会利用蓑鲉进行试药之外，人们不会在适用于人体之前先在其他鱼类身上试药。

蓑鲉——脊椎动物中的“海绵”，基因没有太多华丽的点缀。它们有的只是和人类在基因组序列上的相似性——比如“同源异形盒”中的基因：控制身体构造、器官形成、胚胎从受精卵发育成胎儿并分娩。我们的器官系统是相似的，在胚胎发育的前五个阶段，蓑鲉胚胎和人类胚胎甚至很难区分。

我们知道这一点是因为蓑鲉是“铂金级”的模型物种。它们体形小，繁殖快，不仅卵是透明的，就连身体也是透明的。这使我们在不同实验变量的影响下观察它们的内部器官变得很容易。

蓑鲉告诉我们：

明白了吗？你的祖先实际上像鱼一样，你在母体受孕后 3 到 6 周时也像鱼一样。

蓑鲉处于“幼儿”阶段，在受孕4周后，看起来像人类胚胎

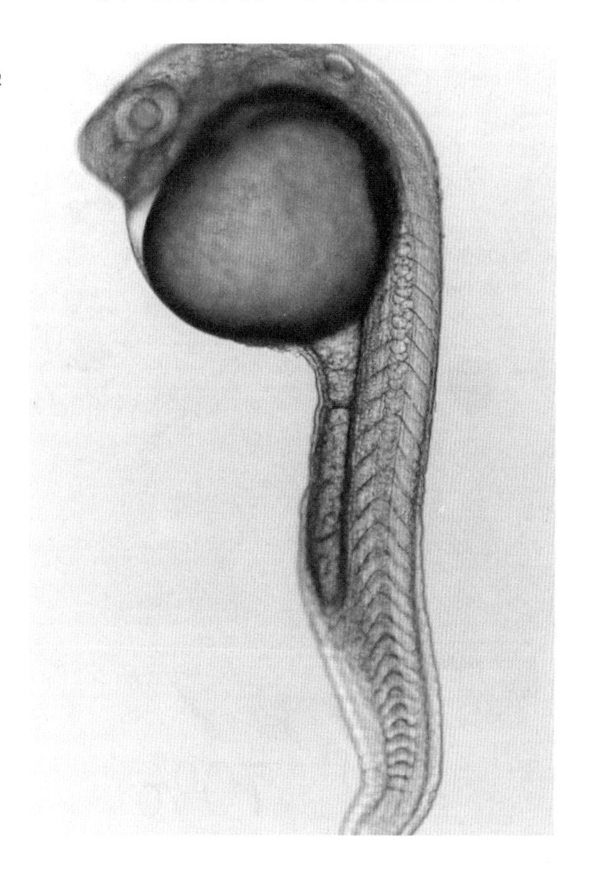

非洲爪蟾

（*Xenopus tropicalis, Xenopus laevis*）

潜伏者

两栖动物中基因组最先被破译的就是非洲爪蟾，人类喜欢用爪蟾进行研究，因为针对它们的研究会给人类自身的研究带来启发，它们的基因组证实了两者之间存在很多相似之处。从基因上讲，非洲爪蟾无所不能，什么都擅长，它们擅长的比我们肉眼可见的多得多。

体形
28~55 毫米

人类基因大约 70% 与非洲爪蟾重合，包括影响心脏、肺、细胞分化、胚胎、毒理等的基因。

非洲爪蟾在生命长河的位置

爪蟾进化史上最重要的篇章始于1930年。一位在南非进行探险的英国研究人员发现，非洲爪蟾繁殖速度快、抗病性强、易于研究。他还发现，当给它们注射孕妇的尿液后，它们就开始疯狂产卵。研究人员把一群非洲爪蟾带到英国，建立了一个繁殖实验室，在那里他可以继续他的研究；他想确保他的实验是可靠的。到1940年，实验的可靠性得到了保障。随着第二次世界大战的结束，人类迎来新一代婴儿潮，非洲爪蟾也开始占领世界，这就是与人类世界平行的“两栖动物婴儿潮”。

非洲爪蟾的数量庞大，以至于饲养者开始因为其他原因出售它们：比如作为邮寄宠物或者解剖课样本。但是到了20世纪60年代，随着新的孕检技术的出现，爪蟾不那么受欢迎了，实验室和宠物主人都倾向于将非洲爪蟾放归野外，在那里它们可以随意繁殖。它们分散到新的栖息地和地理区域，在各种变化不定、危机四伏的环境中繁衍生息，它们的食性很杂，而且几乎没有什么真正的天敌。

因此，爪蟾再次引起了研究人员的兴趣。爪蟾是研究脊椎动物发育、分子生物学和细胞生物学最常用的动物——是两栖动物中的“实验室小白鼠”。顺便说一下，它们的基因库又出现了很多变异，就像老鼠一样，并且不同种类的爪蟾在基因上也存在差异。

爪蟾的进化秘密

喉

对进化研究者来说，20多种爪蟾的多样化程度就像从20多个不同窗口进入平行的进化世界。所有爪蟾的基因组都有足够的共同点，便于进行基因比较。它们适应得很快，所以很容易找到具有不同特质的个体。2013年，纽约的研究人员比较了两种不同种类的爪蟾的基因组，它们交配时叫声明显不同。他们发现这两种爪蟾的确有着不同的进化模式，而且它们的基因组分别编码了喉和大脑的不同神经连接方式。

眼睛

1999年对非洲爪蟾的眼睛基因Pax6的一项研究发现，蛙对眼部的基因突变特别敏感。有一项非常可怕的实验，非洲爪蟾在研究人员的人为控制下出现了畸形的眼睛，包括无虹膜的眼睛，这种情况下，它们的眼睛没有可伸缩的虹膜，只有黑色的张开的瞳孔（谢谢你的牺牲，爪蟾）。

性别决定

与鞭尾蜥蜴和隆头蛛一样，爪蟾也是多倍体动物，这意味着它可能保留了双亲的多条染色体。以非洲爪蟾为例，这种情况不止发生了一次，最终可能会导致一个个体在DNA中却出现了四个完整的基因组。这些基因组出现在爪蟾生命的某个阶段，所以我们对DNA和RNA功能的大多数了解来自非洲爪蟾和它的基因组。

虽然科学还不能直接证明上述特征是非洲爪蟾能够适应各种环境的“原因”，但科学确实证明，可供动物选择的遗传物质越多，它们的适应能力就越强。也就是说，动物的基因本身就是用来处理信息过载的。

非洲爪蟾能够证明这一点。有一种莱维斯爪蟾（*Xenopus, X. laevis*），我们知道它的多倍性出现在数百万年前。这使它成为多倍性研究的理想之选，却也使研究一个基因组，然后将得到的信息应用于所有其他相关群体、亚种和物种的想法复杂化了。例如，当一项研究将两种非洲爪蟾进行比较时，发现莱维斯爪蟾在基因组进化的过程中会独树一帜。它保留了四个基因组中一个（实际上是亚基因组）的完整版本，而其他的基因组则像基因组在代际传递中通常情形下那样：重新排列一些碱基对，抛弃一些碱基对，甚至抛弃一些完整的基因。一些新的变化就出现在了爪蟾的身体上。大体上来讲，因为它有两个基因组可供选择，这样既“两全其美”，又“万无一失”。即使新的基因没有出现，它也还有原来的基因可以依靠。

性器官

但是多条性特异性染色体也意味着更多的出错可能性。在一项著名的研究中，一位美国研究人员受雇于一家化学公司，跟踪研究工业废物的处置情况，结果发现，工业废物导致了整个种群的爪蟾同时发育出雌性和雄性的性器官以及多余的四肢。

爪子

人们通常不会将爪子与爪蟾联系在一起，但是爪蟾的爪子至关重要。没有爪子的动物就会进化得不再需要爪子。对非洲爪蟾来说，爪子是抵御捕食者的绝佳武器，而且在捕食上也很有帮助：不管是死是活，任何能够一口吞下的生物它们都可以成功捕食。它们的爪子非常灵敏，能够帮助它们定位食物。

感官

虽然爪蟾有很灵敏的嗅觉，但它们也利用一种有趣的方法来探测猎物，特别是在水中。

达尔文眼中的非洲爪蟾

达尔文似乎没有对非洲爪蟾进行分类，而非洲爪蟾的分布范围在 150 年前（即达尔文的时代）要小得多。当谈到进化和地理局限性之间的关系时，达尔文常常把目光投向他的朋友和同事——华莱士，他就这个问题写了两卷书。当然，达尔文已经注意到了地理位置的局限所造成的影响，但扩展到全球范围就会使他感到困惑不已。他和华莱士花费了大量时间讨论这个问题，并且为此写了好几封信。特别是那些看起来彼此相似却生活在不同地区的物种。这些是达尔文和华莱士穷其一生都未能解开的谜团。

1909 年，一位名叫汉斯 · 加多（Hans Gadow）的动物学家为一本重温达尔文和华莱士著作的论文集撰写了一篇文章。在这篇文章中，他抱怨生物界的同事们不再根据亲缘关系和地理位置来区分物种。他列举了两种完全不同但息息相关的爪蟾，“如果这些生物都生活在同一个大陆上，我们应该毫不犹豫、自然而然地把它们看作是一个小群体”。另外，他抱怨说，“南美洲的蟾蜍、非洲的爪蟾和侏儒爪蟾（看起来明显相似）同属一个古老的群体”，他的同事们“毫不犹豫地利用它们的分布来暗示两大洲之间以前的联系，这样看来我们是在某种恶性循环中争论”。1912 年，就在华莱士去世的前一年，一位年轻的德国研究人员发表了他对泛大陆和大陆漂移假说的看法，并且提出了一种可能的解决方案。

侧线是沿着爪蟾鼻子的神经孔连接起来的一条线，这些神经孔能够捕捉环境中的化学变化和电流变化。有了这个系统，爪蟾可以“品尝”周围环境中的化学变化，感受电流的微小变化以及电能和水下的波动。侧线的进化可以追溯到鲨鱼从其他动物血系中分离出来之时，许多现代两栖动物和鱼类都有侧线。

自 2013 年以来，一些研究表明，陆地爬行动物以及鸟类的嗅觉、味觉和触觉（触须）之间存在遗传相关性，甚至可能与人类的内耳毛存在相关性。侧线基因标记也出现在肺鱼身上，甚至可能也与海绵神秘的非神经元神经密码有关。

爪蟾告诉我们：

多倍体有机体能够从它的所有染色体上获得 DNA，多样化的速度会很快，只需要几代该物种就会消失。

本节术语：分布、染色体倍性、多样化

珍珠鸟

（*Taeniopygia guttata*）

踏上旅程

达尔文的加拉帕戈斯之旅中，雀类是一切问题的“始作俑者”，它们的喙适应着它们在生态系统中所处的生态位，但是事情远没有这么简单。

珍珠鸟在生命长河的位置

5 500 万年前

在 K-Pg 事件之后，现存的所有鸟类进入了快速进化阶段。

700 万年前

包括鸣禽在内的鸟类群体似乎经历了最为惊人的基因飞跃。关于基因进化速度的观点极富争议，但我们可以利用我们所掌握的知识来看这个问题，而且变化很容易被观察到，就像“达尔文雀”的喙一样明显。

一项大型研究只考虑到了新鸟类之间的一些表面联系，并将鸟类分为几个大类群或分支：

- 一支包括杜鹃和鸽子。
- 一支包括鹤和苍鹭。
- 一支包括所有水鸟（不包括鸭和鹅），无论该鸟类潜水、涉水或在水边筑巢。
- 一支包括夜鹰、雨燕、蜂鸟和珍珠鸟。

最后一支的进化速度最快，2014 年的一项以多种动物为研究对象的大型跨机构研究的结果显示，珍珠鸟的进化至今依旧在进行，即使是在高度多样化的新鸟类中，珍珠鸟的多样性也是数一数二的。

珍珠鸟的进化秘密

小基因组

鸟类基因组特征的一个重大变化发生在基因的大小上。所有鸟类的基因组都相对较小，平均有 10 亿 ~12.6 亿对碱基。这意味着在做出诸多改变的同时，还需要抛弃垃圾信息。我们还需要更多的研究，才能知道它们是如何做到的。

性别决定

性别决定是一个简单描述“是什么”的短语：性别是由染色体的组合决定的，大多数鸣禽性别由 Z 或 Y 染色体决定，每一种有 20 对。但我们并不知道染色体（DNA 组块）是如何决定鸟的性别的。这不仅仅是雄性基因和雌性基因的问题，二者的染色体之间存在着相互作用，随之而来的是连锁反应。幸运的是，珍珠鸟这一鸟类世界的模式生物，不止有 40

这幅由不同种加拉帕戈斯雀鸟和它们各具特色的喙组成的标志性图像已经成为达尔文自然选择理论的象征。鸟类学家约翰·古尔德（John Gould）为达尔文在1845年出版的《小猎犬号航行》一书细致地绘制了这些雀鸟，而该书问世时间比《物种起源》早了14年

对染色体，它们实际上有41对。这一额外的染色体属于基因异常，研究人员数十年来一直没有发现其真正作用，直到2018年5月基因技术才发展到足以揭开其奥秘的地步。目前，该项目的结论是：这个染色体确实一直还在进化中，这就意味着它在某种程度上正积极影响着鸟类的其他基因组。随着研究不断深入，研究人员希望这一具有“指示性”的染色体能够阐明性别决定的实际作用机制。

红色毛色

想象一下某些动物的鲜红皮毛或羽毛，红色的毛色对这些幸运儿来说是一种优势。在珍珠鸟、红衣凤头鸟和火烈鸟中，雌性喜欢有鲜亮红羽的雄性（又一个性别选择的例子）。不过，红色色素的来源并不在鸟的体内。也就是说，鸟类没有红色基因。实际上，这种红色是后天出现的，是食用胡萝卜素（胡萝卜素是使胡萝卜呈现橙色的物质）的结果。是的，如果吃得够多的话，即使是人类也会变成橙色。

令人费解的是，胡萝卜素是橙色的，所以在鸟类体内仍然需要发生某种转化才能产生红色色素。自20世纪20年代红金丝雀大行其道，科学家一直致力于寻找促进转化发生的酶或是身体过程。2018年，一群欧洲研究人员分离出了这种基因。

要想让颜色起作用，并影响性别决定，那么其他动物必须能够看到。如果动物的体内不能产生颜色，那为什么它们的眼睛能看到呢？这不是鸡和蛋的问题，而是“红色”和“看得见红色的眼睛”的问题：到底哪个在先？

2018 年，英国和瑞典的一组研究人员还发现，有一种基因能够编码眼睛中的蛋白质。任何能看到红色的动物的视网膜上都有这种基因。

同样，能看见红色的基因属于一个更大的基因家族，或者说通常是相邻出现的基因。这些相关基因的功能类似于控制胃液中的酸和控制不同性别的动物不同的特征（性二型），比如雄性红衣凤头鸟是鲜红的，而雌性不是。

2018 年的一项研究经过比较得出，红色转化酶不直接决定红色毛色，而只是与红色所传达的信息有关：“嘿，宝贝，我的后代能够消化毒素，不会死。”或者，如果雌性能够看到红色，意味着它们的基因是相容的。或者它们都被意外地诱使基因永久化：富含胡萝卜素的植物从鲜亮的红色中受益，它们被吃得越多，动物就越有可能散播它们的种子（通过动物粪便或附着在羽毛上）。

随着时间的推移，长期吃某种有潜在毒素的新植物这一可能致命的行为与得到的“奖励”联系起来了。

鸡和蛋的问题，红色和看得见红色的眼睛（红色控）的问题的答案是：没有什么先来后到，也不是巧合。吃红的、变成红的、看见红的、爱红的都是一起进化出来的特征。

“会说话”的基因

2016 年，珍珠鸟再次带来了进化生物学的重大发现。美国的研究人员在珍珠鸟身上分离出一种基因，这种基因似乎与珍珠鸟歌唱、识曲和作曲的能力有关。

更重要的是，这个基因与人类的 FOX 基因有着不可思议的相似之处，这是语言和语言发展所必需的基因。在珍珠鸟身上，这种基因有助于鸟类将听到的歌曲与其自身发出声音的物理特性联系起来。

长寿（与否）

因为珍珠鸟与声音的关系很密切，太多的声音实际上可能会缩短它的寿命。2015 的一项研究发现，珍珠鸟一旦离开巢穴，处在交通噪音环境中，端粒缩短的速度比处在安静环境时更快。端粒是染色体末端保护基因免受损伤的“帽子结构”。端粒缩短是动物在生物学上衰老的一种表现。

珍珠鸟告诉我们：

珍珠鸟是鸟类中常见的模式生物，这意味着珍珠鸟奇特而精细的特征只是你在进化长河中、在鸟类分支时期的探险中会遇到的一个“微型”奇迹。

灰色短尾负鼠

（*Monodelphis domestica*）

伟大的哺乳动物

你读完这篇文章，下次聚会时，如果有人问两只负鼠之间有什么实际差异你就会知道怎么回答了。但更重要的是，你就会知道负鼠颠覆了老学派有关哺乳动物的认知，像人类这样的养育婴儿的方式才是进化过程中的超级“怪胎”。

并不是所有的哺乳动物都孕育幼崽，并通过脐带和胎盘提供养分，最后在数周后生育。早在现代胎盘类哺乳动物出现之前，后兽亚纲就已经存在了，这些毛茸茸的哺乳动物，产下未完全发育的幼崽，把它们粉嫩嫩的身体放在育儿袋里，直到它们长大到能够自己行走为止。

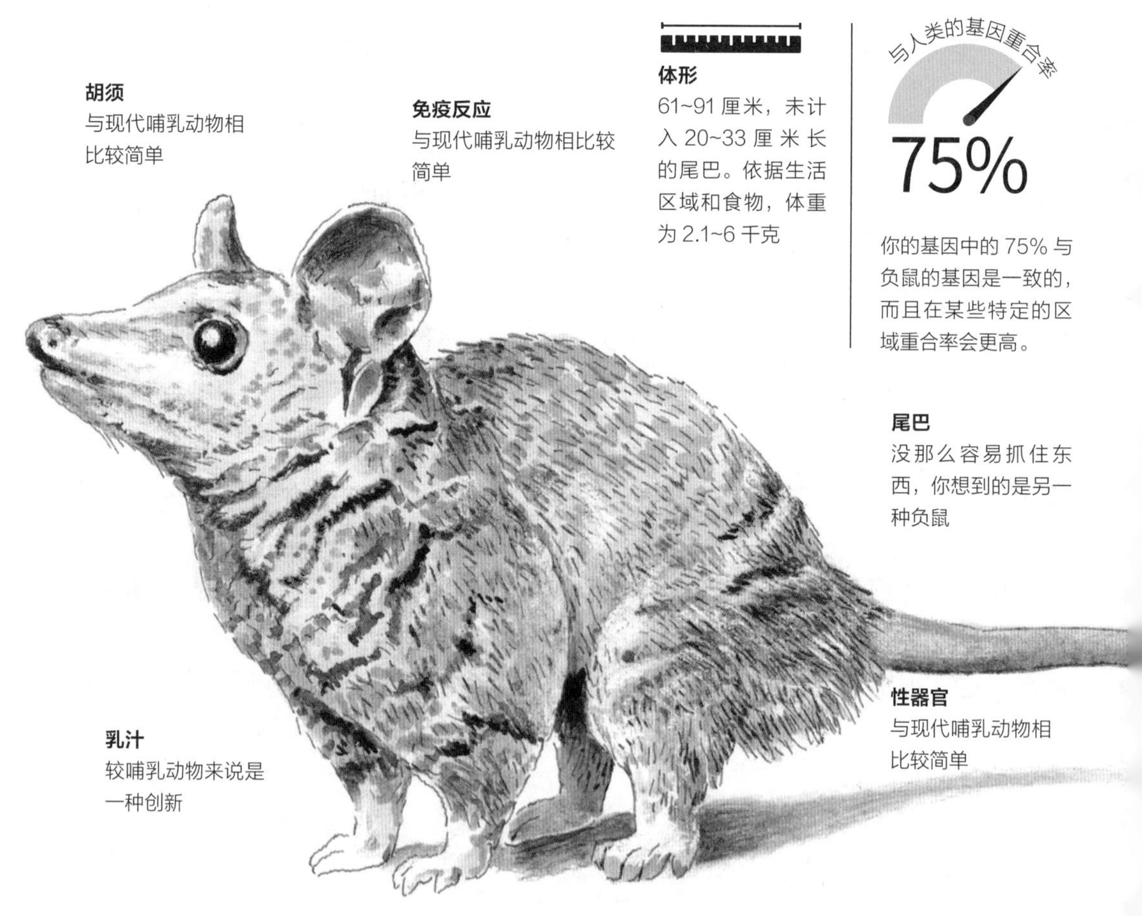

负鼠在生命长河的位置

1.65 亿 ~1.8 亿年前

在恐龙的统治时期，其他的陆生动物分为两类：也就是后来的后兽亚纲（有袋类哺乳动物）和今天的真兽亚纲（胎盘类哺乳动物）。

1.6 亿年前

有袋类哺乳动物开始出现，从一小群“微不足道”的胎盘类哺乳动物中分离出来。

1.5 亿年前

早期的哺乳动物已经开始呈现出多样化的特征，尽其所能地生存下来，适应了各种各样的生态位。现代胎盘类哺乳动物的早期亲属是真兽亚纲。

7 500 万年前

有袋类哺乳动物正处于鼎盛时期，现代欧洲、亚洲和北美洲 68 种已知物种属于该分类。

6 500 万年前

负鼠从其他有袋动物中分离出来，它们是现代有袋类哺乳动物的早期亲戚，包括北美和南美负鼠、澳大利亚负鼠、袋鼠、袋熊，以及澳大利亚和新西兰大部分哺乳动物。

5 500 万年前

一些物种穿越了美洲大陆——北方动物南迁，其中包括大多数早期有袋类哺乳动物。

负鼠的进化秘密

眼睛

负鼠和大多数夜间活动的动物一样，眼睛和瞳孔比较大。澳大利亚负鼠的大眼睛是很可爱的，但是大眼睛如果长在弗吉尼亚负鼠身上，就只能让它们的面貌更加恐怖。

乳汁

原始负鼠是最早被发现进化出了对乳汁的进化至关重要的两个现象的动物。一个是抗菌效果的出现，有助于抵抗病原体并且保持婴儿健康；另一个是益生菌对有益微生物的作用。虽然乳汁的第一次出现比负鼠的出现早得多（如鸭嘴兽），但是负鼠的确完善了乳汁的功能，这些创新之处使乳汁的适应性更强，进而使负鼠和后来进化出的胎盘能够茁壮成长。

性器官

作为哺乳动物，雌性负鼠的性器官却比较简单。用来把幼崽“推出”的通道更像是鸟类的泄殖腔，这是很正常的，因为与其说是产下幼崽，不如说是产下柔软的卵，雌性负鼠并没有子宫和阴道。

免疫反应

负鼠和其他有袋类哺乳动物的免疫系统都很简单，遗传上看起来与人类大不相同。比如炎症是哺乳动物免疫反应的一个关键特征，却不是原始负鼠免疫反应的特征。这是负鼠丢失的遗传信号之一。

这意味着炎症伴随着变化而来，也意味着负鼠通常被称为的怀孕可能是一种精心设计的免疫反应。

这比我们研究猴子得出的结论还要耸人听闻。想想看：如果不是一些奇怪的原始负鼠感染了，今天我们这些哺乳动物可能永远不会出现。从另一个角度看，或许也没什么好奇怪的，纵观这本书，很明显可以看出，避免疾病（免疫和癌症控制）比食物和性更能推动动物进化的进程。虽然表达得有点简单粗暴，可这也是事实。从事该研究的澳大利亚研究人员表示，哺乳动物复杂的免疫系统是在负鼠和猴子这两种哺乳动物的血统分离之前产生的。他们将负鼠基因组中的1 500个免疫基因与人类基因组中的基因进行了比较，发现存在着很多相似之处。

受精卵附着在母亲的子宫壁上开始成为胎儿的那一刻叫作着床。从身体的角度来看，着床很像一种寄生物附着在宿主身上。然而，在着床和出生之间的阶段，免疫系统进行着控制，使胎儿得以发育。

有袋类哺乳动物的怀孕时间很短。早期负鼠的胚胎发育周期约 12 天，在子宫内形成带壳的卵。然后脱壳，尽可能附着在子宫壁上，激活促进胎盘发育的基因。但是两天后，母亲的免疫系统会排斥胚胎，因此与胎盘类哺乳动物相比，它们生下的幼崽仍处于非常不成熟的发育阶段。

负鼠

负鼠（Opossum）：生活在南美，包括我们的灰色短尾负鼠在内的许多物种，都属于美洲负鼠（Didelphidae）。

负鼠（Possum）：仅生活在澳大利亚。它们彻底从双门齿目中分离出来，有蓬松的尾巴。

还是负鼠（Opossum）：生活在北美。只剩下一种：弗吉尼亚负鼠，也属于美洲负鼠（Didelphidae）。美国人把它们统称为负鼠（Possums）。

这是一只弗吉尼亚负鼠。1897年，梅耶斯 · 莱克西肯（Meyers Lexikon）为德国百科全书所绘制的，他可能从来没有在现实生活中见过真正的负鼠，因为这幅插图中的负鼠的面部过于短小，更像是老鼠

灰色短尾负鼠与我们在北美经常见到的弗吉尼亚负鼠截然不同。弗吉尼亚负鼠最常被描绘成倒挂在树上、用尾巴搬运东西、爱装死的动物。

但是它们没有什么免疫功能，新生负鼠的免疫系统极其简单也极其脆弱，这是有袋类哺乳动物的共同特征。不过它们可以再生被切断的脊髓。这一特点使它们成为器官移植和癌症医学研究的理想目标。

尾巴

负鼠的尾巴可以缠绕住东西，这意味着它们可以对尾巴的运动进行精确的控制，它们可以用尾巴缠住树枝，但并没有大众所认为的那么神奇。虽然照片上经常看到它们用尾巴倒挂在树上，但它们在睡觉时很难做到这一点。

胡须

最近的一项研究表明，负鼠胡须的功能与其胎盘类“远亲”相似，但并不完全相同。同样，它们也有“最佳胡须”——BW（科学家们必须用一些缩写），这是所有其他胡须的“领头羊”。但是负鼠的神经系统中相应的BW反应能力似乎没有老鼠那么强，老鼠已经特别进化出胡须到大脑的通路。

转座子

研究负鼠和人类之间差异的一个线索是，负鼠的基因组缺少一些在胎盘类哺乳动物中的未编码的“垃圾”元素。这意味着，这些元素在一定程度上促进哺乳动物变成了如今的样子，并在原始哺乳动物从原始负鼠中分离出来后促进其进化成了现在的“基本”形态。研究人员估计，胎盘类哺乳动物基因组中95%的新元素是在“分离”出来之后产生的。

达尔文眼中的负鼠

华莱士给予达尔文最大的帮助之一就是分解进化的地理要素和他关于物种间迁移的理论。他对负鼠洲际旅行的描述就是一个很好的例子：

> 这里有一个最著名的例子，丰富多样的生物种类常常被限制在地球表面的有限区域中，唯一的例外是美国的负鼠。已经有证据表明负鼠是新移民。它们从欧洲消失之后过了很久才在现在的栖息地生存下来。然而，由于第三纪期间澳大利亚除了有袋类动物（*Didelphyidæ*）之外没有其他哺乳动物存在，我们必须假设在更早的时候，其他有袋类哺乳动物的祖先来到了澳大利亚，而生活在三叠纪的奇特的小型哺乳动物更确切地指示了迁移发生的具体时间。

负鼠告诉我们：

了解胎盘进化的秘密在于了解哺乳动物“湿漉漉的粉色育儿袋”，育儿袋数千年前就已经退化了，而且即使没有育儿袋，动物们也能生活得很好。

本节术语： 有袋类哺乳动物、胎盘类哺乳动物

九带犰狳

（*Dasypus novemcinctus*）

远道而来的表亲

现在看起来可能相似度不高，但这种动物确实是我们比较亲近的表亲。和马一样，我们与它们有着共同的远古祖先，这个早在3 500万年前就出现在化石记录中的动物，在外观上已经很像今天的“进化后版本”了。

体形

长 38~58.5 厘米，未计入尾巴长度

幼崽牙齿

和其他哺乳动物一样，九带犰狳褪去了乳牙，成年换牙，但不同于其他贫齿目动物

霍夫曼两趾树懒

（*Choloepus hoffmanni*）

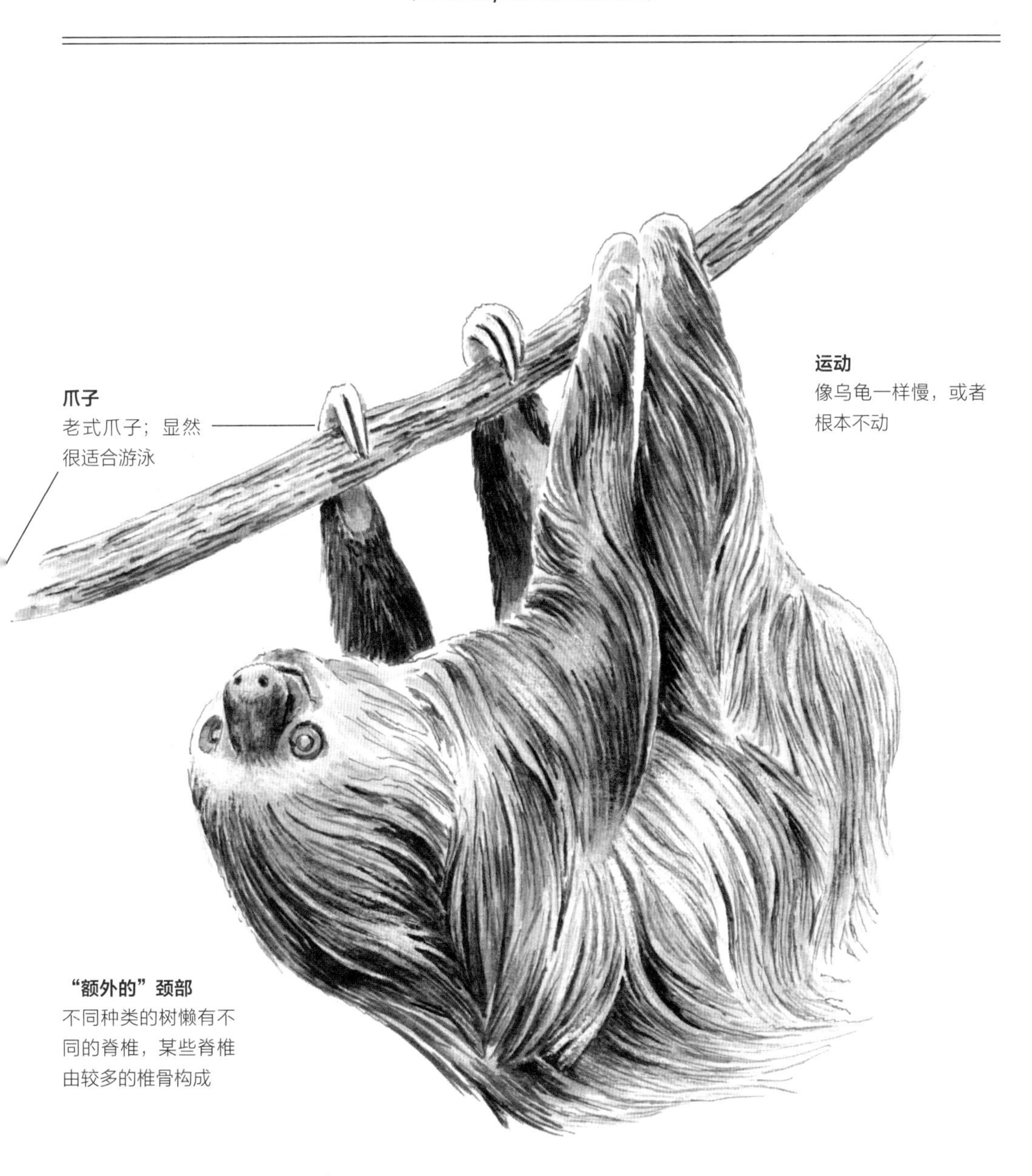

体形
53.3~73.6 厘米

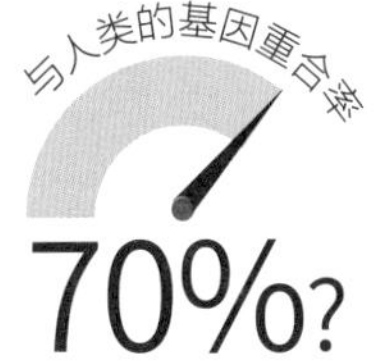

虽然以上两种动物都与人类不同，但各有其不同之处。人类和树懒的基因组对比并不是高优先级的，可结果显示重合率高达70%，有趣吧。唯有人类和犰狳是共同携带麻风病基因的两种动物。研究表明，可能是人类传染给犰狳的，而犰狳的体温有利于这种病毒的生存。但是基因是如何讲述这个故事的呢？

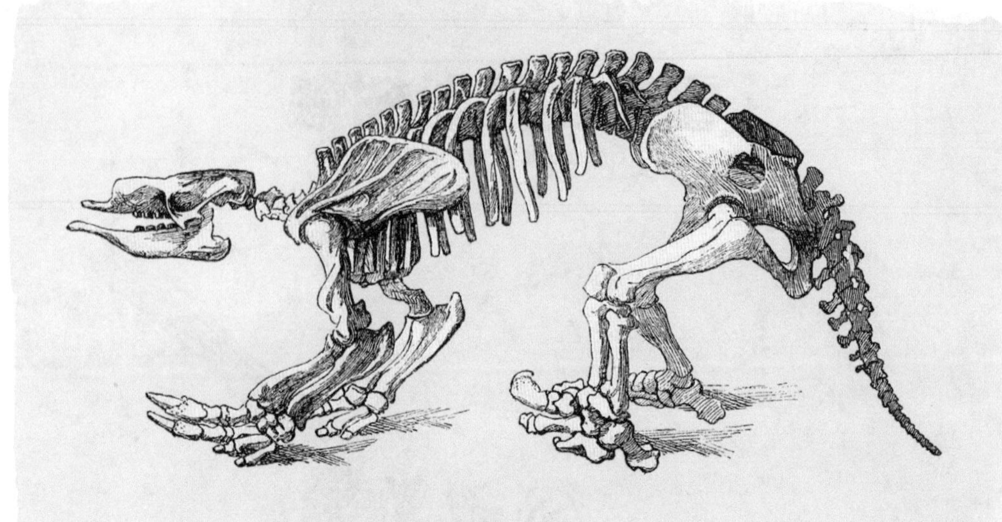

达尔文眼中的犰狳

迄今为止发现的最重要的化石都是查尔斯·达尔文制作的，这绝非巧合。他将观察到的古代生物和现代生物之间的差异，作为他巩固自己的理论的证据，尤其包括了美洲南部大型哺乳动物化石中的“巨型地懒”，他称其为“化石骨头”。他在写给妹妹卡罗琳的信中写道：最棒的发现就是可以通过活物讲述时空的故事。

最早发现巨型地懒化石的人叫曼努埃尔·托雷斯（Manuel Torres），他是一位多米尼加的修士，这是第一次公开展示的史前哺乳动物的骨骼。这具骨骼非常完整，法国著名的博物学家、解剖学家乔治·居维叶（Georges Cuvier）从未见过这个标本，却能够依据一幅图画准确地对这个化石进行描述，这一详细描述是达尔文在小猎犬号上阅读的资料之一。所以，当他见到真正的标本时，他知道那是什么。与现代树懒不同，巨型树懒的体重达 4~6 吨，身高 4 米。也就是说：化石表明了它们能够站立，甚至是用后腿走路的。

1832 年，在阿根廷布宜诺斯艾利斯附近，达尔文发现了一些他在笔记中描述为“巨型犰狳”的动物的蛛丝马迹。他猜到这只犰狳实际上是一只 3 米长的树懒和雕齿兽的史前表亲。一年后，也就是 1833 年，一位导游带他找到了一块几乎完整的半出土的化石，使达尔文进一步肯定了自己的发现。他在一封信中说：“我想它们一定是犰狳，在这里这一物种的数量是如此庞大。”但在他发表自己的发现之前，他读到乔治·居维叶一直坚持认为这种化石实际上属于巨型地懒。达尔文在随后的几年里一直恭敬地遵循着这一思路，甚至在1844 年的论文中将其认定为地懒，这是他有关进化论的第一篇重要出版物。

犰狳和树懒在生命长河的位置

大约 1 亿年前，鸭嘴兽、针鼹和澳大利亚的各种有袋动物分离开来后，下一个要分裂的群体就变成了大象、猛犸象、海牛、犰狳、树懒和食蚁兽。过不了多久，那些将成为树懒、犰狳和巨型食蚁兽祖先的动物迁徙到了现在的中美洲和南美洲，而原始大象和猛犸象的祖先则前往了今天的非洲。前一个群体被称作贫齿目，很糟糕的名字，整个群体包括 20 种犰狳（包括多毛犰狳）、6 种树懒和 5 种食蚁兽。

1821年，雕刻师和博物学家约瑟夫·威廉·爱德华·德阿尔顿（Joseph Wilhelm Eduard d'Alton）创作的“骷髅”系列插图中的两趾树懒

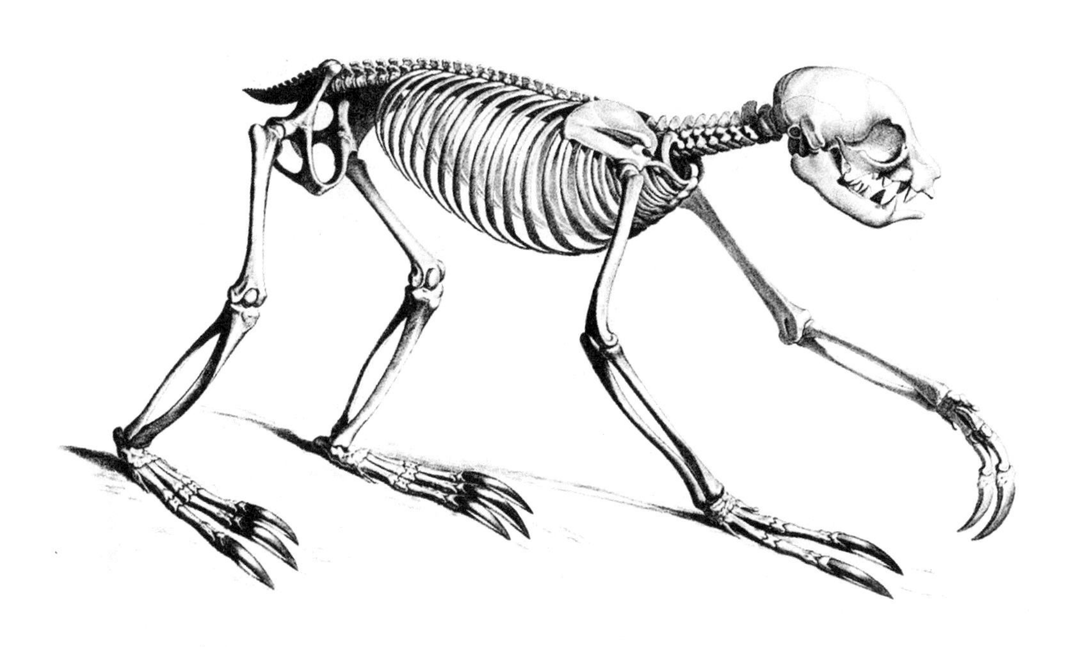

比较二者的进化秘密

爪子

犰狳和树懒长而有力的爪子看起来和它们史前祖先的爪子差不多。犰狳不再使用爪子挖洞或寻找蛴螬，而是“踮着脚尖”到处走。树懒不会用爪子走路，而是用爪子挂在树上。

防御

犰狳进化出一层坚硬的壳或甲，上面覆盖着坚硬的鳞片，类似海龟的龟壳、鳄鱼皮、鸟脚上的结块或者鲟鱼身上的“鳞片”。鳞片由角蛋白构成，固定在厚而坚韧的皮肤上。当遇到危险时，它们的头板和尾板可以完美地对齐，紧密地闭合，蜷缩成一个球。

相比之下，树懒最好的防御措施就是行动缓慢，以至于捕食者不太可能注意到它们。它们有着动物王国最慢的肌球蛋白，即使它们想，也做不到更快地移动。

得克萨斯州的犰狳的欧洲复古插图；年份和作者不详，但看看这些可爱的鳞甲

不是贫齿目

几个世纪以来，博物学家将犰狳和树懒归类于食蚁兽和穿山甲。这样的假设是合理的，它们体形相似，都有着长长的嘴和舌头，还有挖洞用的爪子，都以白蚁和蚂蚁为食。但多亏了基因组学，我们现在知道这些相似性只是趋同进化的经典案例——它们相似的生活方式导致相似的体形。这两种动物都被重新进行了归类。食蚁兽依旧有点神秘，但它们似乎与象鼩以及一种名为“无尾猬”的奇怪鼹鼠状生物有着密切的进化关系。而穿山甲与食肉动物如猫和狗的关系最密切。

昼夜节律

独特的防御措施使犰狳和树懒进化出了独特的生物钟。犰狳的壳太厚，很难调节体温，所以它们必须改变习惯来适应季节。夏天大部分时间里，它们在夜间活动，但是到了冬天，它们会改在白天活动，这样才能最大限度地吸收阳光，而晚上它们则会躲避到舒适的洞穴中。

树懒常年待在树上以避开潜在的捕食者，它们定期从树上下来是为了排便，所以它们进化出了蠕动缓慢的消化道。我们现在知道消化是昼夜节律控制的遗传性功能之一，而树懒可以长达 7 天不从树上下来，它们进化出了巨大的大肠，大肠和体形的比例可能是脊椎动物家族中最大的。

犰狳和树懒告诉我们：

有些动物自始至终都很奇怪。

家鼠

（*Mus musculus*）

人类和家鼠

从遗传学上来说，老鼠可能是我们最亲密的“盟友”和最重要的“远亲”了。想象一个实验室研究的“常客”，它能像非洲爪蟾、果蝇、蓑鲉那样迅速繁殖，产下许多后代，这个动物就一定非老鼠莫属了。人类和老鼠的分化是从这里开始的：要么你是高产动物的后代，要么就不是。老鼠选择了一个方向，灵长类动物选择了另外一个。但是老鼠和人类依旧享有足够多的共同点，这可能会让你在设置一个捕鼠器之前三思而后行。

老鼠在生命长河的位置

不管你信或不信（尽管现在你可能相信了），老鼠是哺乳动物中同人类并列的主要分支之一。它们在大约 7 500 万年前与我们分开。

啮齿类动物是与我们血缘关系最相近的非灵长类动物，更重要的是，它们保留了我们拥有的大部分基因，也就是说，老鼠的主要特征与人类是相同的。

可以这样想，老鼠平均的基因组可能与人类平均的基因组有 85% 的重合率。但是医学实验所使用的小白鼠基因重合比例还要更高；为了实验，它们被人为地注射了人类基因，当然，并不致死。不过，当这些医学实验将小白鼠的实验成果应用到人类身上时，我们最好祈祷这对人类来说也同样不致命。

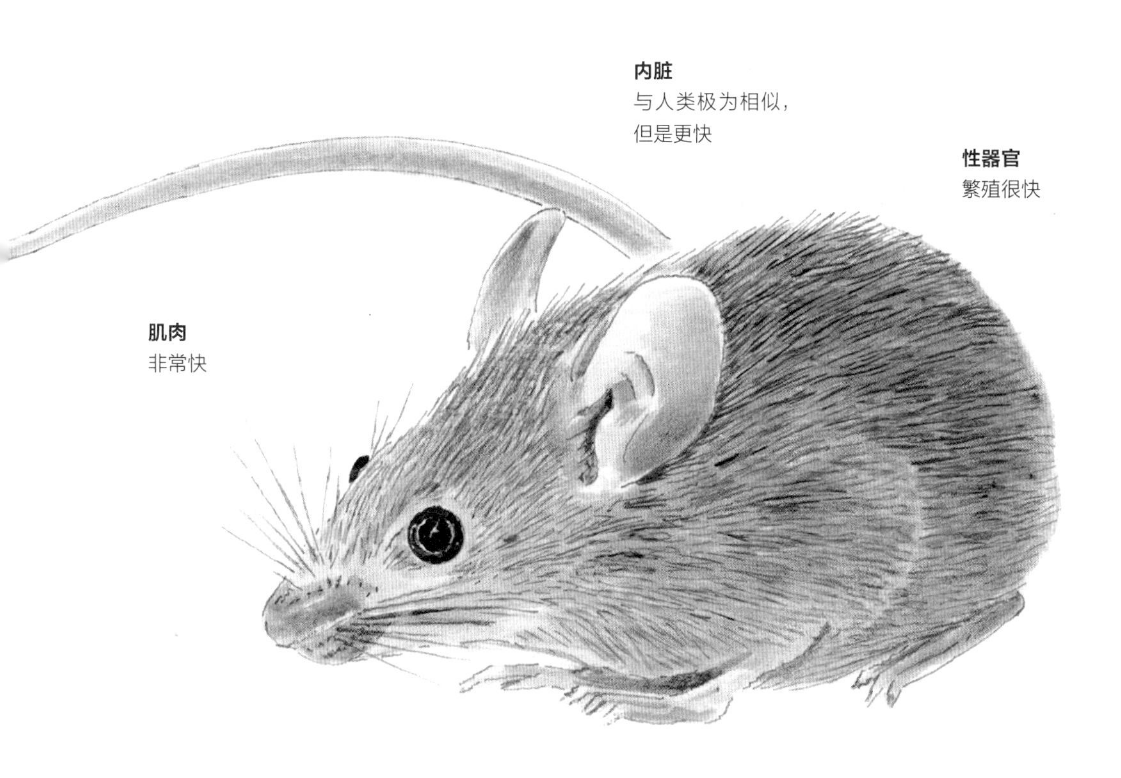

体形
7.5~10 厘米，
尾巴长 5~10 厘米

85%~
99%

取决于如何计算。多年来，这一数值发生了变化。在最早的测试中，人类和家鼠基因组重合率高达99%。随着基因组研究得越来越充分，这一百分比下滑了。但是现在，长期、深入的研究表明：人类和家鼠的一些表面上看似不同的基因可能比想象中有更多的相似性。

老鼠的进化秘密

基因相互作用

可以利用小白鼠进行的实验多如牛毛。我们给它们注射我们的细胞、癌症、化学激素和变异基因；我们制作 DNA 切片；然后看看会发生什么。例如，1991 年，意大利的一个实验室通过在小白鼠皮下注射耳特异性干细胞（ear-specific stem cells），培育出了一只背部长出人耳的裸鼠。

微 RNA

我们已经了解了转座子基因：游走于基因组中带来变化的遗传信息。微 RNA（miRNA）是一种非常碎片化的转座子，似乎并没有什么作用。即便如此，微 RNA 依旧是 RNA 遗传物质。现在我们知道所有的遗传物质都是好的遗传物质，对吧？时间以及更多的研究会证明这一点。

性别差异

老鼠和人类一样，也有 XX 和 XY 染色体。染色体的排列决定了动物的性别，也会影响很多其他的特征，甚至可能事关生死。

2017 年，一位名叫乔安娜・弗洛罗斯（Joanna Floros）的研究者公布了一项研究成果，这一发现使人们真正意识到治疗重大疾病时注意性别差异的重要性。这项关键性研究的对象是被阉割的雄性老鼠和被摘除卵巢的雌性老鼠，以及那些完整的老鼠。她观察这两个对照组暴露在同一种可能引发肺癌的 DNA 的控制之下时，在患病上是否存在基因差异。她了解到切除卵巢的雌性老鼠比去势后的雄性老鼠更容易患上癌症，而对照组没有老鼠患上癌症。她证明了性别差异的重要性，但是没有告诉我们为什么。答案可能在微 RNA 的研究中，这是接下来 DNA 研究的前沿。

性器官

自从分离以来，老鼠和人类之间的主要区别就是繁殖。老鼠新获得的基因极大地影响了生殖系统，使得它们能够更快、更频繁地产下更多的幼崽。

肌肉和肌球蛋白

人类和老鼠的另一个不同是在肌肉编码上。老鼠的肌肉更小，肌球蛋白的移动速度更快。

智利瓦尔帕莱索的老鼠，英国小猎犬号的菲茨罗伊船长亲笔所画。达尔文最初把它们归为小家鼠属长尾鼠（*Mus longicaudatus*），但后来它们又被重新归类为小啸鼠属长尾鼠（*Oligoryzomys longicaudatus*）或米鼠：啮齿动物与仓鼠、田鼠和旅鼠的关系比与旧时代家鼠的关系更密切

血液

老鼠的基因表明，它们的血液比同一血系的其他动物处理氧气的效率更高。

“人耳”

这是人工培育出的背上长着人耳的老鼠的名字，与实际的耳朵没有太大关系。2009年的一项研究项目研究了老鼠如果有人类语言的基因会发生什么。还记得珍珠鸟身上的FOX基因吗？在鸣禽身上，学习和分享声音交流的代码是什么？与有助于人类语言发展的是同一基因吗？老鼠也有这样的基因，我们只是还不确定其确切的功能。

老鼠告诉我们：

不管你如何看待动物实验，也不管你如何看待人类起源，人类和老鼠的基因如此接近，以至于用老鼠进行的研究拯救了很多人的生命。这是事实，是进化的产物。

同时，老鼠和人类并不相同，甚至同一物种的雌性和雄性也不相同。这也是事实，这鼓励着我们继续研究老鼠和人类之间的进化联系。

本节术语： 微 RNA

倭黑猩猩

（*Pan paniscus*）

姨母家的小弟弟

这个俏皮的标题太好了，我喜欢它，但我真的不能过分强调这个，因为叫得上名字的任何亲密的家庭关系，如母亲、父亲、兄弟姐妹、祖父这些都不能很好地类比人类和猿猴的关系。猿猴也有自己的家庭组成。

倭黑猩猩在生命长河的位置

2012 年，德国的人类研究学者对倭黑猩猩的基因组进行了测序，发现倭黑猩猩和黑猩猩的 DNA 重合率为 99.6%（比我们与尼安德特人、丹尼索瓦人以及其他早期人类共享的 DNA 少 0.3%）。

但奇怪的是，在我们与倭黑猩猩共有的 98.7% 的重叠基因中，约有 1.6% 的基因是与倭黑猩猩共有却不与黑猩猩共有的。仅同黑猩猩共有的基因也是这样的情况。

这些数字讲述了这样一个故事。我们共同的祖先——类人猿类的灵长类动物，并没有进化成现代类人猿或现代人类。事实上，把它们描述成一个整体更为准确。毕竟，“物种”中的个体之间也不会存在完全相同的基因。这个共同的祖先的群体相当庞大，而且基因十分多样。基因组分析数据显示，这个群体中有 2.7 万个可繁殖的个体。人类祖先在 400 多万年前从倭黑猩猩和黑猩猩的祖先中分离出来时，倭黑猩猩和黑猩猩的共同祖先保留了这种多样性，直到 100 万年前完全分裂成两个群体。这些群体的后代最终进化成了倭黑猩猩、黑猩猩和人类。因此每一个群体都会保留一部分祖先群体的不同的基因库中不同的基因排列方式。

虽然我们花了一些时间来阐释这个想法，但是我想指出的是，这就是为什么我更喜欢用河流来比喻进化，因为河流有足够的空间来容纳众多的支流，而不是简单的单行线。每一个血系中不是只有一个缺失的连接点，而是有数百万个。进化总是、也必然是大规模发生的，既有长度，又有广度（除非你是鞭尾蜥蜴）。

人类、黑猩猩和倭黑猩猩的共同祖先在 400 万 ~700 万年前分离。黑猩猩和倭黑猩猩

大脑
比黑猩猩更具有协调性
身形
比黑猩猩更像人类
手
能够制造和使用工具，能够交流
第三腓骨肌
以前被认为只出现在人类身上的细小腿部肌肉
体形
站立时 115 厘米
与人类的基因重合率
98.7%
和黑猩猩一样被作为人类最近的表亲而相提并论。（血缘关系依旧很远，而且倭黑猩猩多次被排除在外。）

一只黑猩猩，这是华莱士1889年出版的《达尔文主义：自然选择理论的阐述以及某些应用》一书中的插图

种群大约在 100 万年前分离，此后就再也没有杂交过。如果能在同一个地方生活的话，它们是完全可以进行交配的，可是这两个群体在地理上被刚果河阻隔了相当长的一段时期。

那么黑猩猩和倭黑猩猩之间的细微差别到底是什么呢？在相当长的一段时间里，它们各自发生了怎样的变化呢？我们尚不清楚，但是已经有了一些线索。

倭黑猩猩的进化秘密

免疫反应

某种基因只出现在黑猩猩身上，而且有助于对抗逆转录病毒。事实上，黑猩猩感染的艾滋病病毒比人类感染的要温和（称为 SIV，即猴免疫缺陷病毒）。不过，倭黑猩猩对任何 SIV 菌株都不敏感。2017 年，美国研究员艾米莉·卢波列夫斯基（Emily Wroblewski）比较了患 SIV 的倭黑猩猩和黑猩猩与免疫相关的基因，发现倭黑猩猩种群共享一种特定基因的三种变体，这种基因能够编码一种蛋白质，有助于免疫细胞识别病毒，也就是它可以识别出免疫缺陷病毒攻击的细胞的部位。倭黑猩猩、黑猩猩、大猩猩和人类共享这一基因，也就是说这个基因来自我们共同的祖先。但只有倭黑猩猩的这种基因产生了足够的变异，能够保证它们目前的安全。这点再次证明了，变异不是“生活的调味品”，而是关键。

身形

倭黑猩猩通常比黑猩猩高一些，肌肉没有黑猩猩发达。

第三腓骨肌

这种奇怪的小肌肉出现在人类的小腿，而黑猩猩没有这种肌肉。几十年来，这种肌肉一直被标榜为人类独有，一些理论家甚至引用其作为人类双足直立行走最重要的证据。但是，在2018年5月，一位名叫瑞·迪奥戈（Rui Diogo）的解剖学家在少数倭黑猩猩身上也发现了这块肌肉。在他解剖的七只倭黑猩猩中，有三只有第三腓骨肌，看起来与人类无异。迪奥戈不仅解剖了倭黑猩猩，整个项目还解剖了几种类人猿的标本，尤其注重寻找科学界此前声称人类独有的七种肌肉和肌腱。他在一个或多个倭黑猩猩、黑猩猩和大猩猩标本中发现了所有的七种肌肉，其中包括两块与发声有关的肌肉，一块位于喉部，一块位于脸部的下巴附近。

性倾向

倭黑猩猩和黑猩猩的基因组中与激素分泌有关的区域所存在的差异，或许有朝一日能够对雌性倭黑猩猩在月经期性生活较少做出解释，尽管我们并不知道这对我们有什么意义。

社交智力

黑猩猩和倭黑猩猩的另一个区别存在于感知社会信号的方式，倭黑猩猩更倾向于分享和合作，而黑猩猩则更善于使用工具和空间推理，但彼此之间的攻击性更强。

倭黑猩猩基因组可能存在与理解社交信号有关的部分。倭黑猩猩和人类都有这样的区域，黑猩猩则没有。但我们此处并非讨论社交的微妙之处。这一位置与尿液标记行为存在联系，黑猩猩不尊重尿液标记，而倭黑猩猩尊重。我们确定不了这一特征在现代人类身上是如何表现的（现在研究还为时过早），也无法理解“尿液语言”的同类物是什么。我研究这么多也不是想证明“黑猩猩尿尿只是尿着玩，而人类和倭黑猩猩进化得更高级了”，我们只是出现了不同的进化而已。

倭黑猩猩告诉我们：

黑猩猩和倭黑猩猩之间的差异充分说明了即使是很小的DNA片段的差异也会导致微妙而显著的变化。（不考虑个人偏好，但倭黑猩猩似乎是黑猩猩的更高级的版本。对人类DNA做一些调整会带来一种更好的人类吗？）

第三部分

无可救药的怪物

在海龟的启发下，一位名叫理查德 · 戈德施密特（Richard Goldschmidt）的中世纪自然主义者和早期遗传学家创造了“充满希望的怪物”一词，以此来描述具有超进化和怪诞性的有机体。例如乌龟，它的壳其实是严重畸形的脊柱，这些生物似乎存在着一种他称之为“宏突变”的现象——一种大规模的突变，比如说额外的肢体或者畸形的下半身，总而言之就是看起来会让不幸的承受者立即丧命的突变。尽管这个词可能概念性大过实用性，它指的是那些拥有一种荒谬或“可怕”的适应能力的动物，这种适应能力似乎麻烦大过功能，但最终却推动了进化的巨大新浪潮，旧的物种就这样让位于同类中更先进的新物种。

戈德施密特把那些在进化谱系中独树一帜的动物归入这一类：乌龟、鸭嘴兽、长颈鹿，甚至包括拥有特殊大脑的人类。我们现在知道，这些动物之所以具有独一无二的特征，并不是因为单一的突变，而是经由基因组复杂而精细的计算。戈德施密特的观点是：突变是偶然发生的，它们对生物体的效用要么在其生命过程中发挥作用并且可以遗传下来，要么就根本不会发挥作用。

这一部分将要再次回顾生命进化的河流中那些明显“异常”的动物，并且探索变异是如何发生的，以及这些“可怕”的特征与之有什么联系。

原鸡（亦称家鸡）

（*Gallus gallus*）

先玩什么游戏呢？炸鸡

侏罗纪公园已经到了，恐龙看起来很肥美，充满着肌肉，那就一桶一桶地油炸吧。

鸡在生命长河的位置

今天，鸡无处不在。地球上的鸡比人类还多。你能对素食主义者说什么呢？但是从进化上讲，数量多说明它们是比人类更为成功的物种。

信不信由你，鸡、火鸡、鸭子和鹅比起其他鸟类更像恐龙。揭示这一点的是一项为期4年的对“鸟类出生潮”的研究，这项研究对48种鸟类的基因组进行了测序。这是一项基于活体鸟类的比较解剖学和系统发育的分析研究，将告诉我们鸟类是如何进化的。

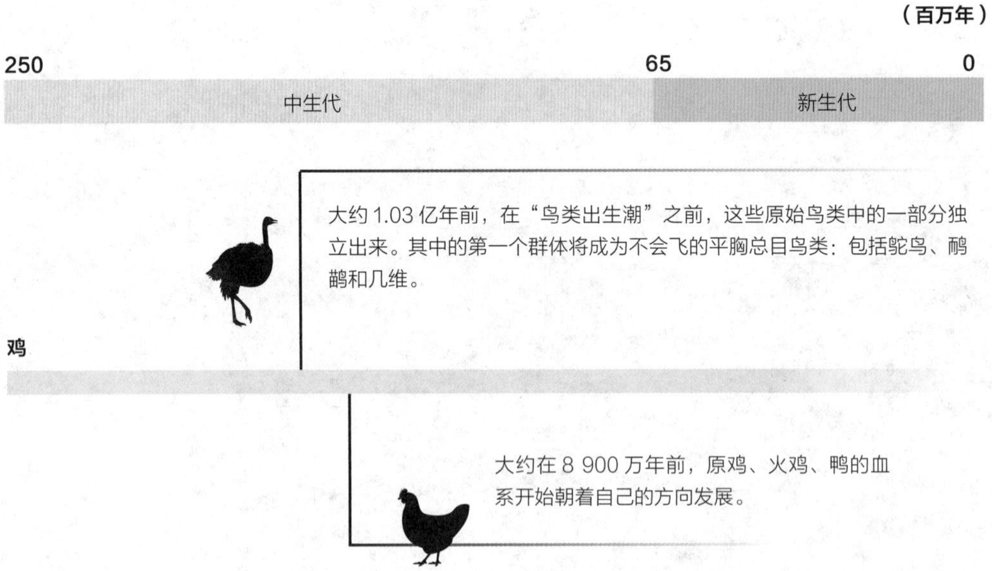

（百万年）

250 65 0

中生代 新生代

大约1.03亿年前，在“鸟类出生潮”之前，这些原始鸟类中的一部分独立出来。其中的第一个群体将成为不会飞的平胸总目鸟类：包括鸵鸟、鸸鹋和几维。

鸡

大约在8 900万年前，原鸡、火鸡、鸭的血系开始朝着自己的方向发展。

体形
71 厘米

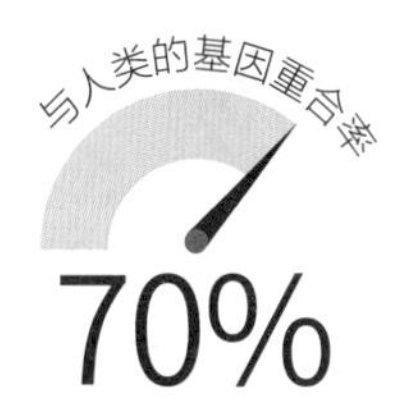

我们的DNA中有70%与鸡的基因重合，鸡没有人类那么多的碱基对，但是它们有与我们数量相当的完整蛋白质编码基因。

鸡的进化秘密

前肢

20 世纪 80 年代，果蝇的研究人员发现了一种基因，这种基因可以对某一特征是否会出现在某一身体部位进行控制。在苍蝇中，这种基因能控制苍蝇屁股上的鬃毛，因此研究人员将其命名为“刺猬（hedgehog）”。但是在鸡身上，“刺猬”基因与前肢的发育联系起来了。在脊椎动物中，正是“刺猬”基因决定了将要发育为前肢的细胞们到底是会变成羽毛翅膀、手、蝙蝠翅膀还是鳍。

当然，鸡对进化发育的研究是很有帮助的，因为研究人员很容易在鸡蛋中取得它们的胚胎。因此，研究人员通过染色标记鸡胚胎中的分子，并观察它们在特殊光线照射下的活跃位置，总结出了“刺猬”基因在鸡体内的工作原理。

喙

2015 年，遗传学家利用鸡和恐龙与短吻鳄有共同祖先的知识，进行基因拼接，使短吻鳄的鼻子长到了鸡的喙部。这个实验的目的是观察喙是如何进化的，这时胚胎看起来有点像伶盗龙。由此可见，《侏罗纪公园》不仅仅是一部电影。

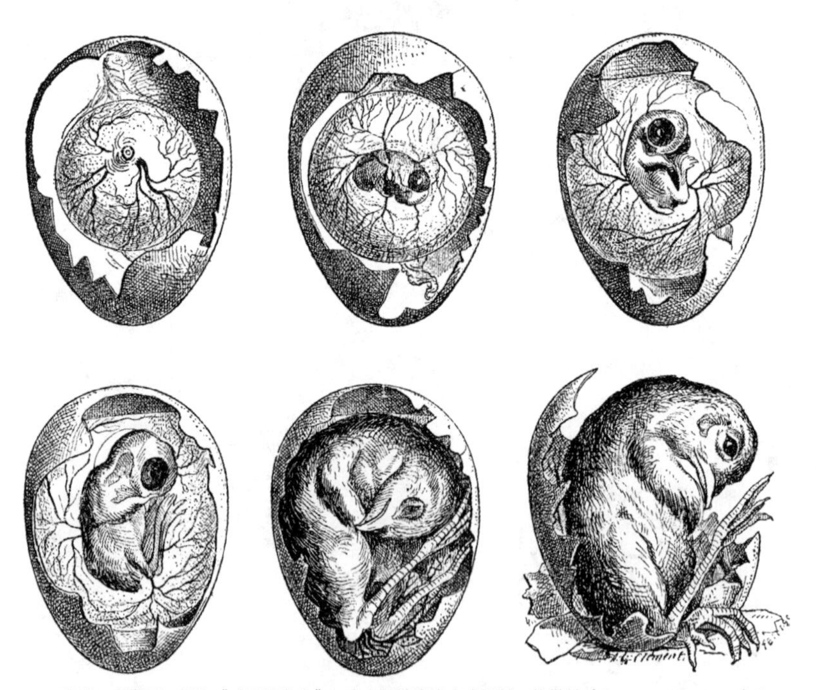

1895年的一幅版画，题为《鸡蛋的发育》，出自语法学家奥古斯特 · 梅勒特（Auguste Merlette）和艾梅 · 豪维翁（Aimé Hauvion）所著的《词汇与事物词典》

鸡告诉我们：

本书中花费大量时间强调进化的成功与否是仅仅依靠是否能够长久地保留下来这一点来定义的，与变得更好或者是胜过其他物种无关。但是我想了一下，鸡比地球上其他的大多数鸟类都要古老得多，我们繁殖它们，将它们养得肥肥胖胖，给它们进行仿生升级，让它们外观上看起来就像是与它们消失已久的恐龙“亲戚”所共享的基因依旧在它们的基因组中保存得很好一样。所以我想，也许鱼与熊掌是可以兼得的。

达尔文眼中的鸡

在著作和谈话中，达尔文坚持认为原鸡起源于红原鸡。不过，基因组学显示，原鸡与灰原鸡的亲缘关系更为密切。然而，他对这两种鸟类的描述都很单薄，他曾愉快地描述了一种完全不同的原鸡：“我在这里还获得了一种稀有的绿色原鸡（*Gallus furcatus*）标本，它的背部和颈部有着漂亮的青铜色羽毛，光滑的椭圆形鸡冠流转着紫罗兰色的光泽。”

恒河鳄

（*Gavialis gangeticus*）

鸟脑

鳄鱼曾经是恐龙的“模板”。那些史前“雷霆蜥蜴”的艺术效果图有鳄鱼一般的脸和皮肤，我们所见到的鳄鱼被认为是“活化石”。今天，鸟类“偷”走了鳄鱼的这一地位，我们也知道了“活化石”是一个误称：没有任何生物是一成不变的。但是像恒河鳄这样的鳄鱼已经存在很长一段时间了，而且并没有发生太大的变化，它们是活生生的进化证据，而进化有时候是非常缓慢的。

体形

雌性为 3.3~4.4 米，
雄性为 4.9~6 米

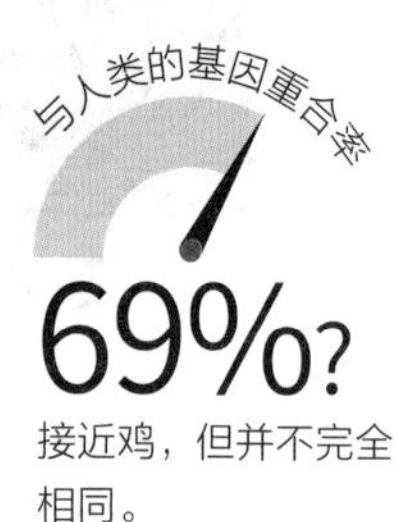

接近鸡，但并不完全相同。

腿

光滑但像肺鱼的腿一样虚弱

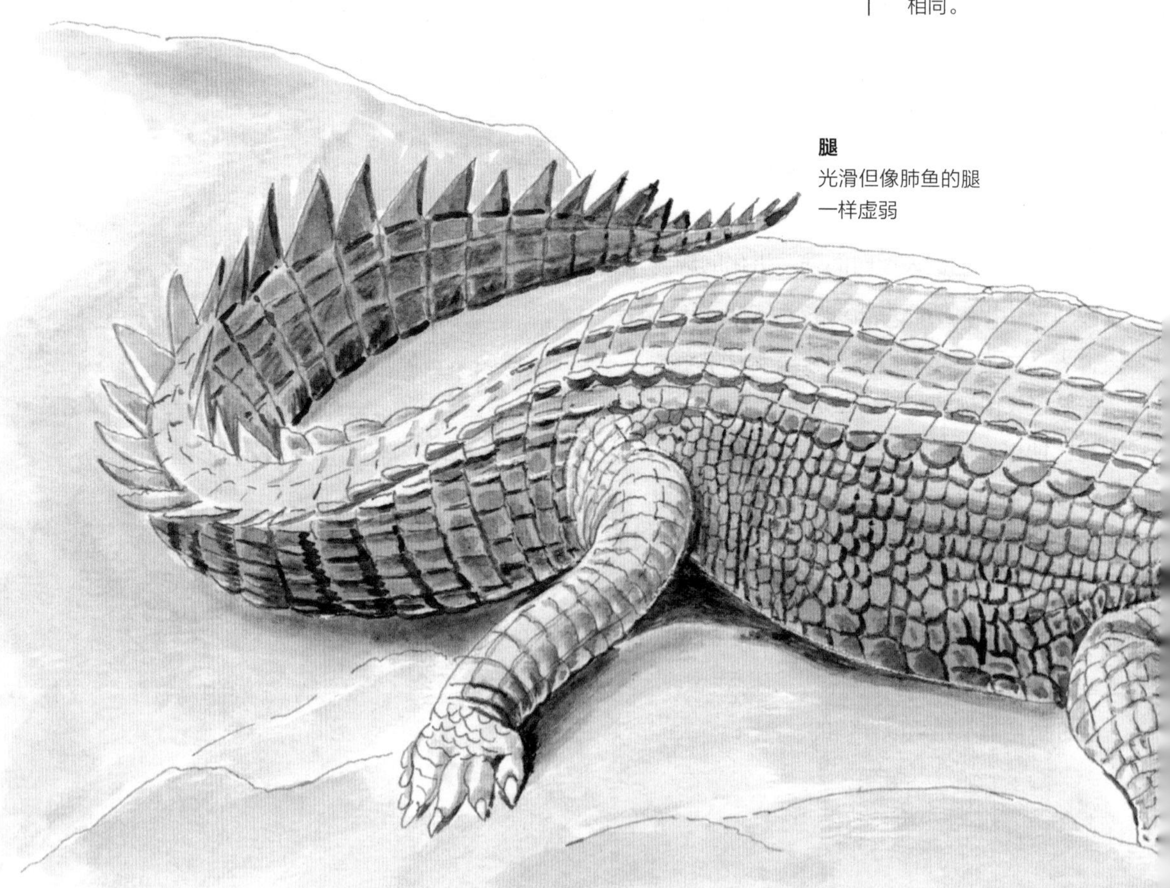

恒河鳄在生命长河的位置

现在你已经熟悉了“共同祖先”的概念。其中最酷的一个关系是，初龙——原始鳄鱼、鸟、恐龙的共同祖先生活在距今 2.75 亿年前。

2014 年，一个国际基因组研究小组对三种鳄鱼的基因组进行了测序：分别是美洲鳄鱼、咸水鳄鱼和印度恒河鳄。他们了解到鳄鱼的分子进化速度远慢于哺乳动物。最可能的原因是鳄鱼的每一世代间隔时间相对较长，这可能与鳄鱼和恒河鳄的数量在最近的一个冰河时期（大约 1 100 万年前）急剧下降有关。如今，鳄目动物只有 25 种，它们都不急于进行适应。

分类学专家认为，早在鳄鱼开始多样化之前，恒河鳄就已经分离出来了，这解释了它们独特的身体特征。

2.5 亿 ~2.2 亿年前

进化成现代鳄鱼的一支从其他“初龙”中分离出来。

1.37 亿年前

成为美洲鳄和凯门鳄的一支分离出来，大约在 9 800 万年前进一步分裂为美洲鳄和凯门鳄。钝吻鳄在 8 900 万年前开始多样化。

3 400 万年前

恒河鳄从假恒河鳄中分离出来，这是一种较为小型的鳄鱼，之前的学名为马来长吻鳄，属于非洲鳄（crocodile）而非美洲鳄或者恒河鳄。2005 年和 2007 年的基因组研究证明，两者之间的关系比先前认为的更密切，并建议将假恒河鳄重新归类。

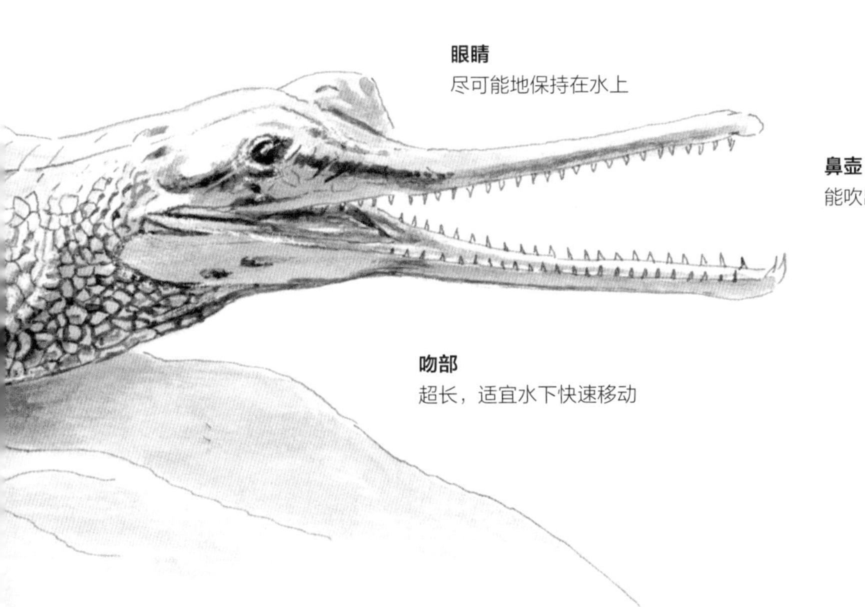

恒河鳄的进化秘密

鼻壶

恒河鳄得名于它们的吻部的鼻子（ghara），而 ghara 也是印地语中“黏土壶”的意思。恒河鳄的鼻壶像个圆形的旋钮，在雄性恒河鳄的青春期开始后从鼻孔中长出，生长整整十年的时间。当雄性恒河鳄做好交配的准备时，它们快速呼气，气流经过鼻壶的放大作用产生“嗡嗡”声。壶越大，“嗡嗡”声就越大，那么雄性吸引伴侣的可能性也就越大，这又是性选择在起作用。如果雄性恒河鳄成功吸引到雌性，交配会在水中进行，在那里它呼出的气体会变成很多气泡浮出水面。也就是说，一些研究人员已经注意到，吹出气泡是恒河鳄交配仪式的一部分，事实表明，气泡实际上就是被淹没的“嗡嗡”声。

吻部

恒河鳄几乎完全以捕食鱼和大型水上猎物为生。它独特的鼻子对这种生活方式非常有帮助：长而薄，能够将水阻力最小化，能够迅速夹闭。它 100 多颗长长的牙齿互锁的瞬间形成了一个笼子。在恒河鳄的一生中，它的鼻子持续增长，会变得越来越长，越来越薄，最大限度地提高了流体动力性能。事实上，较年轻的恒河鳄的吻部较宽，倾向于吃其他水生猎物，如昆虫、甲壳类动物和青蛙。

在摄影时代之前，即使在印度的绘画中，也很少有关于恒河鳄鼻壶的科学记录。《迈耶百科词典》中的这幅1887年的图片是现存的插图证据中最有力的一张。

砂囊

有关恒河鳄胃容物的研究告诉我们，它们是机会主义食客，有时甚至是食腐者，也就是说有时它们吞下得太多，嚼不烂。与它们的鸟类近亲一样，恒河鳄也会吞下小石子和其他坚硬的东西，这有助于它们研磨胃里的食物。有趣的是，这些硬物有时也包括人类的珠宝，因为当地人的葬礼传统包括让佩戴珠宝的人类尸体顺着恒河漂流而下。

眼睛

恒河鳄宽大的眼睛位于头顶，这是潜伏水中和跟踪鱼类的理想位置。它们的瞳孔是垂直的，像猫一样，是狩猎者眼睛的理想形状。

足部

恒河鳄的脚有蹼。它们在水里非常灵巧。

腿

与美洲鳄、非洲鳄等经常冒险出水捕食一些陆地动物或家禽不同，恒河鳄在陆地上几乎毫无战斗力，它的腿又短又弱，甚至连站起来都困难。

鳞片

大多数美洲鳄和非洲鳄都有粗糙的鳞片，但是恒河鳄的鳞片是光滑的。

性别决定

和美洲鳄一样，恒河鳄也有 16 对染色体。与具有性别决定染色体（如 XY 等染色体）的生物体不同，非洲鳄似乎没有性染色体。它们的性别是由卵的孵化温度决定的，就像海龟和乌龟一样。

长寿?

现有的数据无法帮助我们了解野生动物到底能活多久，但是据估计，超过 680 千克重的动物活 60 年是件幸事，却不稀奇。相比之下，地球上现存最大的爬行动物——雄性咸水鳄，体重可达 907 千克，16 岁左右达到性成熟，在野外可能活到 70 岁左右。

恒河鳄告诉我们：

千万别忘了，这只笨重的大家伙差点就可以披上羽毛，向南飞去过冬了。可是呢，在过去的几百万年里，它几乎一直停滞不前。

仓鸮

(*Tyto alba*)

听力极为敏锐

仓鸮适应了独特的环境和生活方式，具有其他鸟类没有的特点。作为一个完美适应进化生态位的动物，它们往往拥有长腿、大耳（是的，鸟有耳朵），以及倾斜的头骨，这些构造彼此协调一致，保持着良好的运行。

仓鸮在生命长河的位置

猫头鹰是猛禽——捕食者，与老鹰和秃鹰处于同一进化分支。猫头鹰种类的确切数量尚无定论，但超过 100 种，而且大多数都属于某个被非正式地称为“真猫头鹰”的属（包

仅是推测数据，这一数值的得出基于人类与鸡或者乌鸦的基因重合数值，而且考虑到我们比起猫头鹰可能和乌鸦有更多的共同点。而人类与猫头鹰之间基因的精确对比还有待深入研究。

括尖叫猫头鹰、斑点猫头鹰、角猫头鹰）。包括仓鸮在内，大约有 18 种猫头鹰属于谷仓猫头鹰（*Tytoindae*）。谷仓猫头鹰是分布最广的鸟类之一，在除南极洲以外的其他所有大陆上繁衍生息。大约 2 500 万年前，它们遍布北半球。

仓鸮的进化秘密

面部形状

和其他夜间活动的动物一样，仓鸮的眼睛很大，但不是最大的。事实上，因为仓鸮眼睛周围和面部羽毛的特殊形状，它的眼睛似乎比许多其他的猫头鹰要小。仓鸮标志性的心形面部来自其面部羽毛独特的排列方式；这种排列方式创造了一种“放大器效应”，能够进一步提高其听力的准确性。

颅骨

仓鸮的头骨是不对称的。它有着独特的不对称眼窝和耳孔（带有被称为耳膜的放大突起），能够获得三个方位的视觉和声音，同时达到时间和空间的高精确度。

耳朵

与其他猫头鹰不同的是，仓鸮可以仅凭听觉来捕食猎物。它能辨别微小的耳间时间差，而且听力范围可达 10 千赫。

大脑

仓鸮拥有鸟类最大的听觉处理中心。

猫头鹰告诉我们：

要想成功，就得出类拔萃。

翅膀

仓鸮在飞行中翅膀完全不会产生声音，之所以能够达到这种效果，是因为它的羽毛极度柔软而精致，不会像其他鸟类那样，为了避开昆虫或者寄生虫有意让翅膀沾上油或者灰尘。

爪子

仓鸮的长腿和锋利的爪子使它能够快速出击并击杀猎物，而不必停下来打斗，这样它们可以更平稳地飞行。

隆头蛛

（*Eresus kollari*）

风靡的必备要素

有关蜘蛛的研究向来得不到太多的资金支持。它们与其他大多数已经进行过基因组测序的动物没有什么联系。迄今为止，只有四种蜘蛛的基因组被部分破译，使得仅利用参考资料来拼凑和分析蜘蛛的基因组变得很困难。

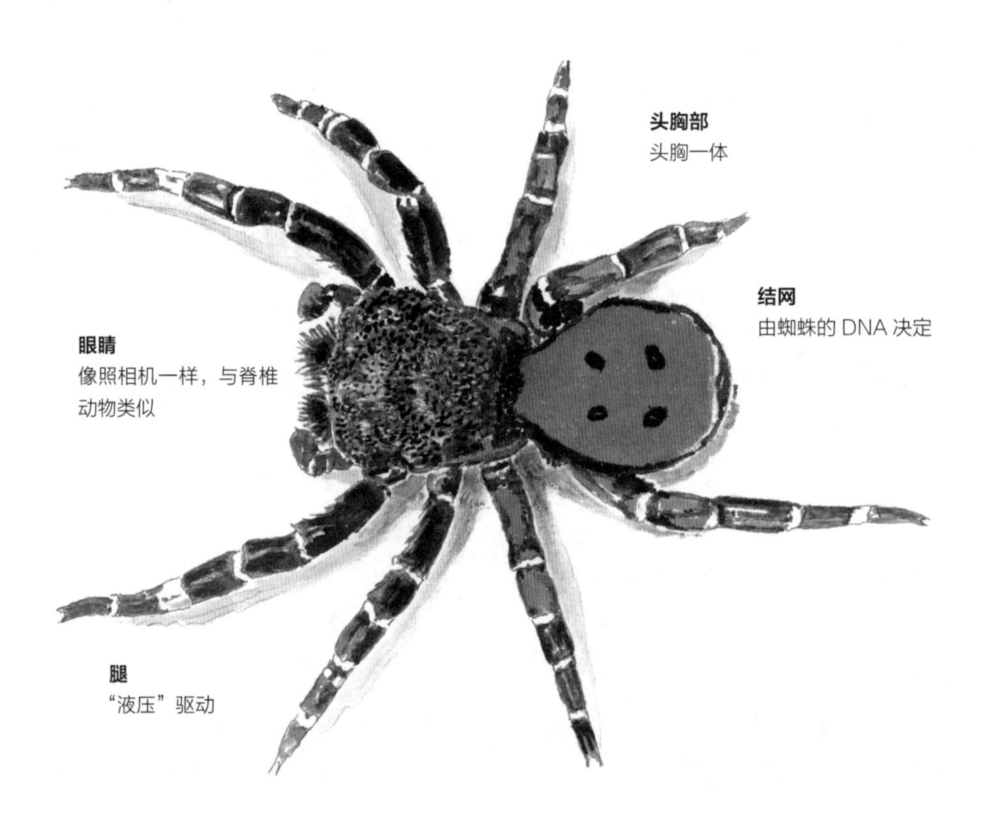

体形

瓢虫隆头蛛（隆头蛛的一种，上图为雄性）长 9~16 毫米；非洲隆头蛛（*Stedodyphus mimosarum*）是隆头蛛的另一个属，在本节中将多次出现，身长为 8~14 毫米

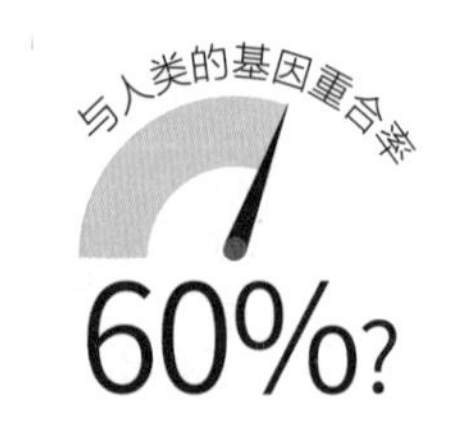

数值虽然不高，但运行起来，对比却是惊人的。

我们已知的信息已经足够令人惊叹，越来越多的证据表明，蜘蛛的基因组尤其会根据外部环境和内部环境或者微生物群的差异而发生巨大的变化。这可能与蜘蛛属于少数“身体成为环境的一部分”的动物有关。无论从基因组上还是字面上来讲，蜘蛛编织了一张“复杂”的网。

蜘蛛在生命长河的位置

全世界有超过 35 000 种蜘蛛，从热带的 28 厘米左右宽的巨型蜘蛛到世界最雄伟的山脉顶端的孤独的微型蜘蛛无所不包。同样的角度来看，世界上只有大约 4 000 种哺乳动物。（其中近 1 000 种是蝙蝠，对热爱万圣节的人来说是个好消息。）

蜘蛛也有坚硬的外骨骼，它们的祖先也曾出现在化石中，通常是在琥珀中。研究人员很早以前就得出结论，蜘蛛是从某种多足、蝎子般的祖先进化而来的，蝎子是它们在蛛形纲的近亲。基因组学在 2017 年证明了两者之间的关系，2018 年，研究人员鉴定了一块 1 亿年前的琥珀中保存下来的原始蜘蛛，它有着与蝎子相似的尾巴。

除了蛛形纲动物之外，蜘蛛最近的亲属就是包括果蝇在内的昆虫了，蜘蛛和果蝇有着相似的颚部（下颚）。接下来是包括赤拟谷盗在内的昆虫们。

慢慢地，蜘蛛的多样化程度达到了今天的水平，这也使得事情变得扑朔迷离起来。

大约 7 亿年前，包括蜱类和蛛形纲动物的种群从包括蚊子和果蝇的昆虫种群中分离出来。

大约 4.5 亿年前，即将进化成蜱类的种群和即将进化成蜘蛛和蝎子的种群分离开来。我们之所以知道这一点，得益于一项大规模的国际研究，该研究比较了蜱、蜘蛛和蝎子的基因组。他们发现了某种进化证据——曾经的某个蜘蛛祖先基因组的 DNA 残余。这位祖先通过复制其整个基因组（多倍体）这种奇特的方式进行繁殖，这点就像非洲爪蟾和鞭尾蜥蜴。看起来，是基因组的整体复制开启了整个蛛形纲动物。

特别是对高度社会化的非洲隆头蛛来说，它们依赖全基因组信息复制这一习惯可能是其持续存在的原因。这种蜘蛛倾向于只在自己的群体内繁殖，因此，从各方面来说，这一种群应该是近亲繁殖的，这种行为通常会导致毁灭性的遗传问题。可是非洲隆头蛛却能够在各种各样的栖息地繁衍生息。2014 年，一群来自中国的研究人员对隆头蛛的基因组进行了测序，他们希望这些基因组是精简的：因为一般近亲繁殖的动物的基因组通常都删去了重叠的信息，自我精简到了最基本的水平。出乎意料的是，研究人员发现这种蜘蛛的基因组长且复杂，其中含有大量重复的 DNA 和转座子。总之蜘蛛有着重复的基因组，习惯这一点吧。

蜘蛛的进化秘密

口部

动物用来攻击、捕捉和杀死猎物的工具对其生存至关重要。正如研究人员通过观察脊椎动物下颚和牙齿的特征来进行识别，蛛形纲生物学家也通过观察蜘蛛口腔部分的形状和结构来进行研究。今天，分类学家根据它们的尖牙、性器官、其他物理属性、生活方式和捕猎方式对蜘蛛进行分类。

2 500 种蜘蛛尖牙向下，包括狼蛛、活板门蜘蛛和漏斗网蜘蛛。

另有 97 种蜘蛛下颚（口部）是水平的，其中多种生长着捕捉猎物的“活板门”。

据我们所知，种类最多的蜘蛛种群由跳蛛（5 500 种）、侏儒蜘蛛（4 500 种）、狼蛛（2 400 种）和几千种结网蜘蛛组成。这些分类源于 20 世纪 90 年代的基因分析，使用的是老式的研究方法：每次在黑暗中拍摄几个特定的 DNA 片段并进行比较。

毒液

蜘蛛毒液被人们研究了很长时间，因为如果我们被咬了，毒液能够帮助我们治疗。每一种蜘蛛都可以制造包含 1 000 多种不同化合物的混合物。

实际上只有少数有毒蜘蛛能伤害人类，占蜘蛛种类总数的一小部分，而且它们大都生活在澳大利亚，蜘蛛的毒性被过度炒作了。毒液的用途有着更深远的影响：毒液与神经沟通的方式带给我们有关自身神经沟通的许多启示，而专门针对特定昆虫（比如与蜘蛛协同进化的昆虫）的杀虫剂可以帮助人类在不干扰整个生态系统的前提下，除掉某些害虫。

感觉毛

和所有无脊椎动物一样，蜘蛛的外骨骼是由一种叫作几丁质的物质构成的。覆盖在它身体上的细小“毛发”也是由几丁质从壳上的小孔中挤出而形成的，不过它们更为柔韧。就像猫的胡须一样，这些毛发遍布着神经，而且极为敏感，是隆头蛛基本的感觉来源。

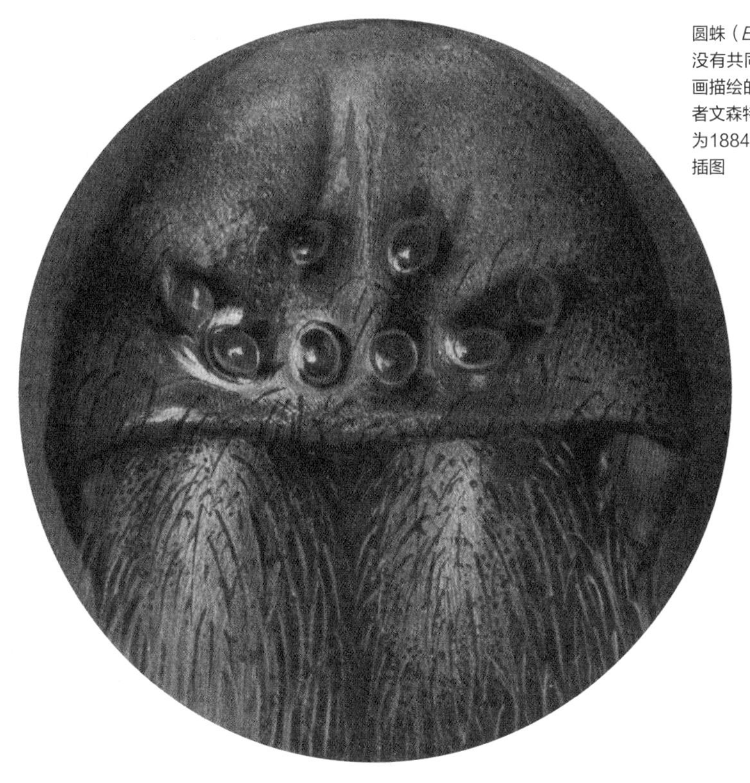

圆蛛（*Epeira conica*）的眼睛，这是一种没有共同名字的球形蜘蛛。这幅彩色石版画描绘的是放大30倍的蜘蛛图像，这是作者文森特·布鲁克斯（Vincent Brooks）为1884年哈德威克的《科学奇闻》所作的插图

眼睛

包括隆头蛛在内的大多数蜘蛛都有八只眼睛——四只大眼睛和四只小眼睛，它们在头部的排列方式使蜘蛛获得了360度的视野和难以置信的精确感知（不过，还有些蜘蛛没有眼睛，有些则有12只眼睛）。它们的眼睛像照相机一样，而且和人类一样有一个圆形的瞳孔。

不过，正如我们将要看到的，眼睛是一种“根深蒂固”的动物特征，它们在进化史上已经进化了好几次。蜘蛛和哺乳动物的眼睛绝对不是来自共同的祖先，这点就非常奇怪了。

事实真相可能更加令人吃惊，依据基因组模式，蜘蛛最初的复眼应该是一个更为基础的版本，类似其他昆虫和水生无脊椎动物。随着时间推移，这些眼睛彼此分开，散布在蜘蛛的头部周围，使其获得了极佳的视力。研究人员最近开始深入研究蛛眼的进化史，了解蛛眼如何为人类黄斑变性等遗传性眼部疾病提供治疗上的借鉴。如果在蜘蛛身上的实验是成功的，在人类身上同样可能奏效。

腿部

判断蜘蛛不是虫子的另一个证据就是腿部，是的，蜘蛛有八条腿，每条腿由八个部分组成（如果把爪尖部分也计算在内的话）。

随着时间推移，蜘蛛的腿变得越来越适合长距离跳跃。脊椎动物像弹弓一样移动四肢，用肌肉推拉骨骼。而蜘蛛的腿是由内而外工作的，更像是液压弹弓。和所有无脊椎动物一样，蜘蛛的外骨骼充满了液体。想跳的时候，它们会把液体紧紧地吸入身体里，然后爆发一般地释放出来。蜘蛛的腿就这样突然“弹射”出来，眨眼间就能把它弹到另一个位置。这就是为什么死去的、干枯的蜘蛛会把腿蜷缩成一种不抵抗的状态。

身体结构

昆虫有三个核心身体部分；蜱类只有一个；蜘蛛有两个：腹部在后，前有头胸部。

一系列基因指挥着蜘蛛的 DNA 排列其身体结构。如果你观察昆虫的这些基因，就会发现它们是线性排列的：首先是头，然后是臀部及后腿，紧接着是胸部和第一对腿，最后是第二、三对腿和腹部。蜘蛛可不是这样！蜘蛛首先发育带着八条腿的中腹，然后和头部一下子拼接在一起。

胸部

蜘蛛的胸部与头部为一体。一些彩色蜘蛛进化出性选择交配行为，并以其来吸引配偶，如澳大利亚的孔雀蜘蛛。

卵

现在，科学界已经开始关注蜘蛛，它们很快成为研究进化发育的模式生物。这是因为虽然它们的基因组看起来与其他有机体大不相同，但它们仍然具有一些模式生物共享的研究特征：它们很小、能生产很多后代、代际周期短、卵是半透明的。最后一个特征对进化发育生物学的研究人员来说尤其重要。通过长期观察一个正在发育的卵子，研究人员可以跟踪它们每个发育阶段的变化，并在不同的物种，甚至是目和科之间相互比较。蜘蛛发育的研究数据将引爆这场争论，预示着蜘蛛相关研究的光明前景。

蛛丝

基因编码蛋白质，蛋白质是彼此相连的成团或者成串的氨基酸。蛛丝是蛋白质：长串氨基酸彼此相连。我们很少能看见像蛛丝这样直接而清晰的 DNA 编码的产物。另一个明显的例子是牛奶，这正是为什么研究人员最初会试图通过对奶牛和山羊的乳房进行基因改造来使其生产蛛丝。

人造蛛丝长期以来被认为是基因工程的“圣杯”，它强韧又轻巧灵活。通过对丝绒蜘蛛基因组测序，研究人员找到了确切的“配方”，即 A、G、C 和 T（构成 DNA 的四种核酸的缩写）。但他们发现，除了大量的重复序列之外，蜘蛛基因组的长度依旧惊人，甚至比预期的还要复杂。也就是说蛛丝的“配方”可能和蜘蛛的种类一样多。

蛛网形状

在基因组学出现之前的几年里，蛛网形状是蜘蛛研究者对蜘蛛进行分类的依据之一。相关的争论十分激烈，一些科学家坚持认为蛛网形状是了解它们彼此之间的联系和进化谱系的关键，指出螺旋球状网（从中心点向外辐射的经典形状）和缠绕状网与蜘蛛的两个特定科之间有着密切的联系，吐出这些网的蜘蛛统称为球状蜘蛛。不过也有人指出漏斗状网、管状网和片状网是不同分类的蜘蛛所结。也有一些蜘蛛根本不会结网。2014 年，基因组技术终于大显身手，揭开了谜团。美国一项大型研究比较了 40 种不同的蜘蛛，发现球状蜘蛛实际上可以分为两个不同的谱系。区别它们的不是蛛网形状，而是蛛丝类型：一种产生黏性丝，另一种产生某种筛网丝（更黏、更模糊，一旦沾上就不会轻易从你的衣服上掉下来）。这些研究人员随后进行了一项更大规模的研究，对 70 种蜘蛛进行了比较，发现了蜘蛛的多样性大幅增长的证据，这与“鸟类出生潮”（只是发生在更早期）非常相似。在这一时期，结黏性蛛网的蜘蛛出现了，大多数不结网的地栖蜘蛛也是在此时出现。吐出黏性蛛丝的球状蜘蛛与不结网的蜘蛛之间的关系相较于吐出筛网丝的蜘蛛关系更为密切，这可能说明结网蜘蛛进化了两次。但还需要更多的研究来证明这一推断。

有趣的是，蜘蛛进化潮发生在大约 1 亿年前，大约在同一时间出现进化潮的还有不会飞的昆虫。又是一个协同进化的例子吗？真相总是如此，这就是我所说的食物网。

蜘蛛告诉我们：

我们还有很多东西要从蜘蛛身上学习，无论是进化还是其他方面。

本节术语：全基因组复制、进化发育

指猴

（*Daubentonia madagascariensis*）

大概是我们最不可爱的近亲了

是的，指猴是灵长类动物，从一般意义上讲，它们与人类同属一个进化家族。但只要看一眼他们“梦魇”般的特殊功能，你就会觉得，好吧，事态升级了。

指猴在生命长河的位置

指猴是近 100 种狐猴之一，它们都生活在马达加斯加岛上。就像新西兰的几维鸟一样，它们之所以长成现在的这个样子，是因为它们生活在岛屿上。

灵长类动物包括狐猴、眼镜猴（看起来像可爱的小狐猴）、新旧大陆的猴子、长臂猿、类人猿以及人类。5 500 万 ~6 500 万年前，原始灵长类动物从进化成啮齿动物的谱系中分离出来，其共同祖先可能看起来像一只小型啮齿类动物，它们有着适宜爬树的爪子。似乎从那时起，事情开始迅速发生变化。

当马达加斯加从以前的冈瓦纳大陆漂移到更远的地方时，几百万年转瞬即逝，狐猴从其他灵长类动物中分离出来，指猴则从大多数其他狐猴中“另辟蹊径”。

指猴是世界上分布最广的狐猴，因为它们生活在马达加斯加的三个地区。每个区域的指猴占据着 600 公顷的土地。2013 年，美国奥马哈的亨利多立动物园和水族馆的研究人员比较了来自三个地区的 12 只指猴的基因组，发现北方指猴的基因与西方指猴以及东方指猴的不同。

指猴的进化秘密

哺乳

作为哺乳动物，指猴有乳头。作为灵长类动物，它们有两个乳头。不过，它们的乳头位于腹股沟区。

夜间视力佳，看起来很恐怖

牙齿

非常适合啃食树皮和咀嚼食物

耳朵

善于分辨敲击声

中指

非常适合挖掘食物，能够旋转 360 度

体形

91 厘米

与人类的基因重合率

80%?

指猴是灵长类动物，其基因组中的碱基对数量与人类接近——大约30亿对。但排列方式似乎大不相同。

眼睛

和许多夜间活动的动物一样，指猴的眼睛很大，眼中放光。（或者说，它们的眼睛可以最大程度地摄取光。）如果它们没有那样的牙齿的话，看起来也许不会那么可怕。

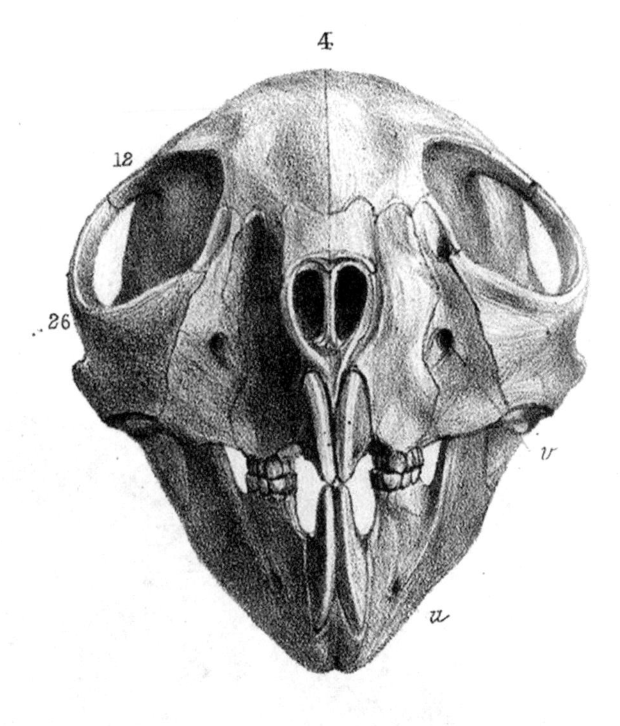

雄性指猴的头骨、牙齿和舌骨弓。这是博物学家兼兽医约翰·克里斯蒂安·波利卡普·埃尔克斯勒本（Johann Christian Polycarp Erxleben）1863年所作的插图

牙齿

指猴进化出了像啄木鸟一样专门捕食枯树里生长的幼虫的牙齿，非常吓人。当它们发现能够饱餐一顿的机会时，会像诺菲拉图的恶魔以及海狸那样用牙齿啄树木。和海狸一样，它们的牙齿不会停止生长。

手指

作为灵长类动物，指猴有拇指和可以紧握的手。但有一个特别之处，它们的中指长且硬，就像是一个内置的木槌。更妙的是，它能够用中指伸进被啄碎的木头里，挖出猎物，它们的手指骨几乎能够360度旋转。

耳朵

指猴的大耳朵使它们可以凭借敲击技术听见蛴螬的动静。2017年，从事基因组研究的研究人员想弄清指猴的基因组与蝙蝠和海豚等回声定位动物的基因是否有重叠。结果是没有的。敲击技术并不像声呐技术那么成熟，但也是一个趋同进化的好例子。进一步研究的建议：寻找指猴是否与其他“猎蛴螬者”（如啄木鸟）存在基因重叠关系。

染色体与遗传变化

尽管指猴出现了某些高度专业化的适应，但2012年的一项基因组研究显示，与其他灵长类动物、小鼠、狗和少数其他哺乳动物相比，指猴基因组的变化速度相当缓慢。研究还表明，指猴不那么具有遗传多样性。你觉得它们遗传隔离是有道理的，它们父方或者母方只有半套染色体，而且只有岛屿上的指猴的基因可供选择，所以与非洲爪蟾或新鸟类不同，如果没有那么多的可供选择的基因，指猴就不会发生太大的变化。

达尔文眼中的指猴

马达加斯加再次成为达尔文的同事华莱士的领地。他在1876年出版的《动物的地理分布》一书中提到：

> 指猴（*Chiromys*）是这个家族的唯一代表，它们仅生活在马达加斯加岛。很长一段时间以来，人们对它们知之甚少，并认为它们属于啮齿目；但现在已经确定它们是狐猴类中非常独特的一种，得承认，它们是目前地球上最非凡的哺乳动物之一。

指猴告诉我们，身体特征上的异常并非一定来自基因排列方式的革命。有时候就像是某种东西开始起作用了，而且一直起作用下去，就这么简单。除去外貌的怪异，就目前来说，指猴是一个很好的自然选择的案例。

指猴告诉我们：

千万别忘了，指猴从遗传上来说与我们处于生命长河的同一个分支上。但也永远不要忘记，自从我们“各奔东西”以来，各自都发生了剧烈的变化，人类如此，指猴亦如此。只是“一些”（译者注：指人类）比其他的漂亮那么一点点。

图为指猴高度专业化的、取食蛴螬的手指的特写。摘自《美国科学杂志》，1903年

北岛褐几维鸟

（*Apteryx mantelli*）

鸟中的哺乳类

新西兰人用“几维”来命名这种鸟，它们在世界的一隅找到了属于自己的角落。你可能会把它误认作鼩鼱，这绝非巧合，但也可以说，这是一个巨大的巧合，这就是所谓的趋同进化。新西兰没有本土的哺乳动物，所以原本属于鼩鼱的生态位非常适合几维这种奇特的鸟类。

几维鸟在生命长河的位置

走禽就是不会飞的鸟类，包括非洲鸵鸟、南美洲的美洲鸵鸟、已灭绝的象鸟、澳大利亚的鸸鹋和新西兰的几维鸟。几维鸟的外形与它的远亲们截然不同，但是世界上的走禽们起源于一个共同的动物祖先——原始走禽。科学家认为，在冈瓦纳大陆分裂成南美洲、非洲、澳大利亚、印度、南极洲以及其间的岛屿之前，这些原始走禽就生活在冈瓦纳大陆上。但在 2014 年，美国的一群研究人员同时采用走禽解剖学与分析走禽线粒体 DNA 这两种研究方式，发现几维鸟的近亲是非洲鸵鸟和马达加斯加现已灭绝的象鸟，而不是来自附近的澳大利亚的鸸鹋。

2016 年，几维鸟更为遥远的起源（指几维鸟与遥远大陆上的象鸟、鸵鸟的关系更为密切）有了更多的证据支持，当时一项关于化石和基因的日本研究将走禽的起源追溯到北美早期的飞禽，当时北美是北半球劳拉西亚大陆的一部分，要想到达冈瓦纳大陆的另一边，必须要飞行。尽管鸡的“前辈们”可能从来没有离开过地面，但今天最著名的不会飞的“鸟”似乎是因为弃之不用而失去了翅膀。

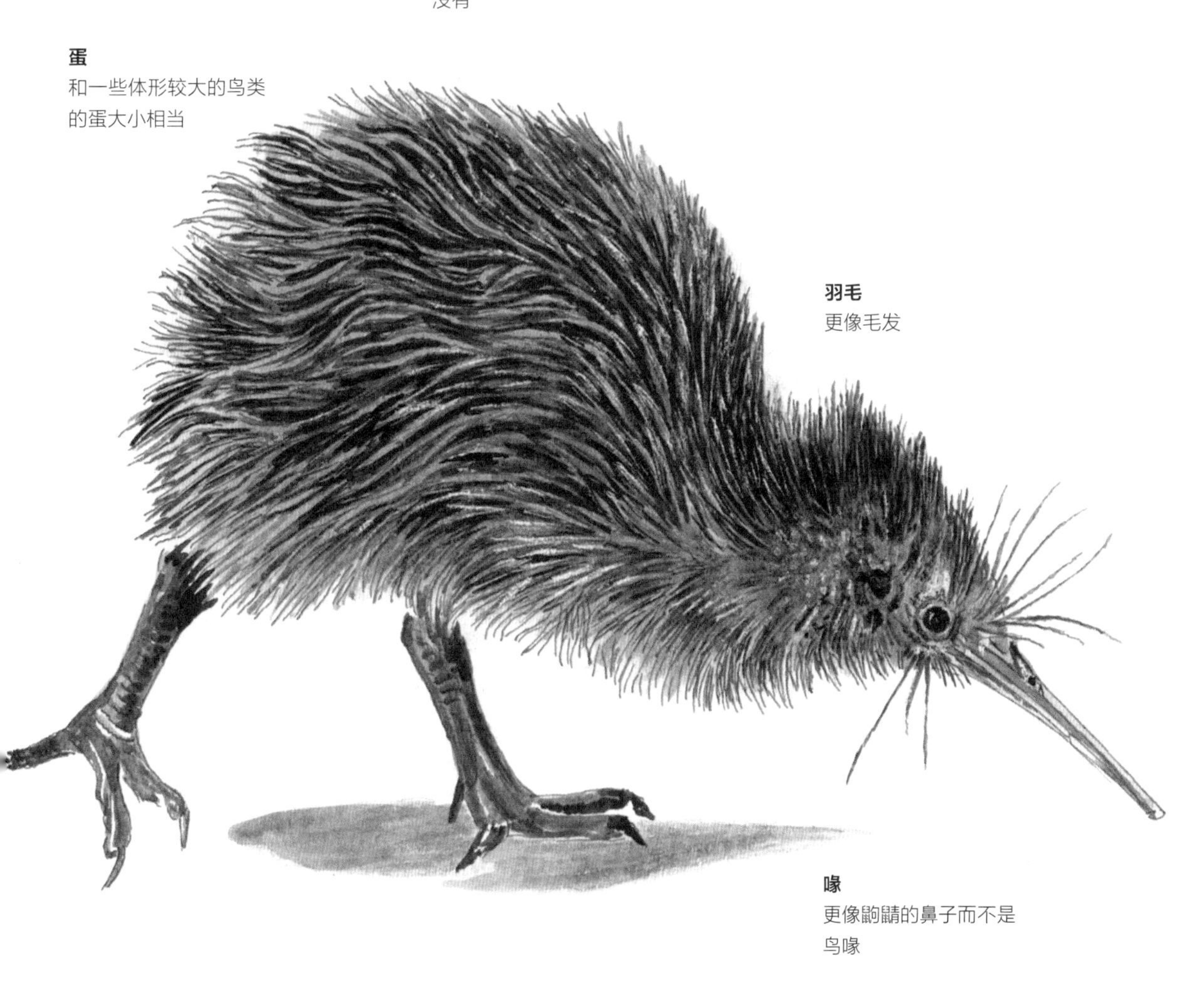

体形
40 厘米高

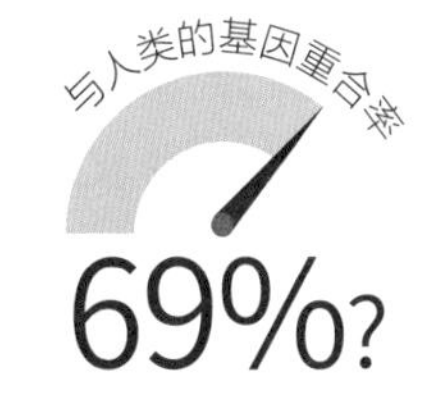

人类和几维鸟的基因重合率尚未计算出来，不像乌鸦和鸡，几维鸟和人类的关系并不亲近。不过，几维鸟仍然趋同进化出了一些哺乳动物的特征，或许基因组重叠程度与人类和鸭嘴兽的相近吧。

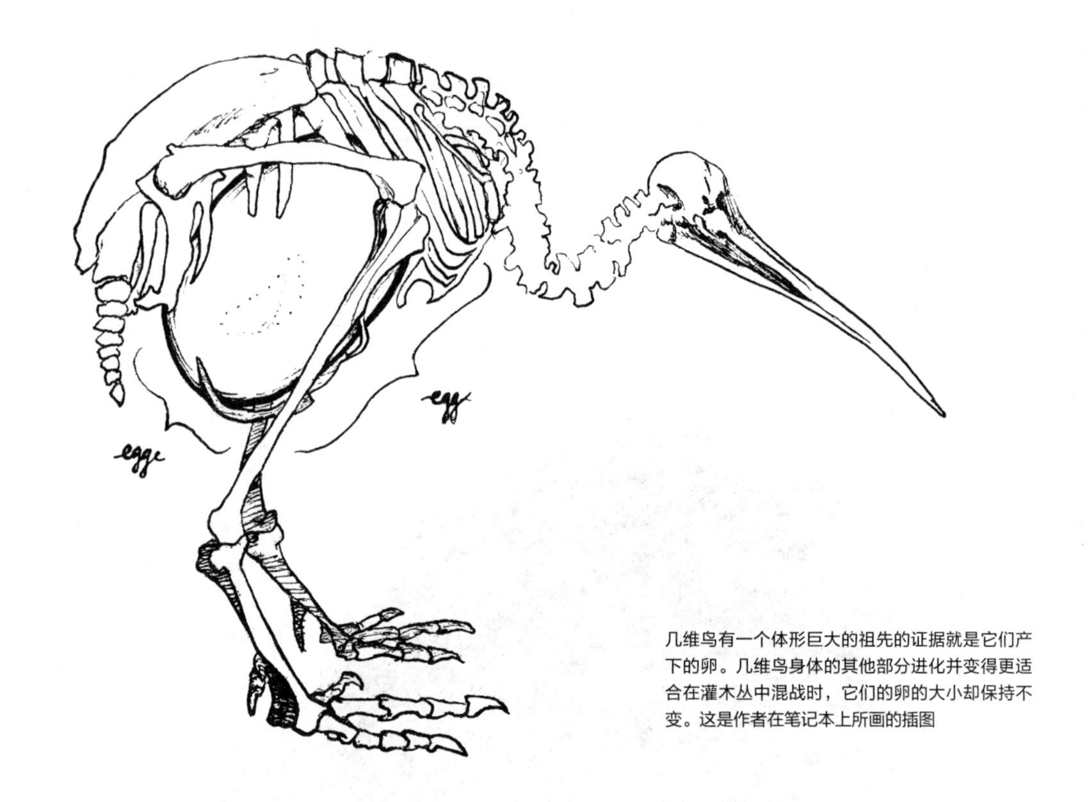

几维鸟有一个体形巨大的祖先的证据就是它们产下的卵。几维鸟身体的其他部分进化并变得更适合在灌木丛中混战时，它们的卵的大小却保持不变。这是作者在笔记本上所画的插图

几维鸟的进化秘密

卵

如果你怀疑体形较小的几维鸟和体形较大的走禽来自同一个家族这种说法，那就拿一个几维鸟的蛋和雄鹅的做个对比吧。几维鸟不同寻常的卵体比表明，控制卵大小的基因序列与控制几维鸟身体其他部分的大小的基因序列是分开发挥作用的。

巨人症

动物王国中的大多数“巨人”，如蓝鲸和大象，通过吃大量营养价值低的小东西维持它们的体形。这些体形较大的走禽或许曾经仅仅依赖于无脊椎动物（昆虫及其幼虫）存活。

眼睛

随着时间推移，几维鸟失去了另一项功能，就是它们辨识色彩的能力。这一损失似乎与它们抵达新西兰的时间不谋而合，也就是说，辨色能力的丧失与几维鸟夜间的丛林生活方式密切相关。只有通过更多的研究，我们才能确定这种功能的丧失（例如它们的夜间生活方式）是在之前还是之后发生的，也有可能在某种程度上与几维鸟强大的嗅觉有关。

鼻子

我们通常认为鸟类没有鼻子；它们的喙尖通常离鼻孔下方很远，也不太依赖嗅觉来寻找食物。但是几维鸟的鼻孔生长在长喙的顶端，使得几维鸟的嗅觉增强，因为它们需要在灌木丛里寻找蛴螬和其他昆虫。最近一项研究对比了几维鸟和其他初龙的基因组，发现几维鸟与嗅觉相关的基因比大多数甚至同属夜行鸟类的仓鸮都要多。

昼夜节律

几维鸟是唯一一种夜间活动的走禽，不过我们还不能完全确定原因。不管因为何种原因，几维鸟的感觉系统都相应地发生了变化。

羽毛

几维鸟的羽毛长而细，与其说是羽毛，更像是蓬松的毛发。这些毛发可能跟地球上最早的羽毛在外表上有相似之处，早期的原始鸟类的羽毛呈松散的丝状。后来的一些物种才进化出像我们今天所见的这种有轴的羽毛：有一个坚硬的中心结构，两侧长出数百个细小的倒钩，这么说是因为羽丝实际上是通过这些细小的钩子粘在一起的。几维鸟的羽毛不是丝状的，虽然看起来很像。几千年来，它们的羽轴变得蓬松柔软，像毛皮一样松散地悬挂着，有助于它们像其他每一种疲于奔命的小型哺乳动物一样在灌木丛中进行伪装。

几维鸟告诉我们：

一个生态位，例如生活在灌木丛中并以昆虫为食，可能会以某种方式被占据，比如灌木丛中居住着的小型哺乳动物占据了这个生态位。填充相似生态位的动物很可能最终会共享它们在该生态位中应有的特征，即使它们本来是两种完全不同种类的生物（几维鸟就是一种看起来像哺乳动物的鸟）。

本节术语：生态位

对比：一种鼩鼱（*Sorex araneus*）。摘自《大英百科全书》，1866年

加拉帕戈斯象龟

（*Chelonoidis nigra*）

“充满希望的怪物”的一员

人们创造出“充满希望的怪物”这一称呼的灵感来源于乌龟（这些生物存在着某种奇怪的特征，却恰巧因此得以存活下来）。加拉帕戈斯象龟也是达尔文理论的主要灵感来源，如下所述。

龟在生命长河中的位置

现今尚存约 330 种海龟和乌龟。尽管海龟可以生活在水中，也可以生活在陆地上，但在传统上海龟被归为爬行动物（皮肤干燥，不像两栖动物那样湿润，它们从皮蛋中孵化出来，这些老派的、表面的东西告诉我们龟不是什么，却不能告诉我们龟到底是什么）。近期的研究越来越倾向于将它们归为初龙（包括鸟类和爬行动物，如鳄鱼）。

（百万年）

360	250	65	0
古生代	中生代	新生代	

龟在 2.55 亿年前从初龙中独立出来。2012 年研究人员针对四只海龟、一只凯门鳄、一只蜥蜴和一只肺鱼的 DNA 和下颚骨进行了对比分析，我们才知道这一点。2013 年的一项研究表明，海龟或乌龟谱系甚至可能比其他种类的初龙更早地独立出去。与其他的种群一样，乌龟与人类的共同祖先之间共享了许多共同的特征。

加拉帕戈斯象龟

大约 1.57 亿年前，加拉帕戈斯象龟起源于乌龟，它们通过尚未被淹没的陆桥从大陆来到了一座岛屿上。随着加拉帕戈斯群岛被海洋“孤立”，各个岛屿上的乌龟种群逐渐各自进化，所以加拉帕戈斯象龟和它的乌龟近亲看起来有些不同。

体形

老龟长度可能超过 1.5 米，高度超过 1.2 米，体重超过 227 千克

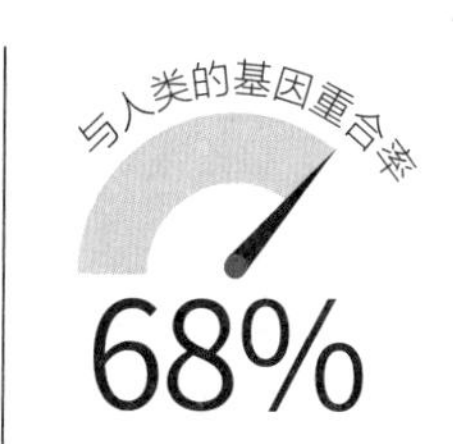

和鳄鱼一样，海龟和鸡有共同的起源，而我们都有着共同的祖先。但是海龟数千年来发生了很多特殊的进化。

龟的进化秘密

体形

在海龟中，巨型海龟是最庞大的，比如那些由达尔文带出名气的龟（或给达尔文带来名气的龟）。它们曾经生活在世界各地。今天，仅仅加拉帕戈斯和塞舌尔境内，就有超过20种海龟。一种来自印度洋岛屿的海龟和另一种来自加勒比的海龟近期灭绝了。各种类型的海龟都生活在岛屿上，因此我们可以做出以下假设：它们只有在食物丰富、环境安全的生态系统中才能成长为巨型海龟，因为这样的环境中很少遇到鲸或大象这一类的捕食者。

巨型龟实际上从几千万年前开始出现，那时很多动物都是巨型的。史前巨龟甚至更加庞大，有些几乎是我们如今见到的巨型龟的两倍大。它们的栖息地分布十分广泛，欧洲、亚洲、非洲和美洲等大陆上都能找到它们的身影。它们甚至可以生活在更寒冷的地方，会为了取暖而挖掘洞穴，这一点很像几千年后它们的“表亲”小海龟。就像许多岛栖动物的故事一样，今天的巨型龟是它们远古祖先的“迷你版”，安静而缓慢地适应着特定的环境。

牙齿

龟没有牙齿，长得也像“老人”，这纯粹是巧合，与科学无关。但根据这一点，研究人员确定了基因丢失的常见模式。

性别决定

和其他爬行动物一样，海龟在卵中根据外界温度变成雄性或雌性。

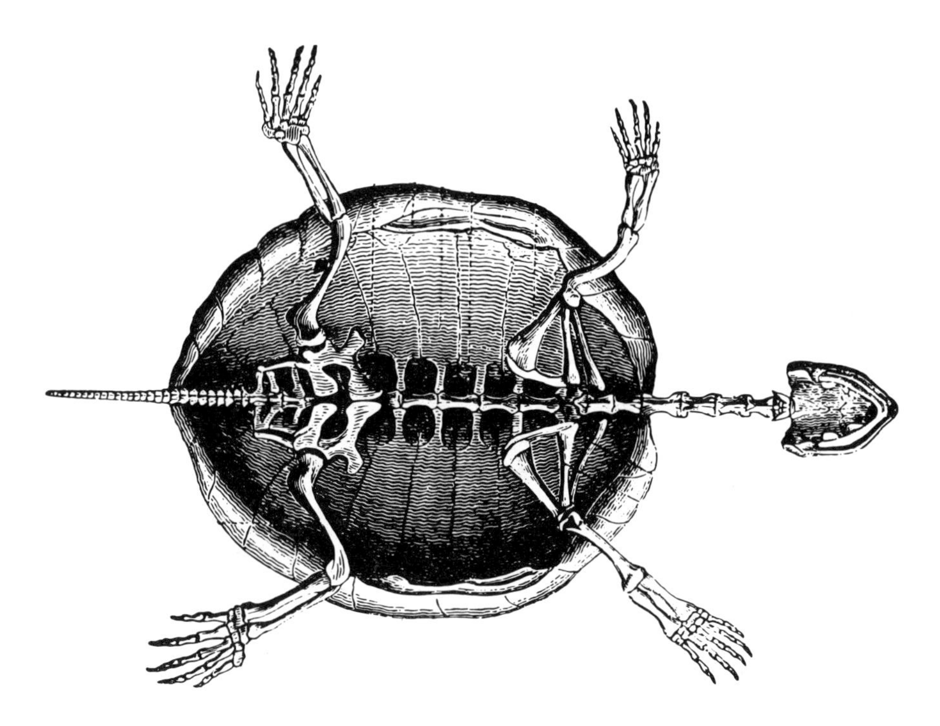

1887年的这张乌龟底部骨骼插画使我们得以一窥乌龟这种特殊的脊椎动物的龟壳内层的构造。摘自莎拉·库珀的《海洋和陆地上的动物生活：年轻人的动物学》

龟壳

> 像蛇这种没有四肢的动物，也可以归为“充满希望的怪物”。

海龟的壳实际上是它的脊椎的一部分。人们将其称为“充满希望的怪物”，也正是因为它们的壳。那么龟壳是什么时候形成的呢？2018年，研究人员发现了一个2.28亿年前的海龟化石，它有着无牙齿的喙，长长的尾巴令人捧腹，还有一个圆形的飞盘状身躯，谁能想到长颈鹿和野牛代表性的宽肋骨和延长的脊椎，有朝一日竟然会变成海龟的壳。但海龟其实是没有壳的，这点值得注意，其他史前海龟有不完全的壳，但是没有喙。这与我们已知的初龙基因组的情况是一致的：基因组很长，也就意味着它们的基因组的某些特性使得不同的部分互不干扰，而不必直接抛弃某些信息。

回想一下种类繁多的鸟类，例如麝雉，它们保留了爪子和翅膀，也获得了更“时髦”的红色羽毛。放到乌龟身上的话，故事就是这样讲述的：初龙们“手头上”有很多基因信息，其中很多信息并不会结合起来甚至有些看起来是无用的（巨大而笨重的胸腔和夸张的脊椎相对喙而言是无用的）。但是乌龟还是生存得好好的。这是两种截然不同的道路，最终，两种特征兼具的动物为王。

有关软壳龟的研究还发现，它们长得过分的、能够缠绕住东西的、与鼩鼱很像的鼻子上分布着大约 1 000 个嗅觉感受器，对非哺乳动物来说这个数值高得有些不同寻常。就叫它们“深海几维鸟”吧。

速度

乌龟的肌球蛋白大而慢，与果蝇和老鼠的肌球蛋白完全相反。

这一点是符合进化发展趋势的，作为一种爬行动物，海龟和陆龟进化缓慢，大约是人类进化速度的三分之一，这并不奇怪。但即使在爬行动物中，它们也名列榜尾：它们的进化速度是某些蟒蛇的五分之一。如果你仔细想想，就会发现慢和长寿之间存在着密切的关系。细胞交换能量的速度越快，身体所做的工作就越多，消耗得也就越快。就好比一辆属于你那喜欢刺激的十几岁弟弟的车，相较于一辆属于你祖母的车，祖母的车一个月只用两次并且每次以每小时 10 千米的速度开到杂货店，最后祖母的车反而使用时间更长。长寿、长繁殖周期和缓慢进化之间有关联性也说得通。代际更迭时间越长，意味着后代的适应需要更长的时间。如果代际更替需要很长时间，进化也将需要很长时间。

长寿

纵观整个动物王国，有证据表明，在寿命长短这一问题上，缓慢和稳定确实占据优势。虽然有些海龟在野外仅仅活到 45 岁，但大多数海龟直到 40 多岁才达到性成熟，而且可以存活一个世纪以上。有些海龟在冬天甚至会完全冻僵，通过掩埋自己、减缓运动来保存生命力。

心 / 脑氧处理

细胞老化的另一个原因是氧化。海龟似乎已经适应了在氧气不足的条件下生存，和它们古老的祖先一样，在寒冷的季节里，它们在地下挖洞，以躲避寒冷。这些信息来自锦龟的基因组，这是一种分布非常广泛的海龟，严格来讲是陆龟。2013 年，研究人员对锦龟的基因组进行了测序，这是第一次完整地对海龟的基因组进行测序，也是第二次（仅次于蜥蜴）完整地对爬行动物的基因组进行测序。

该项研究确定了 23 个与心脏相关的基因序列和 19 个与大脑相关的基因序列，这些基因序列在氧气水平下降时开始起作用。比较幸运的是，人类也有这些基因。不幸的是，我们处于缺氧环境时（比如说中风时的大脑或者心脏病发作时的心脏），这些基因不会被激活。

不过，请注意，食用海龟并不会让你活得更长或能够抵御癌症，这完全是一种误解。由于过度捕猎和栖息地的丧失，地球上现存的约 330 种海龟中有一半濒临灭绝，它们成为主要的也是最濒危的脊椎动物。

龟告诉我们：

龟因龟壳而出名，但其实龟进行了一项看不见的适应，使它们千年来保持强壮，而且每一只龟都能强壮地活到老年。

小型棕蝙蝠

（*Myotis lucifugus*）

在雷达下飞行

你可能会认为小型棕蝙蝠是“充满希望的怪物”，因为它们代表了一场进化的革命，而且结果相当好。但蝙蝠并非像乌龟那样一次性地进化且有一个极端的终点。迄今为止已知的海龟有300多种，这是一条缓慢的、涓涓长流的进化“小溪”。相比之下，已知的蝙蝠种类有1 100多种，占哺乳动物种类的25%。这条“河”的支流很宽，水也很深。

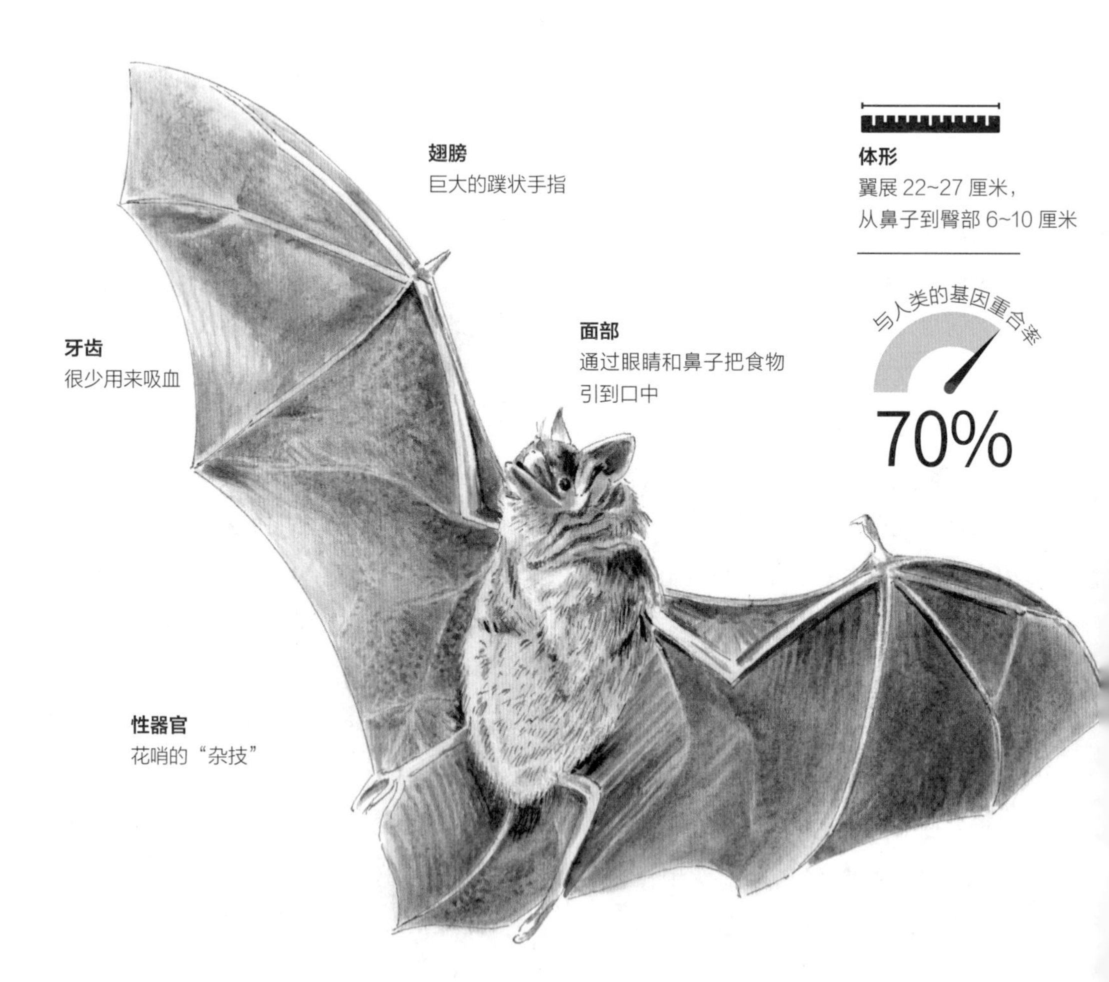

蝙蝠在生命长河的位置

大约 8 500 万年前

哺乳动物世界发生了第三次大分裂（第一次是单孔目和有袋目的分裂，第二次是原始大象、海牛、犰狳、树懒等动物的分裂）。这一次分裂过后，出现了两个谱系，其中之一包括老鼠和灵长类动物，另外一个谱系包括原始食肉动物（猫和狗）、原始奇趾有蹄动物（马和犀牛）、原始偶趾有蹄动物（长颈鹿、牛、鲸和海豚）以及蝙蝠（所有蝙蝠）。也就是说，虽然老鼠和蝙蝠长得很像，但蝙蝠与所有这些动物（第二个谱系中的）之间的血缘关系，其实比蝙蝠与老鼠之间的血缘关系更为接近。最后一次大分裂使蝙蝠与其他动物“分道扬镳”，此后蝙蝠就与其他动物没什么关系了。

大约 6 500 万年前

和其他许多动物一样，蝙蝠在 K-T 大灭绝之后“卷土重来”，这里的蝙蝠家族历史图很像是“尼奥瓦”（neoave）时期的“鸟类出生潮”。

大约 6 300 万年前

蝙蝠出现了第一次内部分裂，这次分裂发生在狗和猫彼此成为独立物种的同时期。这些年来，科学家以不同的方式对蝙蝠进行了分类：回声定位与非回声定位、鼻子怪异的蝙蝠与头部其他器官怪异的蝙蝠、食花粉的蝙蝠与食昆虫的蝙蝠、可爱的蝙蝠与丑陋的蝙蝠。遗传学家们希望大范围地应用基因组对比技术能够有助于他们的研究。不过现在我们应该知道，遗传学的研究不能仅仅停留于表面。

蝙蝠的进化秘密

面部

蝙蝠第一次分裂后出现了两个主要的分类，它们奇特的学名分别以“阴”和“阳”开头。“阴”蝙蝠中，果蝠首先独立出来，它们又称“飞狐”，体形较大，大约有家猫大小，长着翅膀。它们长长的脸，一度使科学家认为它们是从狐猴谱系进化而来的。我们现在知道，它们实际上与蝙蝠有关联，只是它们最先从蝙蝠内部分离，然后存活下来了。今天，它们可爱的面容给它们的生存带来了不少好处。网络视频中它们吃香蕉时憨态可掬，使人类不遗余力地去营救和保护它们。

其余的“阴”蝙蝠进化得越来越小，最终又分成两类：一类包括有着滑稽形状的鼻子的蝙蝠，如马蹄蝠和叶鼻蝠；另一类包括有着滑稽形状的鼻子而且尾巴与翅膀不相连的蝙蝠。

与此同时，蝙蝠王国的另一半（“阳”蝙蝠）也进一步分裂成了不同的群体，从表面上看，这些群体在“表现特征”上的选择权很大，“自由”的尾巴、奇怪的鼻子，似乎出现或不出现某些特征都是随机的。我们能够得出的结论就是：蝙蝠的基因保留了许多选择权。看起来，它们的一些特性是根据需要而产生的，相比较而言，我们所说的“充满希望的怪物”则是“虽然这些动物被遗传上固定的特性所束缚，但它们却尽着最大的努力进行适应”。

回声定位

生物学家很喜欢研究回声定位，只要某种动物显示出能够进行回声定位的一丁点儿可能性，就会有人组织一场研究，找出它们的回声定位有多么精妙，以及根据回声定位动物在大脑中产生多么详细的图像。但是正如其他表面特征（如翅膀、眼球或发声等）一样，蝙蝠的回声定位的表现形式也多种多样，而且可以重复出现。

例如，马蹄蝠和叶鼻蝠都能通过鼻孔发出回声。它们鼻部皮肤的形状像扩音器一样放大了传出的声音。但是，2014年的一项研究发现，即使鼻子形态原始、看起来只能发出微弱声音的果蝠也可以发出回声。

不过，狂热的遗传学家们确实发现了一些与FOXP2转录因子有关的有趣之处。FOXP2转录因子有助于控制大脑、面部、耳朵等部位与发声相关的基因的变化。基于此，人类能够说话、鸟类能够唱歌、老鼠能够发出超声波，不过这点我们还不能完全确定。

一种长矛鼻蝙蝠，达尔文在巴西发现了这种蝙蝠，并由小猎犬号的菲茨罗伊船长绘制了这幅插图。和达尔文发现的许多其他物种一样，蝙蝠也被赋予了一个拉丁文名字，后来随着发现的蝙蝠种类越来越多，这个拉丁文名字也就慢慢弃置不用了

2007 年，来自中国和英格兰的一些研究人员进行了一项研究，想弄清楚 FOXP2 转录因子是否与回声定位有关。他们对 13 种能够进行回声定位的蝙蝠和非回声定位蝙蝠、22 种其他非蝙蝠类哺乳动物、2 种鸟类、1 种爬行动物和 1 只鸭嘴兽进行了同类测序。

在回声定位蝙蝠中，研究人员发现 FOXP2 转录因子的排列方式极其多样，超过其他任何动物（除人类外，已知人类的 FOXP2 转录因子的排列方式极其复杂），其复杂程度与鲸和海豚等能够进行回声定位的鲸目动物相当。有些蝙蝠甚至会发出“假反馈声音”，以迷惑其他蝙蝠，导致它们计算错误并且失去猎物，从而给自己留下更多的食物。

毛发

蝙蝠有毛发且哺育幼崽，所以它们是哺乳动物。它们的独特性意味着它们的基因组研究可以解开包括人类在内的所有哺乳动物基因组的奥秘。蝙蝠的毛发使它们成为生态系统中“植物授粉者”的关键角色，它们像蜜蜂和蝴蝶一样依靠毛发传播花粉，还可以吃水果，并通过粪便（guano，蝙蝠生物学家对蝙蝠粪便的特殊称呼）播撒种子。

寿命

小型棕蝙蝠的寿命大约处于蝙蝠寿命的平均水平，不过它们在野外已经能够活到 30 岁以上了。对小型哺乳动物来说，活 30 年已经是不同寻常的长寿了。尤其是对比它们快节奏的生活方式与海龟的慢动作和低代谢时，人们就会更加觉得不可思议。

免疫

蝙蝠有一种不可思议的本领：能携带着病原体四处游荡，这些病原体会导致疾病，摧毁其他动物的种群，而蝙蝠自己却毫发无伤。蝙蝠被认为是人类和动物中许多疾病的源头，包括尼帕病毒、亨德拉病毒、埃博拉病毒、SARS 病毒和狂犬病毒。蝙蝠自身复杂的免疫反应相关的基因使它们幸免于难。

生物体内所有系统中，免疫系统是最适合改变和适应的。事实上，适应是它的全部功能。白细胞对异物进行防御时，也收集异物侵入的信息。然后，免疫系统不仅将这些信息记录在体内，以备将来抵御攻击，还制造和保存了一些专门针对“特定入侵者”的蛋白质，它们能够制造出各种形状的抗体，也可以抵御各种入侵者。这些蛋白质就是被植入动物的 DNA 中的抗体。

好吧，无一例外。病毒、细菌和真菌各有生存的使命。动物进化出抵御它们的基因系统，它们也不甘示弱，随之进化出“欺骗”这些系统的办法。例如，许多病毒进化得足够快，以至于在几代内我们体内的抗体就无法识别它们了，这就是为什么你每个季节都需要注射流感疫苗。你也一定听说过耐药菌，这也是细菌进化的结果。（不是适应，注意：是进化，这些特征是代代相传的。）

虽然基因的复杂性太过棘手，难以一探究竟，不过最近的一个故事准确地讲述了蝙蝠的免疫系统是如何发挥作用的。虽然蝙蝠能够抵抗各种各样的病毒和细菌，但有一种真菌却可以杀死它们。这种真菌被恰当地命名为“伪裸子植物毁灭”，它能够引起一种叫作“白鼻综合征”的疾病，这种病造成的伤痕会布满蝙蝠面部，在它们的翅膀上留下坑洞。在 21 世纪初，这种真菌使某些小型棕蝙蝠的数量减少了 90%，但到 2010 年，一些小型棕蝙蝠似乎已经对这种真菌的不良影响产生了免疫力（适应或进化）。

达尔文眼中的蝙蝠

在达尔文时代，解剖动物并且比较它们的解剖结构的做法并不新奇。他在《物种起源》一书中写道，“蝙蝠的翅膀和人的手的骨骼构造几乎相同”。达尔文认为，人类和蝙蝠身上这些不同的身体部位有着共同的祖先和起源。他开始明白，来自共同祖先的某一身体部位在代代进化的过程中，后代们对其进行了不同的选择，也就是变得“多样化”。另一方面，这些身体部位也可能会在某种程度上巧合地为共同的目的（比如飞行）服务（趋同进化）。

矛头蝙蝠骨架，常见于学术文献中，来源不明

温度调节

小型棕蝙蝠的存活体温范围是已知哺乳动物中最宽的，甚至可能是已知脊椎动物和哺乳动物中最宽的。即使在体温低至 43.43 ℉（6.35℃）或是高达 128.93 ℉（53.85℃）时，它们也可以毫发无损。

生育控制

长寿动物还有一个不可思议的特征——它们控制繁殖的能力。雌性小型棕蝙蝠不仅可以像某些动物一样延迟受精和受精卵着床，甚至可以在妊娠早期阻止胚胎发育。可见它们也属于能够控制基因“时钟”的长寿动物。

我们不知道是否所有长寿动物都能进行生育控制。但我们知道并不是所有进行生育控制的动物都能够获得很长的寿命。也许所有动物都在一定程度上进行生育控制，只是我们尚未发现。（当然，人类并非有意识地接触生物学的那一部分。）但就目前而言，生育控制要么是“青春药剂”中的活性成分，要么是非活性成分。

翅膀

“飞行”是趋同进化的典型例子。蝙蝠、鸟类和昆虫获得飞行能力的路径各不相同。

鸟类和蝙蝠共有一个脊椎动物祖先，它有着不会飞的四肢，最终进化成了翅膀。在这个过程中，鸟类得益于华丽的身体覆盖物（羽毛），蝙蝠得益于额外的皮肤。

飞行的昆虫（和虫子）与鸟类和蝙蝠有着更遥远的真核生物共同祖先，它们有着共同的身体部分，同样地（趋同地）进化成四肢和“残翅”，然后变成翅膀。

（请注意：“会飞的”鱼、“会飞的”蜥蜴、“会飞的”松鼠之类的东西实际上不会飞，只是会跳跃和滑翔，所以我们不考虑它们。）

控制手部变化的基因多种多样。与老鼠的基因组相比，蝙蝠的基因组向我们展示了基因的独特变化。这些基因决定手指的生长位置和数目、调节手指长度、控制软骨的多少（蝙蝠的软骨较多）。

尤其令人吃惊的是，蝙蝠较短的手指都与一种叫作“Fam5c”的基因有关，听起来像是手机型号，事实上这是一种重要的肿瘤抑制因子。换言之，当蝙蝠长出长手指时，蝙蝠的某种基因（通常在其他动物体内表现为抑癌基因），就会使其他手指不会反常地增长。这是蝙蝠的任务：以“活下去”作为重要使命。

蝙蝠告诉我们：

飞行过程中也在适应。

第四部分

永生的奥秘

永生并非衡量进化成功与否的唯一标准，不过是一个很好的标准。更有利于打败捕食者、得到食物、找到伴侣等，这些都是生物进化的方向。在这一部分中，我们将从内到外地学习一些大自然独家的长寿秘诀。

蝾螈

（*Ambystoma mexicanum*）

永远年轻

蝾螈很可爱，巨大的墨西哥蝾螈既是“啜奶的婴儿”，又是“足球场上踢球的少年”。

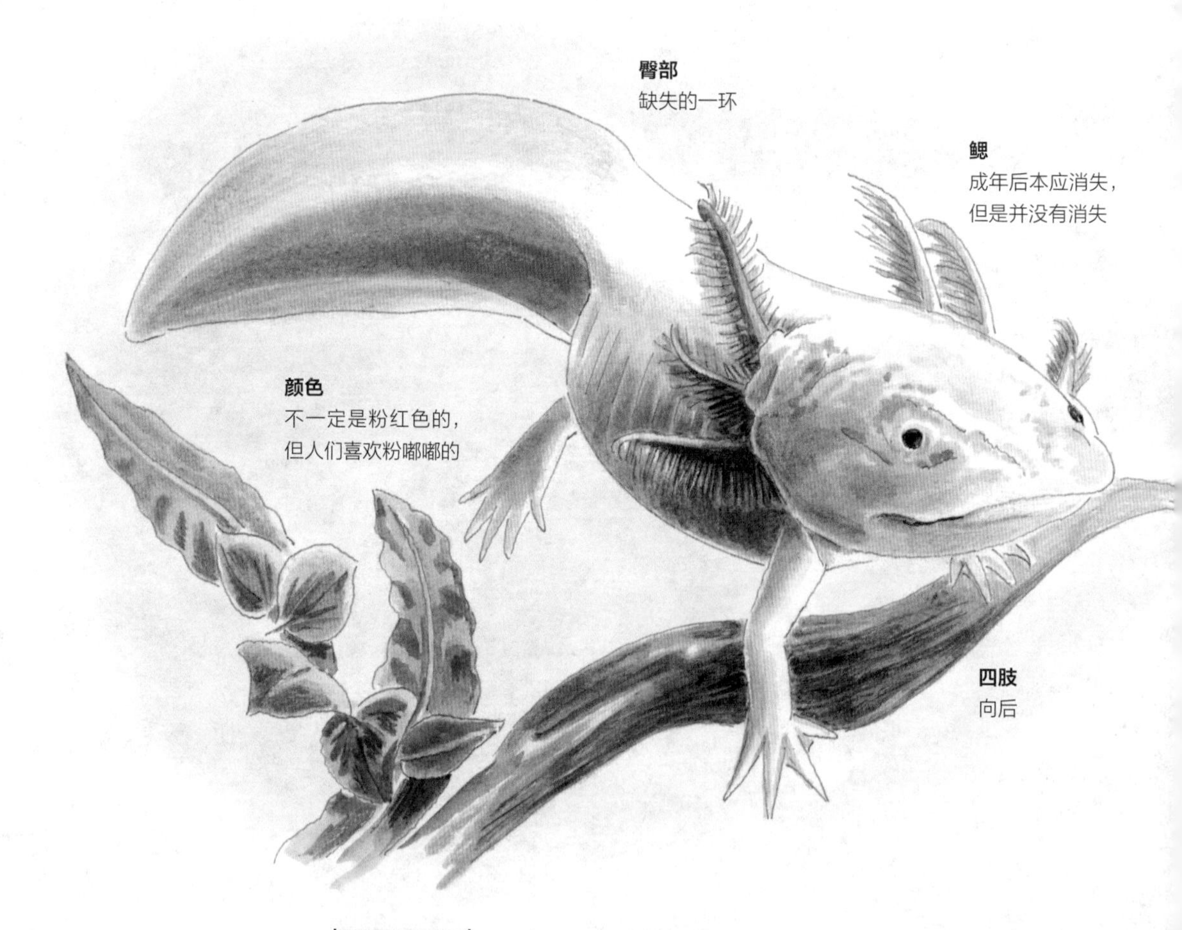

体形
15~45 厘米

与人类的基因重合率

76%?

我们必须推测一下这一新基因组与人类的基因重合率。蝾螈与我们的血缘关系的确很远，不过因为可供选择的基因是有限的，所以这一比例可能会有所上升。

蝾螈在生命长河的位置

（百万年）

250 65 0

中生代 新生代

大约 9 000 万年前，两栖动物谱系从它们与肺鱼的共同祖先中分离出来，不过两者之间的差异很小。

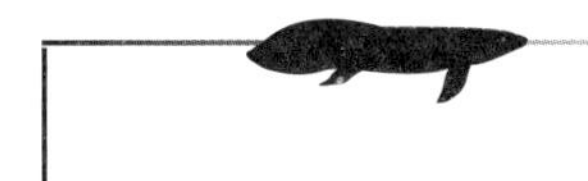

蝾螈

大约 6 500 万年前，蝾螈谱系从巨型蝾螈（长度超过 1.2 米）和奇特的墨西哥鼹蜥中分离出来，因为鼹蜥看起来就像是长着手臂的蠕虫，所以又被称为五趾蠕虫蜥蜴或两足动物。

蝾螈的进化秘密

颜色

世界上大多数的实验用蝾螈都是 19 世纪 60 年代从墨西哥来到巴黎的 34 只蝾螈的后代，它们都有一定程度上的色素沉淀，颜色看起来像粉红色。（这让人想起通常为白色的实验室老鼠，不过实验室老鼠是白化老鼠近亲繁殖的后代，其特征是粉红色的眼睛。而患白化病的蝾螈是黄色的，眼睛和鳃是深粉色的。）和猫、狗、马、鸡、孔雀鱼，甚至人类一样，不同颜色的蝾螈并不代表它们属于不同的物种，它们只是在基因序列上存在着一定的差异。

现在，人类正在饲养用于宠物观赏和实验的蝾螈，未来几代，它们的颜色可能会大大不同于天然状态下的肤色。但它们粉嫩嫩的肤色的确使它们看起来十分“孩子气”。也许这是公平的。

骨盆 / 髋关节窝

回忆一下介绍肺鱼的那一节，四足动物出现的最重要的创新就是进化出了能够负重的腿部，当然同时也需要臀部能够负重。科学史上，研究人员比较胚胎发育过程并观察它们的 DNA，并通过研究化石记录了这一腿部的进化历程。所有的这些研究都与“四足”有一定的关联，四足也就是距离动物身体最远的末端。长久以来，科学界对足骨和髋骨之间的联系进行着研究，试图通过填补这一知识鸿沟来填补鱼类和四足动物之间的进化鸿沟。鱼的鳍，不管多么结实，是如何与脊骨重新连在一起并承受身体的重量的呢？在进化过程中，骨盆是什么样的？知识鸿沟在 2013 年对蝾螈进行的一项研究中被完美地填补了。“蝌蚪”蝾螈和成年蝾螈之间存在着发育停滞的奇怪状态，为比较蝾螈髋部发育的化石研究和基因研究提供了完美的材料。

肢体再生

所有的蝾螈、某些爬行动物、章鱼以及少数鱼类都具有再生的能力。甚至是人类刚出生的婴儿的指尖，在早期也能再生。

18 世纪晚期，一位好奇的意大利人观察到许多物种都有再生现象，包括蝾螈、蝌蚪、蜗牛和蚯蚓。他甚至在蝾螈身上做了一些残忍但“吸引人”的实验，他发现所有的蝾螈在尾巴截断后都能重新长出尾巴。他还注意到它们在夏季的再生速度比冬季快（尽管目前还没有研究出温度是如何影响细胞信息变化的）。

不过，蝾螈很特别，它们不仅能再生出尾巴，还能再生出四肢（意大利人的笔记中绘制了一些蝾螈截肢后新生的细小肢体的图画）。他对此感到很迷惑。

快进到 2016 年，当时一位美国的研究人员决定研究蝾螈神奇的再生能力。她出乎意料地发现：蝾螈在截肢后会少量出血，并在数小时内凝固以护住伤口。很快，细胞迁移到伤口处，形成一个有点像血凝块的团块，不过这些实际上并不是血凝块而是皮肤细胞。此时的细胞就像胚胎干细胞（具体的形态尚未确定，它们只是看起来像但却不是真正的干细胞），这些到底是来自细胞储备中的细胞还是被改变的现存细胞呢？第一种情况更有可能，但是到底储存在何处呢？也许用 18 世纪意大利人的“小肢体”概念（mini-limb idea）作比是恰当的，因为一旦细胞到达伤口处，就迅速分化成骨骼、肌肉、皮肤和结缔组织，重新生长出一个完美的肢体，与原来的无异。

最有趣的是，当研究人员把这束并不完全是干细胞的细胞切下来放到蝾螈身体的其他地方时，它们也会生长成肢体，就像果蝇实验里长在身上的眼睛和长在脸上的腿一样怪异。

为什么蝾螈身上会存在这种实用但看起来不可思议的特征呢？有可能是因为同类相食。同一片池塘中生活着饥饿的“兄弟姐妹”，对生长在这样环境下的蝾螈来说，再生不仅是一个很“酷”的技巧，而且是必要的。因此它们进化出了这种再生能力，或者说它们保留了这种再生能力而其他动物却在进化中失去了这种能力。

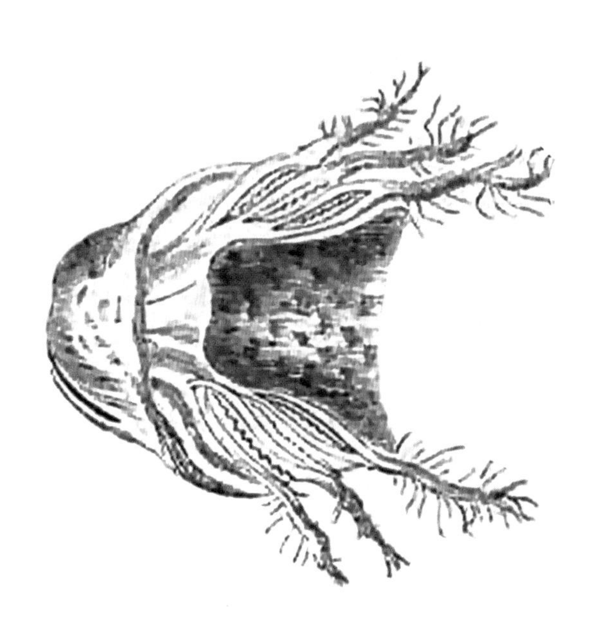

鳃特写，摘自1833年索森·加里（Thorson Gary）的《野外记录簿》

这是一个关于“为什么”的问题，在这里预示着某种危险，人们很容易得出结论：蝾螈细胞发展的停滞状态（幼年状态）和利用干细胞样细胞进行再生之间存在着某种联系。实际上有一种非常有趣的观点认为，蝾螈始终保持着幼年状态和特征正是为了抵消“同类相食”带来的不利影响。

这里再次强调，就像温度的分子效应一样，我们尚未发现任何文献能明确上文这种说法，因此我们需要保持一种谨慎的态度。我们得到的答案越完整，就越有希望让截肢者再生四肢，或许还可以使人类保持青春的时日比自然状态下要长一些。如果青春永驻的基因源泉很容易找到，那么多年前就会有人因此致富了。

眼睛

蝾螈甚至可以再生眼部晶状体。

鳃

蝾螈外鳃的外观和起源与它们的肺鱼“表亲”相同。大多数两栖动物在幼年时期都有外鳃，比如尚未长成青蛙的蝌蚪，但是蝾螈的特别之处在于它们在成长过程中会一直保留着外鳃。

蝾螈告诉我们：

再生的关键也许就是永远停留在出生时的状态。

本节术语：再生

裸鼹鼠

（*Heterocephalus glaber*）

你认为多老就有多老

有时候，在地球上，长寿的秘诀就是赤身裸体，把朋友的需求放在第一位，像一只“自鸣得意”的虫子一样舒服地活着，因为昆虫的寿命比一只像它这般大小的哺乳动物要长。

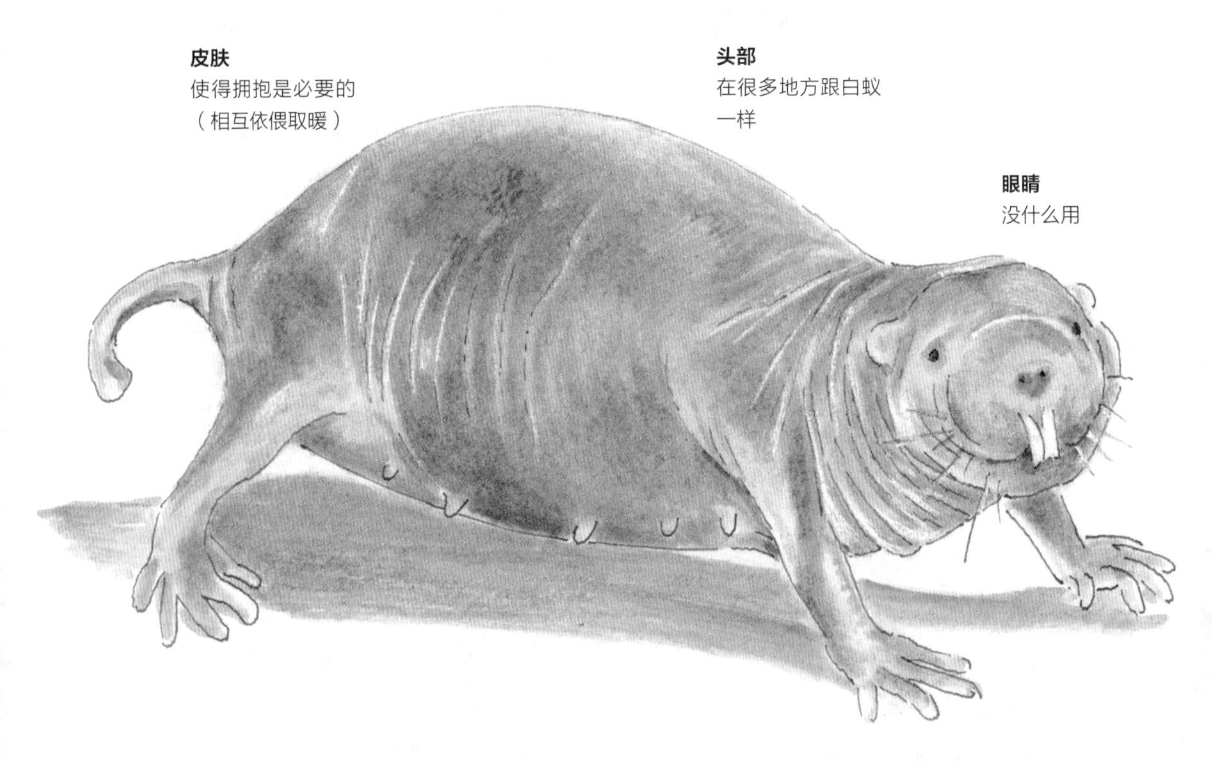

嘴巴
嘴唇在挖掘用的门齿之后，
门齿能够在隧道挖掘中发挥
最大的作用

体形
长 5~7.5 厘米

介于老鼠和蜜蜂之间。

裸鼹鼠在生命长河的位置

裸鼹鼠原产于东非，属于非洲鼹鼠（pan-African mole rats）这一更大的群体，非洲鼹鼠大部分都有皮毛，是一种较大的啮齿动物，出现在 7 900 万 ~8 900 万年前，其中还包括老鼠、水豚等各种动物，体重可达 68 千克。

不过后来，大约 2 400 万年前，裸鼹鼠开始生活在地下。

裸鼹鼠的进化秘密

嘴巴

裸鼹鼠的牙齿可以说和狐猴一样可怕，它的牙齿已经进化成一种“超大”状态。不过不是用来捕食蛴螬，而是用来吃植物块茎的。也可以这么说，它的牙齿是用来挖或者啃泥土的。也许很难看，但是它们的嘴唇的确紧闭在牙齿后面。它们的牙齿挖掘效率很高，可以挖出将近 10 千米的隧道。

头部

强壮的头骨和大大的脑袋使裸鼹鼠从同胞中“另辟蹊径”，就像小白蚁一样。

寿命

裸鼹鼠最早是由一位 19 世纪的法国研究者发现的，他以为它们年纪一定很大了。毕竟它们又皱又秃，凭借这一点即可判断它们的年龄，但这种肤浅的观察离事实相去甚远。裸鼹鼠可以活到 30 多岁，如此长的寿命对这种体形的哺乳动物来说是闻所未闻的。从寿命和体形的比率来看，裸鼹鼠比大象活得都长。那么它们长寿的秘诀是什么呢?

癌症抑制

大多数多细胞动物都有抑制癌症的基因。尚未发现裸鼹鼠患过癌症。

疼痛耐受性

“没有痛苦，就没有收获”这句话听起来像是爱健身的人的口头禅，不过一些研究表明，事实可能恰恰相反。身体的压力会导致内部组织被破坏，压力就像疼痛的“反馈回路”，

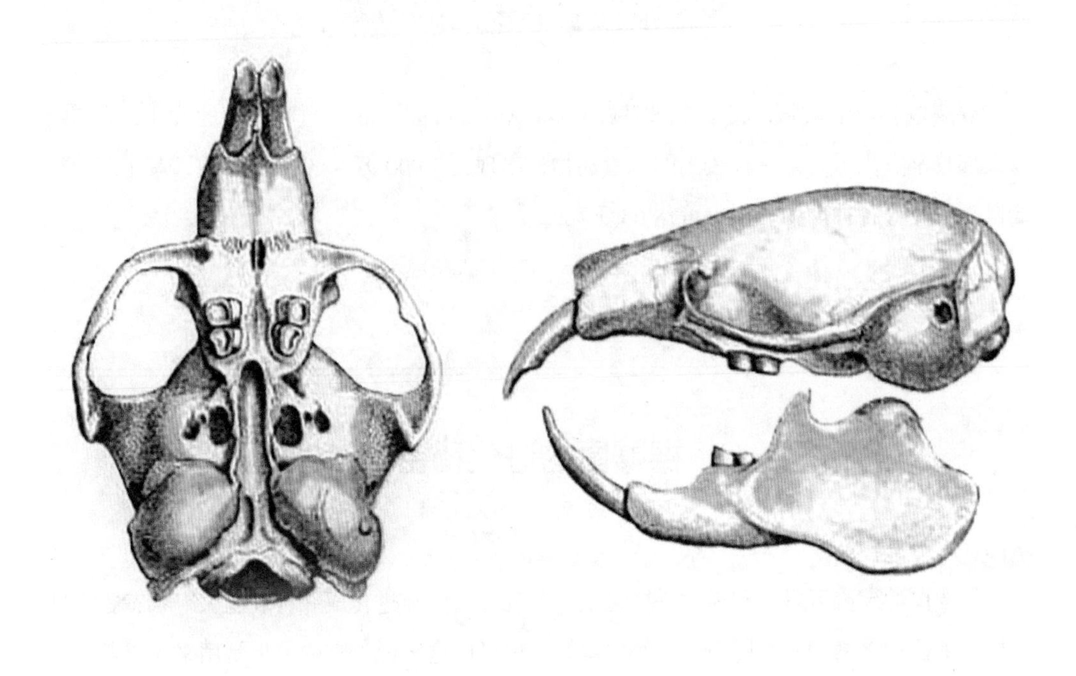

左图是裸鼹鼠上颚的仰视图，无下颚；右图是上下颚侧写。出自《伦敦动物学会科学事务大会议事录》，1885年

也就是身体产生了虚假的疼痛来警告潜在伤害的存在，然后身体会对这种伤害做出回应。不过，裸鼹鼠缺乏某些与疼痛信号相关的基因。它们发出的信号是：没有疼痛，就没有压力，损伤也就更小。

眼睛

这位法国研究者的伟大发现（裸鼹鼠）在博物馆的档案抽屉里慢慢被遗忘了，直到20世纪，一位英国研究人员翻出他的标本，并决定深入地研究裸鼹鼠。他在研究活体标本时发现：由于生活在黑暗中，裸鼹鼠已经关闭了一些与视觉相关的基因。他还发现了一种被称为“无毛”的基因突变，这种基因会导致老鼠和人类秃顶，因此可以解释它们是如何失去毛的。

低代谢

裸鼹鼠的活动量不大，所以它们的新陈代谢速度很慢，这似乎也有助于长寿。

低氧耐受性

裸鼹鼠生活在密闭、潮湿、黑暗、阴冷、有毒、低氧、高二氧化碳的环境中，生活在这种环境下更有可能提前衰老。可是它们呢？

衰老与不断的氧化有关。由于生活在地下，裸鼹鼠可以在完全无氧的环境中生存 18 分钟。

真社会性

具有社会等级的动物社会（如蜂王、工蜂）是真社会性社会。真社会性社会在昆虫中很常见，但裸鼹鼠是唯一的真社会性哺乳动物，这让科学家得以探测其潜在的起源，或者至少是探究真社会性对鼹鼠的好处。包括昆虫在内的真社会性动物似乎都比它们的“近亲”长寿。一些流行科学研究甚至表明，在一个社区中明确角色并合作的这种做法对长寿的影响在人类身上也有所体现。

但是裸鼹鼠自发的真社会性似乎是由基因决定的，在某种程度上，它们是“多倍体”，也就是拥有来自多条染色体的基因，在哺乳动物中这种现象更易导致有害的近亲繁殖。但话说回来，近亲繁殖在真社会性动物中很常见，这有助于维持社会结构。这又是一个与进化有关的“鸡和蛋”的故事。

皮肤

裸鼹鼠独特的又皱又秃的皮肤可能体现着某种近亲繁殖的适应性。与无毛动物、冷血动物以及两栖动物一样，裸鼹鼠也不能调节体温。不过多亏了它们可爱的、处于地下的、真社会性的生活方式，裸鼹鼠们生活得很好。

裸鼹鼠告诉我们：

谁说昆虫就应该把“所有的乐趣”或者说“从社交中获得所有的好处”据为己有呢?

本节术语：真社会性

蜜蜂

（*Apis mellifera*）

蜂巢思维

蜜蜂的进化秘密

脑部

蜜蜂的大脑有 100 万个神经元，神经元数量是人类大脑的千分之一。蜜蜂生活的社会在复杂性和规模上可以与人类社会相媲美。一个蜂巢可能包含多达 8 万只蜜蜂，它们一起建造蜂巢，收集食物，喂养后代。

花的能量

蜜蜂从花朵中采集花蜜，它们能够结合多种信息源（包括太阳的位置、花香的细微差别和紫外线信号中的秘密信息）找到花朵的位置。最令人难以置信的是，它们与需要进行授粉或者传粉的花朵们共享着一种“电子语言”。蜜蜂飞来飞去时会产生很强的正电荷，灌满花蜜的花有一种强烈的负电荷，蜜蜂在一朵花上落脚时，这两种电荷就会中和。这是协同进化最棒的例子。

真社会性

在蜜蜂社会里，有觅食者（也就是照料幼虫的不育的雌性工蜂），也有与蜂王（女王）交配的雄蜂，还有蜂王。这些不同种类的蜜蜂在外形上有所区别。蜂王的寿命是工蜂的

雄蜂、蜂王和工蜂。摘自1907年的《美国家庭和花园杂志》

与人类的基因重合率

61%

虽然还没有进行全面的比较，但了解蜜蜂和人类在与社交行为相关的基因方面存在着相似性有助于我们更好地理解自闭症。

10 倍，它每天能产下 2 000 枚卵。不过，这些不同类型的所有蜜蜂的基因信息都储存在同一基因组中。蜜蜂的命运是由它的成长际遇所决定的。所有的蜜蜂幼虫最初都会被喂食一种叫作蜂王浆的物质，这种物质是从工蜂的头部分泌出来的，富含维生素和其他营养素，能够影响蜜蜂的发育。三天后，几乎所有的幼虫都改吃蜂蜜。只有“准蜂王”可以继续享受蜂王浆。对蜜蜂基因组进行测序能够让科学家大概了解“基因是如何促进复杂的动物社会的建立的”。

沟通

蜜蜂会跳一种叫“摇摆舞”的舞蹈，研究人员认为这是无脊椎动物中已知的唯一一种象征性的交流形式。当工蜂发现花朵里充满花蜜时，就会回到蜂巢中，跳“摇摆舞”，舞蹈的肢体动作表明了花朵所在位置和方向等具体细节。其他工蜂复制这个“舞蹈”，并在刚刚绘制的这一非常精确的、彼此心领神会的“舞蹈”地图的指引下开始寻找食物。所有的蜜蜂都这么做，也只有蜜蜂会这么做（据我们所知）。

随着时间推移，研究表明“表演和解读”舞蹈完全是蜜蜂的本能。它们的大脑会自动将它们从食物来源飞回来的路线翻译成一种舞蹈代码，复制了舞蹈的蜜蜂们会自动地将路线解码。所有种类的蜜蜂（9 种）都会表演某种形式的舞蹈，只是精细程度不同，例如，矮蜜蜂的舞蹈比西方蜜蜂的舞蹈简单得多，也就是说舞蹈行为很可能被编码进了蜜蜂的基因组中。舞蹈的复杂性展现着某种适应性，不同的种群选择了不同的进化方向。像鳄鱼、肺鱼一样，矮蜜蜂进化得很早，它们只关注那些对它们有用的特征。

达尔文眼中的蜜蜂

在“笔记本 B”中，达尔文隐晦地认为蜜蜂等动物是彼此相联系的，是一种没有等级的动物种群：

同一物种的所有动物被捆绑在一起，就像是植物的芽，一起死掉，但迟早又会一起冒出新的芽。为了证明动物和植物一样，需要通过追踪相关的和不相关的动物的等级关系来完成这一目标。

在笔记本的下一页中，他认为：

一种动物比另一种动物更高级的说法是荒谬的。我们认为智力结构最发达的就是最高级的。如果依据动物本能来划分的话，蜜蜂当然是最高级的。

不过他的记录并不完全，这个想法也就到此为止了。

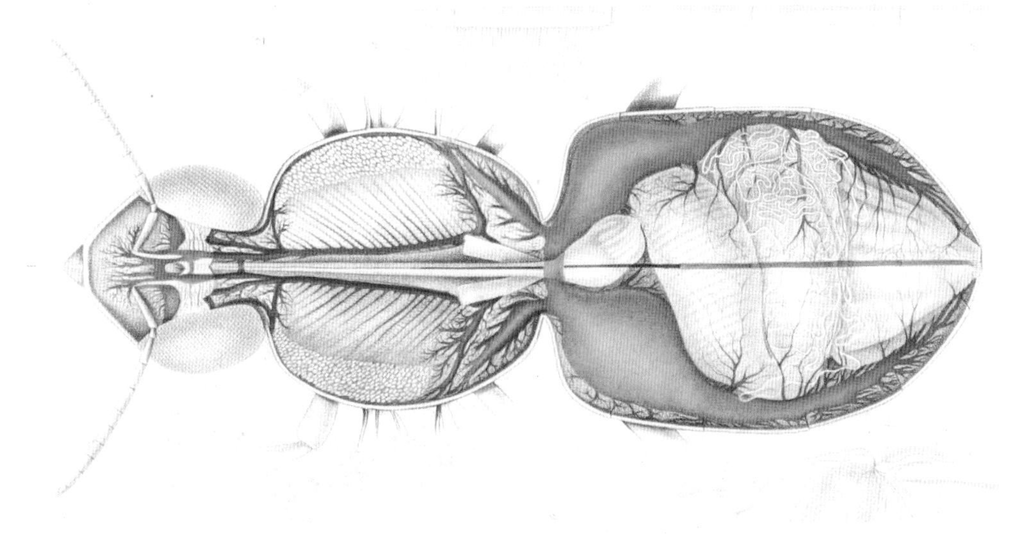

蜜蜂的内部解剖图。摘自乔治·库维尔（George Cuvier）所著的《根据其组织结构分配的动物统治》（Le Règne Animal Distribué d'après Son Organization）

研究人员尚未确定蜜蜂基因组中跳“摇摆舞”的基因的确切位置。这可能与昆虫脑部“中央复合体（CX）”的变化有很大关系，不过中央复合体本身已经非常复杂了。昆虫脑部分为两部分，中间由中央复合体连接，这是一束不同类型的神经组织，每个神经组织都有一套特殊的功能。例如，某种类型的神经组织与复眼、光视觉和认知位置以及控制腿部和翅膀的运动脉冲有关，而其他神经组织则可能与昆虫在空中飞行时神秘的辨别方向的能力有关。综上所述，中央复合体似乎是蜜蜂将对方向和位置的理解转化为运动和认知的处理中枢。2017 年，澳大利亚研究人员比较了全部种类的蜜蜂的中央复合体的功能，人们有理由相信，破解中央复合体的基因组将有助于破解“摇摆舞”的密码。

蜜露

大多数人都知道蜜蜂吃花蜜。不过它们也吃另一种“大有机物”——蜜露，这个可爱的词被用来形容从虫子屁股里排出的汁液（真的是从虫子肛门中排出的）。虫子依靠植物生存，吮吸植物的汁液，把不需要的成分从肛门中排出。在 2018 年进行的一项研究中，美国研究人员分离出虫子、蜜蜂以及花朵产生的“蜜”的 DNA 百分比。他们发现从虫子排出的蜜露里提取蜜的比例相当高。这和蜜蜂没什么关系，不过希望你了解这一点。

蜜蜂告诉我们：

这种动物进化出了概念思维、解决问题、象征性交流以及以身体制造食物的能力。如果你现在还不重新考虑对智力的定义，就比这些蜜蜂更像是个“呆瓜”了。

非洲象

(*Loxodonta africana*)

体形

雄性：2.7~3.6 米；

雌性：2.6~2.9 米

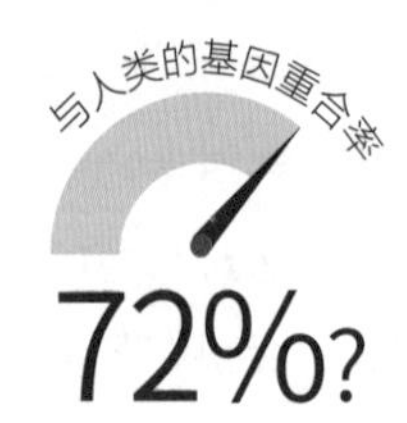

虽然尚未对人类和大象的基因组进行深入比较，但大象与海豚和奶牛的基因之间的相似性可以帮助我们预估这一比例应该介于两者之间，真正有趣的是比较猛犸象的基因组与早期捕猎它们的人类的基因组之间的关系。

对比

猛犸象

（*Mammuthus primigenius*）

生死较量

非洲象和猛犸象是近亲，其中一种动物因长寿而闻名，另一种则因灭绝而闻名。

象在生命长河的位置

大约 9 000 万年前，树懒、犰狳、巨型食蚁兽迁移到南美洲之后，非洲动物再次分裂成两支。其中一支进化成儒艮、海牛以及现已灭绝的斯特拉海牛，还有一支进化成了猛犸象和乳齿象，并最终让位于今天的大象。大象因其长鼻子而被称为“长鼻象”。

象的进化秘密

象牙

原始象在有鼻子之前，就有象牙了。形状奇特的象牙又是一个在史前动物中比在现存动物中更常出现的特征（虽然海象、野猪，甚至是齿鲸等动物依旧保留着这一特征）。和大象一样，猛犸象可能也用象牙挖掘食物和水，这种需求使得长象牙成了一种优势。有时候，大象用它们的象牙来争夺配偶，不过最有趣的一点也许是：它们借助獠牙推倒树木，从而使它们能在泥坑或放牧区畅通无阻。这一习惯使大象成为除了人类之外唯一能极大地改变环境的物种。

脑部

我们对猛犸象的精神状态了解不多，不过我们知道：相较于体形来说，猛犸象的脑部比大象小。

大象的脑部是陆地上现存的哺乳动物中最大的，虽然大小并不是判断聪明与否的唯一指标，不过它们确实也拥有许多人类判断智慧程度的标志（大象能够游戏、学习、记忆和解决问题）。根据一种古老的动物心理学测量方法——“镜子测试”，大象也能判断镜子中出现的是自己，而不是另一头大象。为了进行这项测试，研究人员在受试者（大象）面部涂上油漆，使其立于镜子之前。与类人猿和海豚一样，接受测试的大象在试图擦掉脸上的印记之前也会照一下镜子（当然，大象是用鼻子擦掉印记的）。

鼻子

大象最奇特的地方就是它们的鼻子：长长的、高度敏感的、可以抓住东西的充满黏液的“管子”，其作用与人类的手以及昆虫的触角相似。大象用它们的鼻子来“操纵”环境中的一切，甚至可以通过鼻子感知象蹄跺地时发出的低频振动从而进行远距离通信。而且象鼻有着敏锐的嗅觉，上面分布着比其他哺乳动物更多的嗅觉感受器。

体形

数亿年前，在动物王国里，体形大有不少好处。在 300 万 ~1 亿年前，体形大对哺乳动物来说更是锦上添花。现今，哺乳动物中仅存的“真正的巨人”是海洋中的鲸和陆地上的大象。

但在它们从人类的“魔爪”中死里逃生之前，它们必须先在自己基因的“掷骰子”中生存下来。据统计，动物体形越大，细胞就越多；细胞越多，就越有可能出现癌变。但在这一点上，大象进化出了一系列“基因失效”的保险措施，以提醒体内的细胞停止繁殖，这使大象免遭癌症的困扰。

达尔文眼中的象

年轻的达尔文乘坐小猎犬号在南美洲航行时，收集了尽可能多的化石，并在随后的几年里对这些化石进行了鉴定。他在给妹妹卡罗琳的一封信中写道：“我最近将有机会得到猛犸象的一些骨骼化石，我不知道它们会是怎样的，但我要不惜代价地尽快拿到这些化石。”

象告诉我们：

这些动物从内到外都是完美的，基因组起到了很大的作用。

猛犸象告诉我们：

这些动物在严寒的季节里孤零零地死去是因为基因组没有学会适应。

体表覆盖物

可是，猛犸象在“掷骰子”游戏中失败了。自 2015 年开始的一系列关于猛犸象基因组的研究发现，猛犸象的基因组在几千年的时间里有些支离破碎了。畸形的改变、基因的缺失和交换最终帮助大多数动物更好地适应了环境，同样情况下的猛犸象的基因组却开始犯错误，最终导致猛犸象出现了一系列健康问题，包括嗅觉、消化系统和排泄系统失灵，有些种群甚至出现了不育的现象。最糟糕的是，一些猛犸象种群遗传了一种基因缺陷，导致它们的毛发变得细密、丝滑，几乎是半透明的，但这在冰河时期不会有任何用处。毛发丝滑的猛犸象最终没有很好地适应环境。

相比之下，大象适应了它们在更炎热的气候中的新家。除了那些 2.5 厘米厚的能够帮助大象进行感知的短毛之外，其他的毛发都脱落了。大象没有保湿的腺体来帮它们保持凉爽，不过它们进化出了特有的褶皱。当它们用长长的象鼻往自己身上喷水时，这些褶皱使大象的皮肤保持水分的时间是正常情况下的 5~10 倍。

熊虫

（*Hypsibius dujardini*）

生存王者

熊虫似乎是地球上生命力最顽强的动物。长期以来，它们在极端环境中超强的生存能力一直吸引着生物学家，它们可以在零度以下的环境中、沸水中，甚至是无热、无气的太空中存活。

我们相信它们的生存能力有着打破了生活常规的超自然因素的存在，也许事实已经证明了这一点。不过基因科学越向前发展，我们就越明白基因组的规律没有那么容易打破，它们非常非常复杂。

熊虫在生命长河的位置

熊虫也被称为“水熊虫”或“苔藓小猪”，其历史可以追溯到5亿多年前。迄今为止，已经证实存在的熊虫有1 200多种，它们生活在你所能想到的各种栖息地中，从沙漠到北极，从淡水、咸水到静水，都有它们的身影。

基因组在不同种类的熊虫中发生了多种变异。例如，图中所示的熊虫的基因组只有另一种被大量研究过的熊虫的一半的量。现在的你也许不会因此感到奇怪（毕竟我们已经认识了非洲爪蟾、鞭尾蜥蜴和隆头蛛，我们知道动物在进化的过程中可能会增加或减少一些基因组）。可是基于我们对熊虫基因组的了解来说，这有些反常。

熊虫的基因组表现出一种基因谱系指标的奇怪组合，使得对其进行分类面临着很多困难。我们知道它们是彻头彻尾的无脊椎动物，与线虫类（蛔虫）和节肢动物（果蝇、蜘蛛等昆虫）属于同一个大类，不过它们之间依旧存在着很大的区别。熊虫的体形更像节肢动物，但2015年的一项基因组研究表明，它们缺少存在于包括节肢动物在内的大多数其他动物身上的5组HOX基因。

2017年的一项研究随后发现，熊虫的基因与线虫有很多重叠之处。不过该研究还表明，它们显示出了罕见的基因组变化的信号，这将使它们更有可能名列节肢动物的行列。所以还需要对它们进行更多研究。

体形
长约 0.05~1.2 毫米，
通常不超过 1 毫米

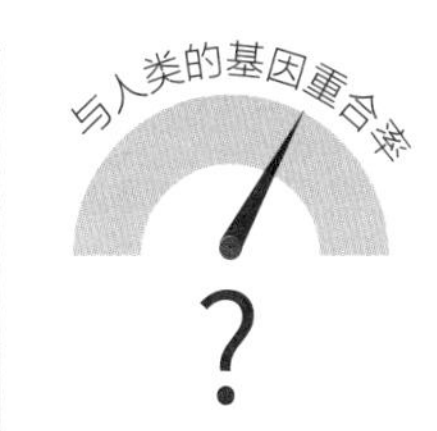

在对样本进行对比之前，我们无法准确推测基因重合率。我们甚至还没有弄清哪些动物是熊虫的近亲，更不用说熊虫与人类之间的关系了。

水平基因转移：又一笔大交易

“水平基因转移（HGT）”指开始于一个有机体的DNA，甚至是一整块功能性DNA（基因）最终成为另一个有机体基因组的一部分。我们所说的并不是“歃血结义”，也不是唾液交换，或任何体液之间的粗暴交换。实际上，RNA和DNA非常“聪明”，知道自己属于哪里、不属于哪里，它们就像免疫系统中的抗体一样，只不过是在分子水平上而不是细胞水平上。

水平基因转移的形式多样，最令人印象深刻的解释出现在一个侦探类节目中。节目开始时，法医实验室的负责人报告说，在持械抢劫现场发现了两组DNA；滑稽的是，一位侦探监禁了一名嫌疑人，然后节目剩下的时间都在寻找第二组DNA的主人。直到转折点出现：在节目的最后几分钟，他们突然发现第一个嫌疑人的DNA实际上经历了水平基因转移——他的体内有两组DNA，从一开始就没有第二名枪手。不过现实生活中，“第二个枪手”通常只是病毒或细菌，因为大多数水平基因转移发生在微生物中。

具有来自多个基因组的DNA的生物体有一个不那么正式的名字——“基因嵌合体”，基因嵌合体可以通过多种不同的方式形成，多数发生在基因变化的时候。

现在，我们已经知道，动物的DNA基因嵌合现象常常发生在父母遗传给幼崽的过程中。事实上，继承就是这样一个“混乱时刻”。有时候，母亲在产下幼崽之后，会保留一些孩子的DNA，这样母亲也就变成了一个基因嵌合体。

还有一个“混乱时刻”出现在患病或感染时，在那时，DNA可以在寄生虫和宿主、病毒和宿主、细菌和有机环境、细菌之间进行交换。

还记得海绵和它为其他生物提供寄生环境的能力吗？这种共生关系为何在生命王国（动物、植物、微生物）中无处不在？还记得这些共生生物是如何在漫长的时间内协同进化，以至于在没有彼此的情况下就无法生存或繁殖的吗？比如花和蜜蜂之间，以及特定的花和特定的蝴蝶之间，或者疟原虫和蚊子之间，抑或是蚊子和它们的猎物之间，还有疟原虫和它们的新宿主之间的共生关系，甚至是人类和体内的益生菌之间也存在着这样的共生关系。有机体彼此依赖、共同生活时，可能在某个时间点，某些DNA会被“混淆”（尤其是当你考虑到本书中所讲到的RNA和DNA多种多样的作用机制时）。这也许就是美丽的绿叶海蛞蝓的故事：在某个进化阶段，它吸收了其主要食用的藻类的DNA，于是它们能够像植物一样通过光合作用直接从太阳中获取能量。

据我们所知，动植物间或动物间的水平基因转移十分罕见，不过这也许只是因为我们还不知道如何找到它们。我们所知道的大多数水平基因转移发生在微生物之间，因为它们的身体结构较简单，系统的防御能力也更弱；细胞膜容易破裂，膜中的物质流入另一种生物的细胞膜中，有机化学物质因此会混合在一起。

甚至有一个理论认为：当两个单细胞生物体结合在一起时，会产生一个多细胞生物体。你可以想象一只变形虫吃掉了草履虫，突然之间，草履虫变成了变形虫的一部分，而且两者结合后能力更强了。在这个过程中，变形虫的身体变成了一个新的复杂细胞的细胞壁，从理论上来讲，经过复制，很快就会出现一只新的“动物”。

这只是一种理论，不过越来越多的证据表明，水平基因转移是一种非常规的改变基因组的方法。可以说，水平基因转移“搅动”了生命之河。

科学界对熊虫的基因组成一直莫衷一是，最新的发现就是在这些争议的基础上产生的。早在 2015 年，一项重大的研究就得出结论，熊虫的 6 600 个基因（其基因组的六分之一）有着其他来源，包括细菌甚至是植物的基因。这一发现被一份经过同行审阅的权威科学期刊引用，并成为一些权威的科普出版物的“头条”。不过，在这之后，一个研究小组对熊虫的基因组进行测序，发现来自其他生物的基因占比不到 3%（在正常的误差范围内）。2017 年的研究显示，正确的数值约为 1%。最初得到错误的结果仅仅是因为方法错误和使用了被污染的样本，这样的事情并不少见。

不过，有时科学家太过兴奋，也会导致错误的出现。这个可以理解，因为谁都会因为熊虫体内存在着其他动物的 DNA 感到激动，毕竟这太疯狂了。不可能发生不同物种的 DNA 彼此“缠绕”这样的事吧？可最疯狂的是，这种事确实发生了。这种现象被称为“水平基因转移（HGT）”，虽然并不常见，不过偶尔发生也足够令人着迷了。动物全身的 DNA 应该都是相同的，不管从动物 X 身体上的哪个部位提取一个细胞，都能解读出：“该细胞含有动物 X 的 DNA。”而水平基因转移则意味着可能从动物 X 身体的某个地方提取一个细胞，可以解读出：“这个细胞含有动物 X 的、芦苇的、黏菌的、古细菌的 DNA。”听起来不可思议，不过确实发生了。

熊虫已经够奇怪的了，水平基因转移似乎可以对这些奇怪的现象做出合理的解释。事实上，我们不得不承认，这些奇特之处产生于我们已经掌握的或者有待发现的“机制”。时间（以及勤奋和研究）将证明这一点。

熊虫的进化秘密

外骨骼

1773年，一位德国牧师发现了熊虫。1776年，一位意大利牧师和生物学家发现：熊虫在极端条件下能够通过“变形”生存下来。

它们能够生存于：

- 温度低至 -328° F（-200° C），和高达304° F（151° C）的环境。
- 冻结或解冻的过程中。
- 含盐度变化剧烈的环境。
- 缺氧的环境。
- 缺水的环境。
- 能够承受的X射线辐射是人类的致死量的1 000倍。
- 有毒化学品中。
- 煮沸的酒精中。
- 真空低压环境。
- 高压（超过海洋最深处压力的六倍）环境。

生命的“小桶状态”

生存艰难时，熊虫会进入一种被称为“小桶”的状态：它们会把自己的身体压成一个干枯的“小包裹”，也就是“小桶”。这个过程就像给一座有弹性的充气城堡放气一样，将坚硬的组织之间所有的空气和水分挤出，并在寒冷（或炎热或干旱）中无限期地保持这种状态。

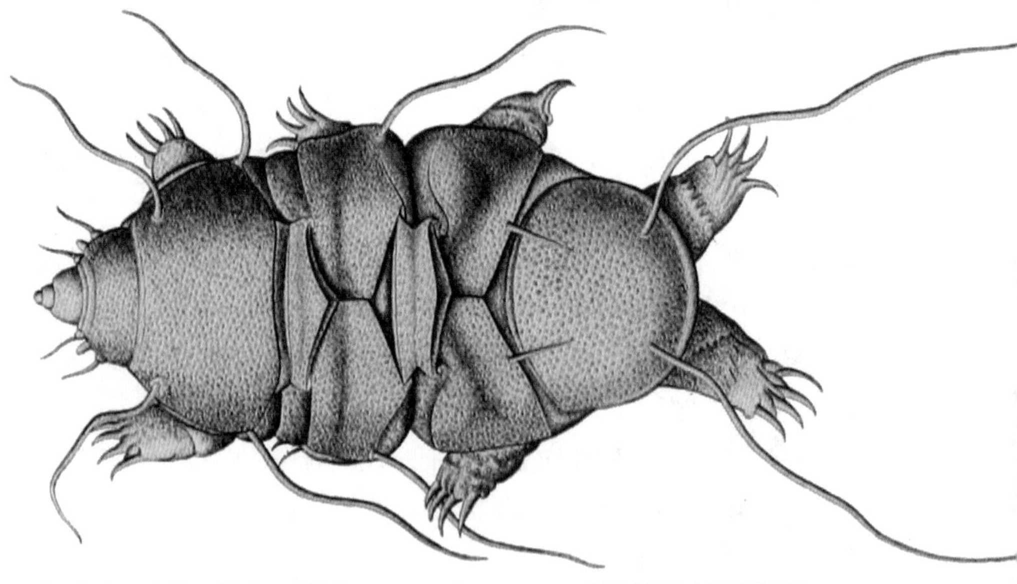

1840年路易·米歇尔·弗朗索瓦·杜埃（Louis Michel François Doyère）绘制的缓步动物熊虫的插图

如何做到的?

可折叠的身体

像本书中其他一些适应能力强的动物（海龟、青蛙）一样，熊虫的生存方式之一是将身体、组织和细胞依次折叠起来，把所有的空气和水分从体内排出，这样就能最大程度地减小组织表面积。到了条件恶劣的时候，熊虫会缩回它们怪异的小嘴和四肢，从肛门中排出水分，然后像泄了气的游泳池玩具一样将身体的其他部分折叠起来。在这种状态下，它能更好地在极端条件下生存。

嘴巴

熊虫对其他东西从不挑剔，可它们为什么会挑食呢？因为它们可以用它们扭曲的“嘴管”把浮游生物从水里吸出，也可以从植物里吸出水分，还可以利用它们锋利的牙齿捕食线虫和其他缓步动物等猎物。

腿部

熊虫有八条腿，分四节。这种特征和节肢动物巧合地一致，这也是研究人员倾向于将其归类为节肢动物的原因之一，不过这就像那些老派的鸭嘴兽鉴定标准一样。我们现在知道，熊虫的八条腿可能是协同进化的产物，节肢动物和熊虫之间的 HOX 基因的差异使得这种老派的观点“站不住脚”。熊虫的每条腿上都有三到八个细长的小爪子，不过爪子生来就是这样还是后来折断了有待观察。

蛋白质“卫士”

我们谈论微小的生物时，也必须谈一些细节性的特征，因为这就是“魔法”发生的地方。特殊的腿或皮肤使熊虫并不耐寒，但它们有独特的生存机制，能够在分子水平上保护蛋白质。

研究人员在缓步动物中发现了一种蛋白质，当这种蛋白质被植入人体细胞时，能完全耐受脱水的情况，并显示出约 40% 的抗辐射损伤的能力。研究人员希望，通过使用这种蛋白质，能够更好地保存有机物质，如拯救生命的疫苗（在注射给病人之前，这些疫苗必须能够长期储存，甚至需要通过实验室培养的人体组织进行试验）。

生殖方式

既然熊虫采取了“一切可行”的方法来维持生命，那么它们“不择手段”创造新的生

达尔文眼中的熊虫

1872 年，在达尔文与华莱士合著那篇开创性的论文的 14 年后，达尔文给华莱士写了这样一封信，这是一封讨论著作《生命的起源》（The Beginnings of Life）的信，这本书充满着争议、挑战，同时又非常吸引人，其作者是生物学家 H.C. 巴斯蒂安，他以提出“自然发生学说”而闻名，即生物可能是从非生物中自发产生的。在信中，他们讨论了熊虫和轮虫，这两种动物是如此的微小，小到不知从何而来。事实上，这些动物已经休眠了相当长的时间，对这些微型生物的研究也许填补了达尔文和巴斯蒂安博士的研究框架之间的一些空白。

亲爱的华莱士，我终于读完了巴斯蒂安博士的那本书，并对它产生了浓厚的兴趣。我知道你想听听我的想法，不过我的见解相当浅陋。

在我看来，他极富才干，一如我在读他的第一篇论文时对他的第一印象。他赞成“自生论”，而且其论据非常有力，虽然对有些论据我持保留态度。我对他的陈述感到既迷惑又惊讶，尽管总体上我认为自生论是正确的，但我却并没有被他说服。部分原因可能在于他的许多推理都是演绎推理；我也不知道为什么，但我真的从来没有被演绎推理说服过，就算是伟大的斯宾塞的作品也无法说服我。如果巴斯蒂安博士的书换个方式，能够从各种各样的异基因案例开始，接着是有机的，然后是盐水溶液，然后给出他的基本论点，我相信，我会被影响的。不过，我怀疑我的主要问题是旧观念在我大脑中留下了刻板印象。我必须得到更多的证据证明细菌或者最低级的微生物无法在 212 华氏度（100 摄氏度）生存。也许仅仅是重复巴斯蒂安博士对其他人的陈述就能够使我信服，我尊重他们的判断，而且他们在低等生物的研究方面已经做了很长时间的工作。我承认自己智力有限，不过“信仰”是一种多么令人费解的心境啊！

不管是真是假，我的大脑无法接受“轮虫和熊虫是凭空产生的”这样的说法，就像我的胃无法消化一团铅一样。巴斯蒂安博士经常把“自生论”以及生长比作结晶现象；不过，从他的观点来看，轮虫或熊虫在一次愉快的意外中适应了其简陋的生活条件，我无法相信这一观点。他一定是在某几次实验中使用了非常不纯净的实验材料，因为在盐溶液中的有机物一般都不含氮原子。

命也就不足为奇了。缓步动物既可以进行有性繁殖，也可以进行无性繁殖（孤雌生殖，即雌性能够在没有雄性的情况下产卵和孵化有生命的卵）。每一种交配方式的背后可能都有着许多复杂的因素，有些科学家认为：物种不同，交配方式也会有所不同。不过这也许是因为这些科学家倾向于观察特定物种的特定交配行为，但是即使是同一物种，在舒适度不同的种群或栖息地，其繁殖方式可能也会有所不同（食物、水的多少，以及温度是否适宜都会影响繁殖方式）。厘清这些需要相当长时间的研究。

卵

熊虫卵的问题很是棘手，卵上面布满了像触手一样长出来的细纤维。根据不同的情况，雌性熊虫每次可以产不超过 3 枚卵。在某些特定的情况下，雌性可能会将卵产在刚刚蜕掉的皮肤上，等待雄性前来授精。在某些情况下，雄性和雌性似乎需要加快行动并相互刺激（雌性必须受到刺激才能产卵，卵从外表皮下释放出来）；然后，雄性受到刺激，将精子释放到同一区域。在环境不适合产卵或者雌性尚未做好蜕皮准备的情况下，很可能是外骨骼为正在发育的卵子提供营养甚至是额外的遗传物质。刚孵出的幼虫看起来像小型的成虫，它们没有蛹期，从卵直接长成熊虫，成长所需的时间也是由环境决定的。

熊虫告诉我们：

熊虫为了适应极端情况，进行了许多极端的适应性进化。但是即使是科学也有可能在水平基因转移问题上走向极端。水平基因转移现象的发生实在太神奇了。但也有可能并非因为水平基因转移。

本节术语：水平基因转移、嵌合体

加州双斑蛸

（*Octopus bimaculoides*）

来自另一个“星球”的“好兄弟”

章鱼与一般的地球生物相去甚远，它们是地球上的一种非常“极端”的生物，是一种打破常规的生物。我们之所以研究加州双斑蛸，是因为在2015年首个对章鱼基因组的研究中，研究对象就是这种章鱼。研究团队是一个来自美国和日本的跨机构研究小组，他们选择加州双斑蛸作为研究对象的原因是它们在体形、特征和栖息地方面都处于中间水平。相较于其他头足纲动物，这种章鱼没有什么奇怪的特征，它们在世界上最大的海洋——太平洋的各地区都很常见（不仅仅是加州）。研究人员认为对它们进行测序可能会比较简单。不过结果很快证明，这并非易事。

2015年进行的这项研究表明，加州双斑蛸这种头足纲动物的DNA和RNA在其一生中一直在发生着变化。不是几千年的进化，也不是几代之间，更不是上一代的遗传，而是这种章鱼在生命的整个进程中都发生着变化。更疯狂的是，变化发生在它们体内。科学界一直存在着这样一个观点：基因组的主要定位之一就是“生命的蓝图”（一旦被设定，就固定下来），生命依照“蓝图”设定的那样出生、发育、成长、生活、死亡。当然，有机体的生命周期中会发生某些变化，不过大多数情况下，所有可能的变化都是在其RNA和DNA中预设好的，最多是根据有机体的年龄，或者外部因素决定这些基因在不同的时间起或者不起作用。我们所说的RNA编辑也会发生在其他动物身上，不过范围很有限。人类有2万多个基因，但其中只有20个基因上的少数几个地方是可以被RNA编辑的，而且这种编辑只是为了维持细枝末节的身体机能。我们身体中的RNA编辑不会改变我们的生命体验，当然也无法保证提升我们的生活水平。这就是人们目前为止的认识。“在我们的一生中，基因组可能会发生显著变化”的这一新概念被称为“表观遗传学”。行业前沿的基因专家仍在争论表观遗传学的作用机制，有些甚至怀疑这个概念有没有存在的必要。

但是现在出现了章鱼这种动物，它的基因组不仅根据环境发生着变化，而且变化很显著。章鱼在以惊人的速度进行着适应，甚至是进化，就像是从邮驿一跃到电子邮件。你原地不动，它们却发生了翻天覆地的变化。又一次，词语在进化的速度面前显得贫乏。根据达尔文十分直接的定义，它们的进化是蓄意为之的。不过他当时可没有我们今天这么丰富

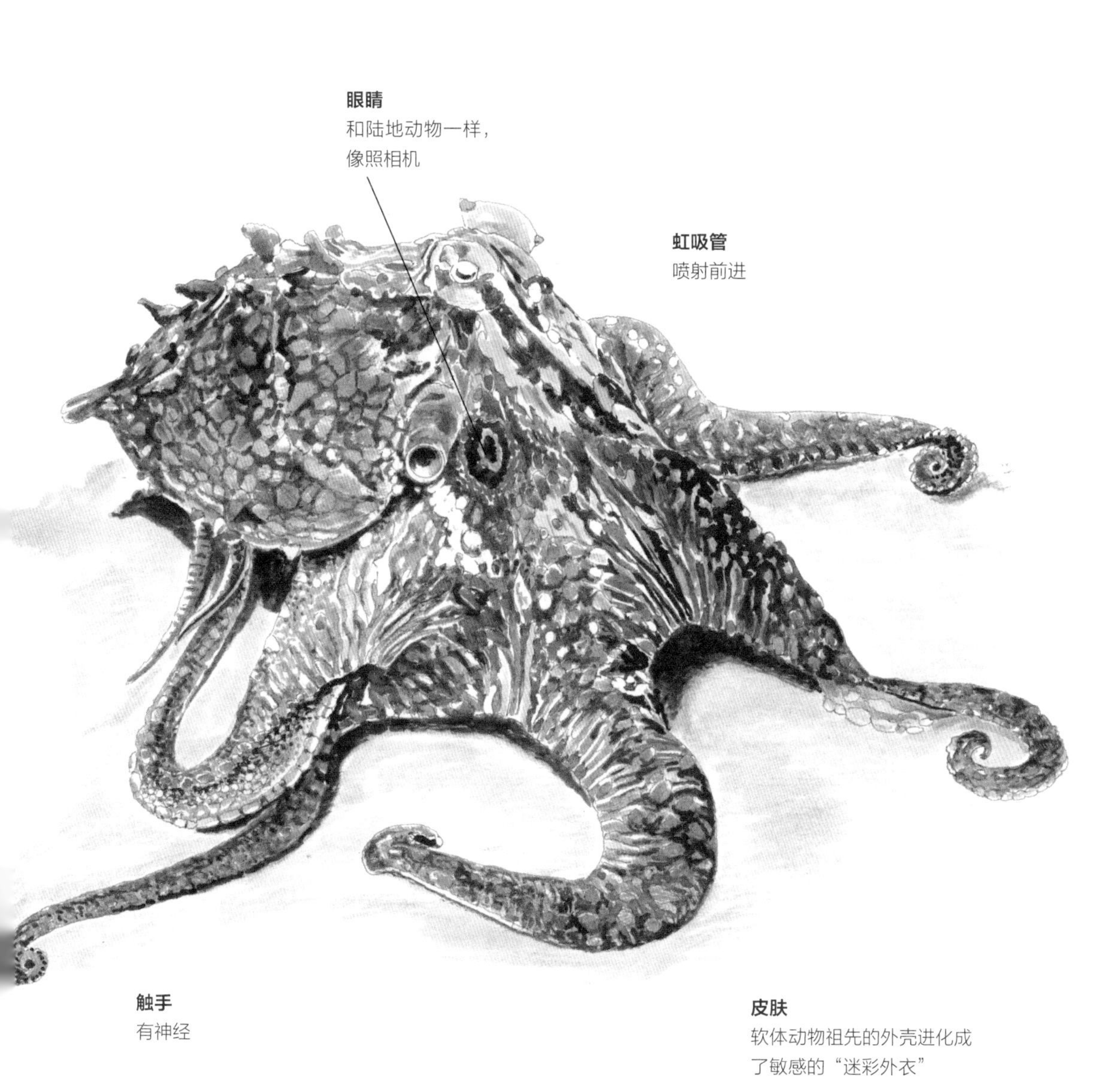

体形
长 0.3 米

24%?
38%?
43%?

章鱼一生中总在编辑它们的RNA，所以人类的基因组与章鱼的做对比非常困难。随着“游戏”规模的扩大，我们最好想一些新的规则。

的技术手段，直到达尔文去世之前，基因技术的发达程度远不足以让他了解生物的遗传机制，他不了解基因，更不用说组成基因的物质（DNA）或促进基因产生的物质（RNA）了。尽管如此，他还是注意到了人工选择和自然选择的模式。如果他今天还活着的话，会如何给这种现象命名呢？自主选择？还是手动选择？

加州双斑蛸有什么样的表观遗传变化，出现了什么形式的自我选择？早期的后续研究表明，它们的 RNA 编辑的作用是改变蛋白质以适应温度变化。后来进行的一项基因组研究表明，鱿鱼也会进行这样的编辑，尤其是在需要建立新的神经时。“对这些头足纲动物，RNA 编辑并不是例外。”研究鱿鱼的一位学者说，“这其实是常态规则，它们体内的大多数蛋白质都处在被编辑中。”

所有的头足纲动物都是从有壳的头足纲祖先中分离出来的，这个祖先与现代鹦鹉螺惊人地相似。你知道头足纲动物是软体动物吗？更具体地说，它们属于冠轮动物，冠轮动物还包括蚯蚓、水蛭、蜗牛，和贝壳类的蛤蜊、贻贝和牡蛎。

全球约有 300 种章鱼，加州双斑蛸是其中之一。它们与普通章鱼的关系最为密切，它们都是从同一个分支（包括网足章鱼在内的更大的群体）中分离出来的。

章鱼在生命长河的位置

（百万年）

480　250　65　0

古生代　中生代　新生代

加州双斑蛸

3.5 亿 ~4.8 亿年前，章鱼从与人类共同的祖先中分离出来。

2.75 亿年前，章鱼与鹦鹉螺分离。

也许是 5 000 万年前，加州双斑蛸从其他章鱼中分离出来。不过 RNA 编辑带来的启示，使我们预估的时间轴不那么站得住脚了。

幽灵蛸

加州双斑蛸所属的头足纲动物大家族是一个明显的“异端”，它们有着令人羡慕的“酷”名字——幽灵蛸（*Vampyrotethis infernalis*），字面意思是“来自地狱的吸血鬼乌贼”，这样命名是因为它们血红色的 360 度的内蹼使这些“乌贼”看起来就像是长着翅膀的魔鬼。章鱼被错误地命名为“乌贼”极有可能是因为它们头胴部覆盖层顶端的两只松软的鳍会让人联想到鱿鱼的鳍。（顺便说一句，头胴部是指章鱼眼睛上方的那个大而软的圆形物体，看起来像头部，实际上包裹着章鱼除了触手之外的全部器官的部分。）这些“吸血鬼乌贼”和其他章鱼有着共同的祖先，它们早就从乌贼中分离出来了。

这幅插图来自埃瓦尔德·吕布斯曼1910年的著作《头足类动物》，描绘了“吸血鬼乌贼”，你永远都不会想要成为“吸血鬼乌贼”的猎物。不过不要被插图所迷惑：触手上面的“尖刺”实际上是手指状吸盘，中间的钉状物是章鱼的喙。值得注意的是，有的章鱼的触手是生物发光的（通过化学反应发光），这有助于它吸引猎物

达尔文眼中的章鱼

达尔文对章鱼很感兴趣，虽然他为没有看到足够多的章鱼而惋惜，但基于与章鱼的几次互动，他的见解十分准确，他还曾经提到过加州双斑蛸的热带近亲：

我对章鱼和乌贼的习性很感兴趣。虽然在退潮后留下的水洼中很常见到它们，不过这些动物并不容易被捕获。通过长长的吸盘触手，它们可以把身体拖进非常狭窄的缝隙中；它们可以紧紧地吸住岩壁，想挪动它们就需要很大的力量。有时候，它们的速度很快，像离弦的箭一样，从池子的一边“飞”向另一边，同时释放出深栗色的墨水把池水染成褐色。它们非常特别的、和变色龙一样的变色能力也能帮助它们很好地逃过捕捉。它们似乎根据所经过的地面状况而改变颜色：在深水中，它们一般呈棕紫色；但在陆地上或浅水中，它们就变成了黄绿色。仔细一看，那颜色是一种法式的灰，点缀着许多微小的亮黄色斑点（前者深浅变幻，后者消失后又出现）。它们呈现出的颜色是一种介于风信子的红和栗棕色之间的色调变化。

章鱼的进化秘密

眼睛

和哺乳动物、爬行动物、鸟类或者鱼类一样，章鱼也有着照相机一般的眼睛。不过很久之前，我们脊椎动物和头足纲动物有一个共同的祖先，祖先的眼睛并不是这样的。也就是说章鱼及其近亲们和人类分别独立地进化出了照相机一样的眼睛，这是一种被称为“趋同进化”的奇怪现象。

这类似于海豚和鲨鱼的鳍：虽然最终看起来是一样的，不过海豚是从陆地哺乳动物进化成为海洋动物的，而鲨鱼则从和它们一样的海洋鱼类中进化而来。我们的眼睛和章鱼的眼睛相似但并非同源，也就是说，到达的目的地是一致的，只是分别选择了不同的道路。

无壳

早期灵长类动物来到岔路口，猿类走的是“变强壮”的道路，而人类走的是“变聪明”的道路。对头足纲动物来说，这个岔路口就是“有壳”和“无壳”的选择。那些长着又大又结实的壳的头足纲动物中的一部分生存下来并遗传了这些基因，比如鹦鹉螺；另一部分长着虽然较小、较弱，却更灵活的外壳。走在后一条路上的头足纲动物在代代相传中渐渐失去了壳并且获得了较快的速度。在现代鱿鱼中，薄而扁平的“壳”完全长在了体内，为的是支撑它们长长的身体结构。章鱼的身体仅在头胴部后侧有残留的壳。凭借着如此快的速度和灵巧度，它们从猎物变成了猎手。

墨汁

和达尔文所观察到的一样，章鱼在受到惊扰时会喷出墨汁。形成的“墨云”可以遮住掠食者的视线，所含的毒素也会刺激它们的眼睛，并干扰它们的味觉（就像在水下的嗅觉）。章鱼自己也不能幸免：如果它们被自己喷出的大量的墨汁溅到的话，它们可能也会死。

血液

对所有的动物来说，血液的作用就是把氧气输送到身体的各个部位。哺乳动物、爬行动物、鸟类甚至大多数昆虫的血细胞中的铁元素起着很大的作用。章鱼的血液并非富含铁元素的红色，而是富含铜元素的深青色（比铜锈绿颜色要深，参考自由女神像的颜色）。

虹吸管

章鱼是从软体动物进化而来的，软体动物有虹吸管和布满发达肌肉的瓣膜，最初这些构造只是帮助它们从柔软的内脏中排出沙子。随着软体动物的进化，它们开始利用虹吸管“喷射推进”自身在沙子或水中移动。随着软体动物的腿部和眼睛进化出奇特的突起，虹吸管就成了一种过时的运动方式，不过在危急关头，虹吸管依旧是它们逃生的最快方法。所以章鱼的虹吸管没有退化，而是紧紧贴在章鱼头部侧面，看起来像是被砍掉的触须。

心脏

章鱼有三颗心脏：其中两颗专门负责从鳃部运输血液，另一颗则负责维持器官的血液循环。不过，自从章鱼失去壳以来，传统的“心脏 + 静脉 + 动脉系统”的内部液压模式与其蠕动着的身体在进化上有点不同步了。如果可以预设，那么像昆虫那样的无静脉系统可能会适合它们，昆虫的所有血液都在它们中空的外骨骼里“呼啸而过”。事实上，当章鱼在短时间内必须经历一次大规模的液压转换时，就很难保持氧气在体内各部位的自由流动。比如在它们利用虹吸管快速逃走时，它们的心脏，尤其是与虹吸管相连的心脏，可能会暂时停止跳动。因此，它似乎更喜欢漫步、躲藏，或者“神出鬼没”，很少像它们的近亲鹦鹉螺那样“弹跳”。

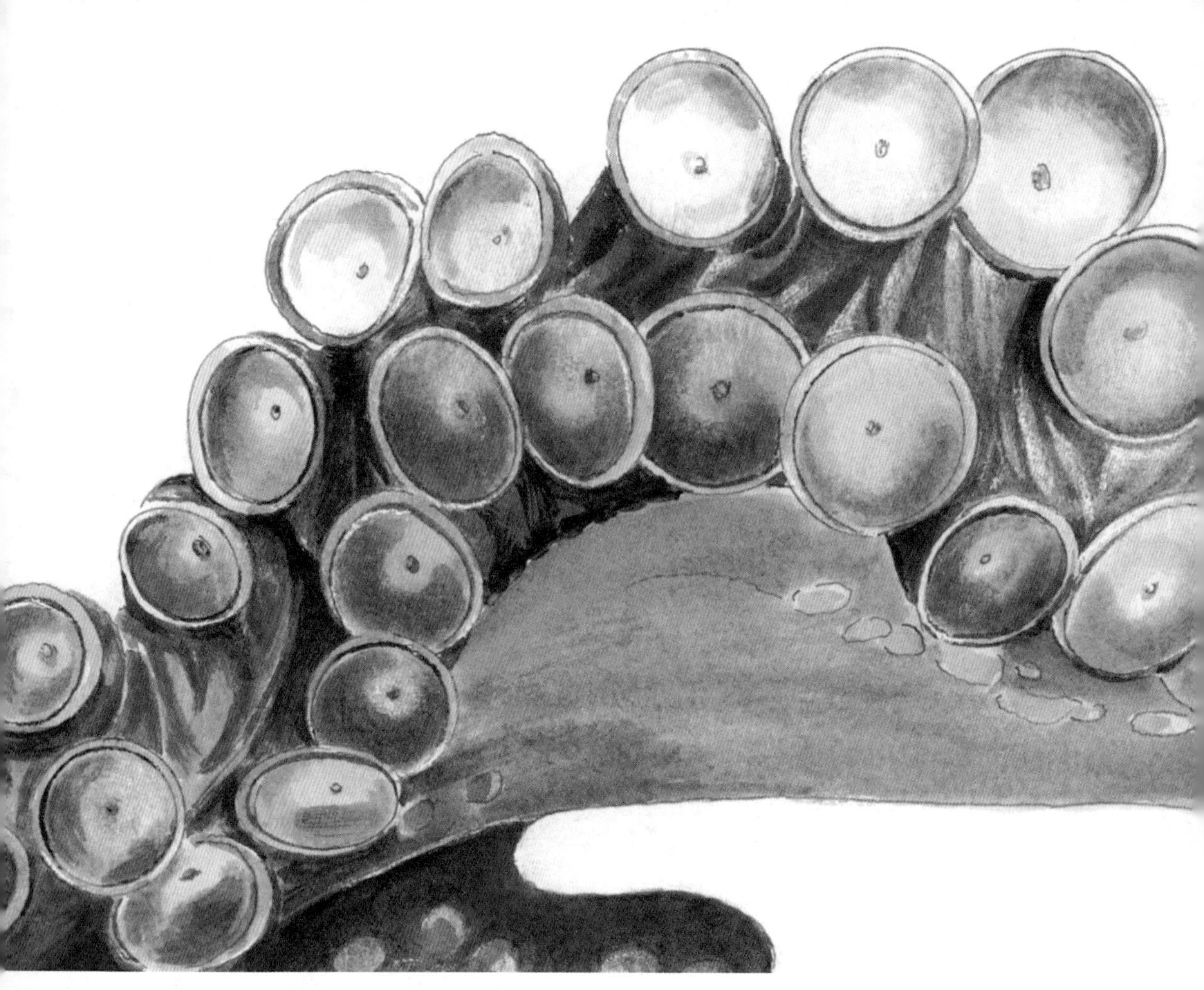

加州双斑蛸两个触角的特写，它们的每个吸盘都十分灵活

肌肉组织

章鱼是所有软体动物中壳最少的一种，“可塑性”很强，可以通过那些几乎不超过自己眼睛大小的区域（对加州双斑蛸来说，大约一枚硬币的大小）。不过，当它们的“液体”肌肉再次变硬时，就要小心了。章鱼一般都非常强壮，即使在陆地的重力作用下也能举起超过自身重量的东西。一位研究人员描述他曾看到章鱼身体软下去，瘫到虾身上，一只触手向上伸过虾身，然后戳这只虾，使它吓得弹到了章鱼的喙上，章鱼也就得以饱餐一顿。

章鱼的肌肉和我们的肌肉不同（不需要骨头定型，也不需要软骨辅助）。它们的肌肉被称为“肌肉性静水骨骼”，每个细胞都为肌肉贡献力量和“形状”，肌肉在运动时交换的是液体而非纤维。（人类的体内也有“肌肉性静水骨骼”——舌头。）

皮肤

章鱼皮肤的肌肉也存在着这种奇怪的液体运动形式。有些物种光滑的皮肤在受到刺激时会立即变得粗糙，看起来像长满了刺或角，以吓跑潜在的威胁者。达尔文对章鱼皮肤颜色的判断是正确的：章鱼可以使其皮肤上的微小颗粒收缩或弯曲，自如地改变其颜色和图案。研究人员发现，乌贼（章鱼的近亲）的皮肤中包含“通常只体现着眼睛中的视网膜性状”的基因序列。还有一种乌贼甚至可以使整个身体模仿寄居蟹的形状和动作。

触手

章鱼的八条触手从它们祖先的“一只脚”进化而来。（同类的软体动物只有一只脚：蜗牛光滑的腹部，蛤蜊肌肉发达的肉，理论上来说都是脚。）不知为何，章鱼的“一只脚”变成了八条触手，这是个未解之谜。八条触手各不相同，各具特色，就像人类的五根手指一样。

章鱼的触手都是可抓握的，这意味着章鱼对每一条触手的尖端（也包括吸盘的触须）都能够进行“运动控制”。甚至在被切断后，触手也还会有反应，而且章鱼的触手在切断后是可以再生的。

脑部

章鱼拥有与人类中枢神经系统相同类型的神经线路，不过对它们来说，这些线路并不集中在大脑中。像脑细胞一样复杂的神经穿过章鱼的身体，其中的五分之三都在触手上（难怪说章鱼拥有无脊椎动物中最大的神经系统）。章鱼整体就是一个神经系统。

有关章鱼脑细胞的讨论带来了一个永恒的问题：章鱼真的聪明吗？衡量智力有着复杂的指标，尤其是因为这个指标首先是由人类制定的。我们习惯于用人类的标准来衡量其他生物的“智力”，因为我们认为人类是最聪明的。哪种动物越像我们，我们就认为它越聪明。读过这一页你就会知道，章鱼真是个大麻烦，它们在各方面都不像人类。

不过，如果我们愿意用一些老标准来衡量章鱼的智力的话，它们还是可以配合的。

使用工具

“使用工具”的定义由来已久，科学界在 1980 年将其标准化，当时它只是简单的“借助外物解决问题”的概念，与灵长类动物用棍子挖白蚁的概念相当。后来，我们看到乌鸦用石头取水、昆虫把彼此作为诱饵，章鱼也是“工具使用者名人堂”的常客。它们的触手中有“脑”，善于操纵物体，哪怕只与物体接触几分钟，章鱼也能够把它们撕个支离破碎后逃走。

2008 年：在德国科堡的海星水族馆，一只名叫“奥托”的章鱼爬上鱼缸边缘，用虹吸管向鱼缸喷射一股水柱，不断地熄灭光线射入鱼缸的灯。在奥托被当场抓住之前，水族馆照明线路短路的原因一直困扰着工作人员和电工。

2009年：美国圣莫尼卡码头水族馆的一只加州双斑蛸学会了松开水箱上的龙头阀门，放水淹没围栏。

2009年：印尼研究人员记录到一只加州双斑蛸随身携带两个一半的椰子壳，就像一个移动的房子。

2014年：在美国佛蒙特州的米德尔伯里的章鱼实验室，一只加州双斑蛸注意到一只海胆离它的巢穴太近，于是冒险溜出去，找到了一块平石板，把它像门一样挡在了巢穴的入口处。

2016年：一只名叫"墨汁"的章鱼从新西兰国家水族馆的一个小豁口中滑出，进入了通向海洋的排水管，获得了自由（像动画片《寻找多莉》中的巨型太平洋章鱼汉克一样）。

2018年1月：一只毛利章鱼随着一只宽吻海豚被冲上岸（它当时在这只海豚体内），海豚因为会厌（将气管和食物管分开的部位）被章鱼的触须包裹，最终窒息而死。当然，它们都没能幸免于难。章鱼并不知道自己在做什么，不过它们非常了解如何保护自己，以及如何从身体内部有效地杀死捕食者。

章鱼告诉我们：

章鱼是地球土著，而非天外来客。它们是自己领域的王者。

这提醒我们回到RNA编辑的话题

章鱼似乎并不是有意识地做出这些改变的，对吗？

发生在分子水平上的这种突变，加速了其他突变，动物不可能有意识地控制这些突变。这取决于我们所说的意识。章鱼的意识处在一种"鸡和蛋"的状态。

哪个在先：能够提升动物智力的快速的RNA编辑出现在先，抑或是身体高度智能，擅长借助外物解决问题的生物出现在先呢？它们究竟有没有可能是在操纵自己？

通过章鱼，我们看到了人类的智慧，也看到了一种与我们完全不同类型的动物，我们大吃一惊。（章鱼竟然能够编辑RNA？而我们才刚把基因编辑系统CRISPR启动并运行起来！）我们之间的差异巨大，甚至有一些研究人员称章鱼为"外星生物"，这引起了一些误解。章鱼并非天外来客，在地球上它们也是生存王者。

后记

俄国作家安东·契科夫（Anton Chekhov）给了他的剧作家同行们一条建议。

有一个版本是这么说的："如果一支上膛的步枪不想开火，就不要把它拿出来。"

在这本书的开头，我把进化这个词"上膛"并且挂了出来，现在我有义务"开枪"。

你在这本书里读到的一切，每一种动物、每一个细胞和分子，都在进化。这个过程缓慢而极其复杂。不仅仅要归功于达尔文，其中还承载着数十万研究人员的心血，他们跨越几个世纪在各学科进行了研究。每一位科学家、每一项研究、每一个数据点，都只是冰山一角。每一块出土的化石，每一个被解码的基因组，每一个彼此参照的基因序列，都是"谜题"的组成部分，如果你不介意使用隐喻的话，可以这么说，在所有创造出的结构中，都存在一个更惊人的线索等待人们发现。

如果用"枪"比喻进化，那么我"扣动扳机"不是为了射击任何人，而是为了颠覆人们的思想，就像仅仅是对着天空扣动扳机，而不将枪口对准任何人。这只是一个温馨提示，让大家知道如果回到家里，在晚餐时好好交谈是安全的。

我们想解开生物的进化秘密。

引文及深入阅读

谈到理解进化、科学、自然和宇宙，这本书只是浅尝辄止。它触及了知识体系的表面（一般来说是科学），而知识体系本身就是无限大的冰山中最微小的一角。

例如：记得生物的另一个类别——新近汇入生命之河，与植物、动物、真菌和细菌并列的生物吗？在我的编辑"吹响口哨"并从我这里拿到手稿后的几周里，生物学家可能发现了另一种生物，这要归功于对一种叫作"半鞭毛虫"的微生物的基因组测序。时间和同行评议将会给你答案。

重点在于：这项研究，以及所有的相关研究，都应当与该领域的许多其他研究一起考虑。想获取我在本书中引用的500篇文献以及为各个知识水平的读者推荐的阅读书目，请访问ctheplatypus.com。不管怎样，保持怀疑，保持好奇心。

特别鸣谢

永远感谢你们所做的一切

拉卡·米特拉
芭芭拉·莫林
道恩·弗雷德里克
史蒂夫·弗里德伯格
贾斯汀·葛雷格
史蒂夫·斯威特曼
玛丽·沃伊特克
玛丽·罗奇
“科学推特”发表意见的网友
苏珊娜·肖韦勒
吉娜·斯瓦罗夫斯基
莎拉·科恩
朱莉·安·皮特兰格罗
丹尼斯·卡斯
埃里克·弗鲁曼
艾希礼·谢尔比
道格·麦克
弗兰克·布雷斯
莎拉·艾斯

拉尔斯·奥斯特罗姆
莎拉·沙克
杰西卡·怀特黑德
简·瑞恩。
查理·桑德福德。
芭芭拉·桑德福德。
菲德海德·卡非
凯特琳·施泰泽
迭戈·马丁内斯
布里特恩·阿什福德
亚历山大·朗
莎拉·莫丁
尼克·维特
凯利·莫里茨
安娜·阿斯拉尼
尚塔尔·帕瓦戈
马修·凯森
贾里德·洛奇
杰西·鲁蒂拉

夏洛特·霍恩斯比
阿曼达·斯万特松·德吉奥
凯特·摩根
凯特·萨顿·约翰逊
金伯利·莫拉莱斯
丹尼和玛丽莲
桑德福德和奇怪的三姐妹
玛格丽特和威廉
奥尼尔、麦克道尔和奥尼尔家族
洛根·奥尼尔
琳达·布兰特
里切尔·德塞萨里奥
简·弗里德曼
克雷斯托·格里姆斯。
彼得·加夫尼
阿尔德马罗·罗梅罗。
维尔·斯帕特伯尔

尤其感谢：克拉克·桑德福德和迪娜·邓恩，没有二位的帮助，就不会有这本书的存在。

出 版 人：陈 涛
策划编辑：周 磊
责任编辑：张正萌
责任校对：陈冬梅
装帧设计：程 慧 迟 稳
责任印制：訾 敬

CONSIDER
THE
PLATYPUS

Evolution Through Biology's Most Baffling Beasts

时代荟聚经典
好书与你相伴

上架建议：科普 / 生物

ISBN 978-7-5699-4992-6

9 787569 949926 >

定价：98.00 元